矿区生态补偿研究

黄 寰 等著

科 学 出 版 社
北 京

内容简介

本书在分析生态补偿理论与矿产资源开发实践的基础上，分别从矿区生态补偿的构成、价值基础与核算等方面对矿区生态补偿的体系机理进行了研究。然后，以煤、铁、稀土和天然气等四类矿区和资源型城市为例，对其生态补偿实施路径进行分析，构建了一条从矿产资源的输入端到输出端的完整生态补偿路径，为推动绿色矿业发展，实现人与自然和谐共生提供了有益思路。

本书适合相关政府管理部门人员、从事区域经济和环境经济研究的高等院校师生及相关研究人员阅读和参考。

图书在版编目(CIP)数据

矿区生态补偿研究 / 黄寰等著. -- 北京：科学出版社，2024. 11.
ISBN 978-7-03-080395-5

Ⅰ. X322

中国国家版本馆 CIP 数据核字第 20246AE474 号

责任编辑：韩卫军 / 责任校对：彭　映
责任印制：罗　科 / 封面设计：墨创文化

科学出版社出版
北京东黄城根北街16号
邮政编码：100717
http://www.sciencep.com

成都锦瑞印刷有限责任公司 印刷
科学出版社发行　各地新华书店经销

*

2024年11月第　一　版　　开本：720×1000 1/16
2024年11月第一次印刷　　印张：14 3/4
字数：260 000

定价：150.00 元

（如有印装质量问题，我社负责调换）

国家社科基金后期资助项目
出版说明

后期资助项目是国家社科基金设立的一类重要项目，旨在鼓励广大社科研究者潜心治学，支持基础研究多出优秀成果。它是经过严格评审，从接近完成的科研成果中遴选立项的。为扩大后期资助项目的影响，更好地推动学术发展，促进成果转化，全国哲学社会科学工作办公室按照“统一设计、统一标识、统一版式、形成系列”的总体要求，组织出版国家社科基金后期资助项目成果。

全国哲学社会科学工作办公室

序

矿产资源是国家经济社会发展的重要物质基础，在新时代中国特色社会主义建设事业中有着至关重要的作用。社会发展迅速，对资源的需求也越来越多，从而对矿业发展提出了更高要求。

党的十八大报告指出："建设生态文明，是关系人民福祉、关乎民族未来的长远大计。"2015年，为加快建立系统完整的生态文明制度体系，加快推进生态文明建设，增强生态文明体制改革的系统性、整体性、协同性，中共中央、国务院印发了《生态文明体制改革总体方案》，方案阐明了我国生态文明体制改革的指导思想、理念、原则、目标、实施保障等重要内容，提出要加快建立系统完整的生态文明制度体系，为我国生态文明建设领域的改革作出了顶层设计。

党的十九大报告指出："人与自然是生命共同体，人类必须尊重自然、顺应自然、保护自然。人类只有遵循自然规律才能有效防止在开发利用自然上走弯路，人类对大自然的伤害最终会伤及人类自身，这是无法抗拒的规律。""生态文明建设功在当代、利在千秋。我们要牢固树立社会主义生态文明观，推动形成人与自然和谐发展现代化建设新格局，为保护生态环境作出我们这代人的努力！"

党的二十大报告指出："中国式现代化是人与自然和谐共生的现代化。人与自然是生命共同体，无止境地向自然索取甚至破坏自然必然会遭到大自然的报复。我们坚持可持续发展，坚持节约优先、保护优先、自然恢复为主的方针，像保护眼睛一样保护自然和生态环境，坚定不移走生产发展、生活富裕、生态良好的文明发展道路，实现中华民族永续发展。"矿区生态补偿作为生态文明建设的重要领域，对我国矿区及其周边地区实现人与自然和谐共生的可持续发展意义重大。

生态补偿是一种从国外兴起、在我国已得到创新实施的资源环境经济手段和管理模式，是有效解决生态环境保护资金供求矛盾的重要举措；也是在生态环境保护者(建设者、牺牲者)与生态环境受益者(开发者、破坏者)、社会主体与自然主体之间形成的空间利益协调机制。矿区生态补偿的根本目的是统筹协调矿产资源产出区与矿产资源受益区、矿区经济增长与生态环境的关系，实现人与自然、人与人的和谐共生。

从生态补偿政策实践经验来看，建立和完善生态补偿机制是社会经济发展到一定阶段后，一个国家和地区资源环境管理模式创新的必然选择。从实践的角度看，建立完善矿区生态补偿机制，对不断满足人民日益增长的美好生活需要具有重要而迫切的意义。矿区生态补偿作为有效的环境管理模式，其建立有利于在开发利用矿产资源的同时又能为环境污染治理、生态环境功能的恢复提供保证，确保矿区生态系统不因资源开发而受到破坏和衰退，而且还能缩小区域经济发展的差距。因此，关注矿区生态环境，遵循生态经济学规律，运用生态补偿协调矿区资源开发与生态环境保护，有利于推进绿色矿业发展。

该书以区际支持和转移支付为纽带，对资源受益者区域和矿区的补偿机制做了具体分析，扩展了矿产资源开发生态补偿的范围和途径。该书将矿产资源开发补偿的主体扩大至矿区空间，以矿区空间为对象进行生态补偿机制设置，以政府部门调控为补偿的主要实施通道，构建多元化的辅助措施。一方面可以将受到矿产开发影响的主体范围扩大，使边缘主体的损失得到保障；另一方面使矿区资源的受益者共同参与矿区的生态补偿过程，有利于更好地实现共同富裕。在经济发展新阶段，我国资源型城市面临着产业刚性、资源依赖、创新不足等问题，迫切需要提升供给质量，提高全要素生产率，实现供给侧结构性改革以破解城市转型难题。该书认为，矿区生态补偿是资源型城市产业转型升级的重要动力支撑。在发展后期，资源型城市转型支撑力弱，需要在国家和相关省市支持下，利用生态补偿机制，实现自身产业转型绿色发展。

基于党的二十大强调的“完善生态保护补偿制度”，该书通过研究矿区生态补偿来完善矿区的开发、治理、维护及恢复等一系列生态链条任务。作为作者于2012年出版的《区际生态补偿论》一书的思路延伸，该书对矿区空间视角下的生态补偿机制做了具体研究，丰富了生态补偿的研究和实践范围，积极探索绿色矿业发展的具体途径，为我国建设人与自然和谐共生的现代化作出贡献。

是为序。

中国工程院院士

前　言

党的十九届六中全会通过的《中共中央关于党的百年奋斗重大成就和历史经验的决议》强调："生态文明建设是关乎中华民族永续发展的根本大计，保护生态环境就是保护生产力，改善生态环境就是发展生产力，决不以牺牲环境为代价换取一时的经济增长。必须坚持绿水青山就是金山银山的理念，坚持山水林田湖草沙一体化保护和系统治理，像保护眼睛一样保护生态环境，像对待生命一样对待生态环境，更加自觉地推进绿色发展、循环发展、低碳发展，坚持走生产发展、生活富裕、生态良好的文明发展道路。"党的二十大报告进一步指出："大自然是人类赖以生存发展的基本条件。尊重自然、顺应自然、保护自然，是全面建设社会主义现代化国家的内在要求。必须牢固树立和践行绿水青山就是金山银山的理念，站在人与自然和谐共生的高度谋划发展。"

近年来，在习近平生态文明思想指导下，绿色矿业发展成为矿产资源开发利用全面绿色转型、努力建设人与自然和谐共生的美丽中国的必然要求。矿区生态补偿作为实现绿色矿业发展的重要途径和根本要求，从"条"的角度分析，即从产业上下游的角度来看，立足于生态补偿，积极推动绿色勘查、矿产资源综合利用与矿山地质环境恢复治理；从"块"的角度分析，即从绿色矿业的不同层面上来看，重点在于研究以生态补偿推进绿色矿山和绿色矿业发展示范区建设，着力探索不同的且具有代表性的绿色矿业建设模式。

在习近平生态文明思想的引领下，矿区生态补偿是守住生态保护红线、环境质量底线、资源利用上限的有效措施，是协调经济发展与生态保护的长效机制。本书基于生态补偿、可持续发展相关理论以及绿色发展理念，系统地梳理了当今国内外生态补偿理论研究，以矿产资源开发承载地——矿区为主要对象，以矿业同生态协调发展为主题，以矿区生态补偿机制的构建为主线，系统性地展示我国以生态补偿推进矿产资源绿色开发、矿区资源合理利用、矿区生态环境保护以及矿区经济水平提升的生动实践，剖析矿区生态补偿机制构建的成功经验，研究矿区生态补偿的实施路径、核算体系和制度保障。本书将煤矿区、铁矿区、稀土矿区和天然气矿区四种矿区作为研究对象，并对资源型城市的转型发展路径进行探究；同时本书创新性地从绿色矿区视角探索矿区资源与矿区经济的可持续发展模式，一定程度上扩展了矿区生态补偿理论研究领域，也丰富了区域可持续发展的理论体系。在应用价值上，本书以建设绿色矿区为目标，以区际支持和转移支付为纽带，明确了生态补偿的主客体及责任划分，并扩展了矿产资源开发生态补偿的范围和途径；将矿产资源开发补偿的主体扩大至矿区空间，将矿区空间作为对象设置生态补偿机制，使边缘主体的权益得到保障。本书提出了矿区生态补偿与绿色矿区建设的总体思路和实施路径，这为矿区资源开发、矿区生态环境和矿区经济系统的协调发展提供了借鉴。

作为成都市哲学社会科学研究中心“人与自然和谐共生的美丽城市建设研究中心”、四川省哲学社会科学普及基地“资源与环境经济普及基地”执行负责人和四川省社科重点研究基地四川矿产资源研究中心研究人员，笔者带领区域可持续发展四川省青年科技创新研究团队和四川高校科研创新团队在近年加强了项目的深入调研与书稿的凝练撰写。项目组多次前往省内外矿区进行调研，在研究过程中，还先后到中国自然资源经济研究院、中国石油天然气股份有限公司西南油气田分公司天然气经济研究所、中关村绿色矿山产业联盟、中国地质科学院矿产综合利用研究所、四川省生态环境科学研究院、四川省金属学会等单位进行了调研，对矿区生态补偿有了更加深入和全面的了解，在理论研究的基础上加入了更多的实践内容。

本书各章节的主要参与人员如下。第 1 章：黄寰、秦思露和何广。第 2 章：尹斯斯、安博文和雷佑新。第 3 章：刘登娟、肖义和王玮。第 4 章：任柯昂、李佳蔚和赵桂蓬。第 5 章：赵千、陈宇翔和王鑫。第 6 章：朱玥、张秋凤和杜明煜。第 7 章：高俊、钱欣萌和向昕。第 8 章：高俊、王若楠和唐晓。第 9 章：高俊、段航游和米睿。第 10 章：黄寰、郭义盟和高云舒。全书由黄寰、张义、高俊、肖义和安博文等统稿并进行校对。王珏、罗德江、李源、左芝鲤、戴晓爱、韩冬、陈亮、田园媛、杨加裕、袁涛、向昕、李贞、王洪林、杨振华、陈泳向、李玉超、胡川婷、胡志彬、苏连烨、徐于钦、付研研、李子易、高丽娟、刘臻怡、张旭、李琪骑、陈思洁、杨建军、罗孜宇、李永胜、杜梦琦、晋晓可、孙濒月、张睿鋆、罗语嫣、张榕哲、朱万聪聪、贺如玉、唐瑞琪等对本书的撰写作出了贡献。

本书的出版还要感谢许多人，感谢杜肯堂、刘诗白、袁文平、杜受祜、邓玲、陈国阶、丁任重、侯水平、蔡春、杨玉华、刘波、陈耀、肖金成、成长春、邓宏兵等老师和多位同门多年来的厚爱与帮助；感谢成都理工大学各级领导和诸多同仁长期的关心与支持；感谢四川省社会科学界联合会和全国哲学社会科学工作办公室与评审专家的青睐和扶助；感谢科学出版社韩卫军编辑的耐心付出；更要感谢家人对我研究工作的理解接受与大力支持。

需要说明的是，本书既得到了国家社会科学基金后期资助项目“矿区生态补偿研究”(19FJYB028)的支持，也得到了地质灾害防治与地质环境保护国家重点实验室、首批四川新型智库“自然灾害防治与地质环境保护研究智库”、成都理工大学商学院和数字胡焕庸线研究院等的支持，在此致以深深的谢意。

生态补偿是一个方兴未艾的研究领域，本人从 2010 年至今主持研究的三个国家社会科学基金项目均与此有关。在新时代、新阶段，随着生态文明建设的持续深入，新问题、新情况层出不穷，相关研究也需要与时俱进、不断深入。因此，本人也希望继续得到全国哲学社会科学工作办公室的支持，将这一领域研究持续进行下去，为推动绿色发展、促进人与自然和谐共生作出一些切实的贡献。

黄寰

目　　录

第 1 章　研究背景与理论基础

良好的生态环境对于人类的繁衍生存至关重要，也是经济社会繁荣发展的根本保障。目前，多个国家面临着资源短缺与气候变化的困境，尤其是以生态的不可持续为主要特点的环境问题已然阻碍了经济与社会的发展。因此，对资源的可持续利用、对生态环境的保护与治理成为全球共识，众多国家与地区在保持经济的稳定增长与应对多方环境保护要求的双重压力下，先后提出要实现可持续发展，纷纷出台各项相关措施，以期同时形成经济发展、环境保护、资源安全的良性发展模式。我国高度重视人与自然的和谐发展，党的十九大报告明确提出“必须树立和践行绿水青山就是金山银山的理念”“坚持人与自然和谐共生”，强调“像对待生命一样对待生态环境”，为此“实行最严格的生态环境保护制度”。我国正逐步成为国际社会绿色发展的实践者、推动者和引领者。2021 年 10 月，习近平总书记以视频方式出席了在加拿大蒙特利尔举行的《生物多样性公约》第十五次缔约方大会，再次强调“人与自然应和谐共生”，指出人类应当对自然怀有深切的敬畏之心，人类生产生活活动更应当尊重、顺应、保护自然。2022 年 10 月，党的二十大报告明确提出“中国式现代化是人与自然和谐共生的现代化”。

1.1　我国生态补偿现状

矿业在我国现代化发展事业中具有不可忽视的地位和作用，是我国实现高质量发展的重要领域和产业基础。在新时代矿业发展中，绿色发展已经成为主旋律；要想保持整个产业的平稳持续发展，就需要积极推进绿色矿业发展。中国是世界重要矿产资源大国之一，2020 年一次能源生产总量为 40.8 亿 t(标准煤)，消费总量为 49.8 亿 t(标准煤)，能源自给率为 81.9%。其中，煤炭消费占比为 56.8%，石油消费占比为 18.9%，天然气消费占比为 8.4%，非化石能源消费仅占 15.9%[①]。截至 2020 年，我国已发现矿产资源 173 种。我国矿产资源禀赋居世界第三位，是世界上最大的矿产资源生产国，煤炭、钒、铅、锌、钨、锡、钼、锑、稀土等 36 种矿产产量居全世

①数据来源于《中国矿产资源报告(2021)》。

界首位，煤炭消费量占世界煤炭消费总量的54%，石油消费量占世界石油消费总量的17%，天然气消费量占世界天然气消费总量的9%，铁矿石消费量占世界铁矿石消费总量的67%(干勇等，2022)。随着经济持续发展，我国的矿产资源消费总量呈现出增长的态势，国内资源供应压力不断增大。现阶段一些大宗矿产资源在国内出现较大供应缺口，面对矿产资源快速消耗的现状，国家采取了开源节流的办法，一方面积极推进找矿工作，另一方面更加重视矿产资源的生态环境保护，利用矿山综合整治、修复治理、生态补偿等多种机制形成矿产资源合理开发的局面(彭文英和滕怀凯，2021)。

矿区生态补偿是在矿产资源开发利用中践行生态文明理念、实现绿色矿业发展的根本诉求与重要内容。为了更好地保护生态环境，应当对建立生态补偿机制的意义有更加深刻的认识，并且积极寻求建立补偿机制的基本途径。党的十八大以来，资源可持续发展被提升到了新的高度，主要论述如表1-1所示，与生态补偿相关的体制机制正在逐步成型。

表1-1 关于资源可持续发展的部分重要论述

时间	来源	主要论述
2012年11月	党的十八大报告	深化资源性产品价格和税费改革，建立反映市场供求和资源稀缺程度、体现生态价值和代际补偿的资源有偿使用和生态补偿制度
2017年10月	党的十九大报告	健全耕地草原森林河流湖泊休养生息制度，建立市场化、多元化生态补偿机制
2018年5月	全国生态环境保护大会	在资源利用上限方面，不仅要考虑人类和当代的需要，也要考虑大自然和后人的需要，把握好自然资源开发利用的度，不要突破自然资源承载能力
2021年11月	党的十九届六中全会	党中央以前所未有的力度抓生态文明建设，全党全国推动绿色发展的自觉性和主动性显著加强，美丽中国建设迈出重大步伐，我国生态环境保护发生历史性、转折性、全局性变化
2022年10月	党的二十大报告	坚持可持续发展，坚持节约优先、保护优先、自然恢复为主的方针，像保护眼睛一样保护自然和生态环境，坚定不移走生产发展、生活富裕、生态良好的文明发展道路，实现中华民族永续发展
2024年7月	党的二十届三中全会	健全生态产品价值实现机制。深化自然资源有偿使用制度改革。推进生态综合补偿，健全横向生态保护补偿机制，统筹推进生态环境损害赔偿

我国生态文明建设经历了从理念提出、理论探讨再到体制机制探索的长期发展，与经济社会发展各方面都休戚相关，是一场既广泛而又深刻的事关经济社会的系统性变革。各地各部门纷纷出台有关措施，积极研讨有

关方案和策略，不断推进传统能源、新能源、环境污染治理与节能减排等相关领域优化改革，加大力度控制化石能源(煤炭、石油、天然气)的开发、利用总量，在高排放、高污染、高能耗行业领域大力推动节能减污降碳行动，推动清洁能源的广泛应用，加强公众对低碳生活理念的理解与践行，积极构建绿色、环保、低碳的能源体系。

近年来，由于经济转型的需要，对生态环境的保护发展成为我国高度重视的问题，生态补偿机制的建立正是为了解决这一迫切的重大现实需求。该机制的建立更是需要把生态保护放在首要位置，政策的制定也应当将生态环境保护作为根本任务与出发点，并将一系列因素如生态功能价值、生态保护成本以及发展机会成本等均核算考虑在内，在有关法律规定的约束下，通过市场和政策手段对生态治理和污染排放、资源利用的主体客体利益进行调节，按照“谁开发谁保护、谁受益谁补偿”的基本原则，协调各方面的利益关系(黄寰，2011)。同时，为实现绿色创新发展，提高产业和经济的全球竞争力，国家倡导以绿色、环保、低碳的方式推进产业结构和能源调整，大力实施新能源、可再生能源项目，充分开发和利用光伏、风电、地热等清洁能源，努力使经济发展和绿色转型同步进行。生态环境作为一种公共品，具有极大的正向外部性，区域的生态环境改善和发展会给其他区域带来生态利益。建立生态补偿机制，需要将大量资金投入区域生态环境的保护、修复、完善以及重建发展；与此同时，将精力与资金全部投入一个区域的生态环境保护，可能付出大量机会成本，并影响其他方面的发展机遇，从而需要对相关主体进行补偿。

区域间的生态环境保护休戚与共、息息相关，生态补偿机制的建立势在必行，如此生态环境的公共品性质与价值才能够被合理体现，实现区域间的协调发展。由于自然地理条件与后天经济发展影响，我国当前生态环境较好的区域大多位于三江源地区、西南的山林地区及西北的农牧交错地区，而以上地区均有经济发展欠发达的共性(张进财，2022)。需要注意的是，上述地区的环境也曾遭到了一定程度的破坏，生态环境已经非常脆弱，造成经济欠发达与生态脆弱两种特点共存，这些区域的经济实力难以支撑其实现生态保护发展以及修复已被破坏的环境。过去较长一段时间里，这类地区为了实现经济快速增长，过度依赖开发自然资源，常常造成生态环境的破坏。同时，生态环境也是大城市发展状况的考察因素之一，与生态敏感的欠发达地区相似，一些经济先行地区同样要在固沙防风、水源涵养以及水土保持等一系列生态保护措施上投入大量的成本(俞敏和刘帅，2022)。因此，区域协调发展的推进迫切需要建立生态补偿机制。

面对新时代我国经济社会的快速发展，生态补偿作为一种具有针对性的环境保护政策机制，能够较好应对环境破坏带来的一系列问题。环境问题不是单一因素导致的，而是生态、经济、社会等多种要素相互作用的结果。经济活动造成的环境破坏并非一蹴而就，往往具有长期性和复杂性。为使生态环境问题得到有效的解决，近年来国家出台了一系列政策措施，从行业、市场、规划等方面对我国生态补偿机制建立与执行提出了相关规范与要求。

伴随着建立健全生态产品价值实现机制总体目标的提出，有关部门进一步压实责任、细化分工。通过建立专门针对生态产品的调查监督及评价机制，完善资源的经营开发机制，积极推动经济社会走上可持续发展道路。对生态补偿机制方面的研究也在不断地深入，逐步完善了生态资源的管理体系，探索了生态补偿构建的标准等问题。在生态补偿的框架方面也多有创新，弥补了我国生态补偿理论的缺失。其中，笔者在2012年出版的《区际生态补偿论》一书中研究了区际生态补偿的实现途径，为我国的生态补偿机制提供了一个可实践的方向，本书针对矿区这一特殊区域空间的生态补偿进一步展开专题研究。

1.1.1 生态补偿的构成要素

生态补偿机制是基于生态建设理论，结合市场经济、政府调控等手段，针对污染治理、生态修复、资源开发等一系列经济社会活动的各方面主体、客体以及其他部门之间的利益协调手段，其目的是通过有效的机制运行和法律保障，实现生态环境的有力保护和资源的合理利用(吴文盛和孟立贤，2010)。由于该项制度安排的复杂性，包括发达国家在内的世界各国还未探索出一套成熟的生态补偿机制，我们仍需要不断地进行研究。在我国，政府、市场以及社会的作用应充分体现在国家生态补偿机制的推进运行中(李斯佳等，2019)。其中，矿区生态补偿即是基于生态补偿的总体框架，强调把矿山及其周边区域或资源型城市作为特定的区域空间，从操作层面进行的矿产资源开发生态补偿，通常是指当矿区及其周边区域或资源型城市的自然资源破坏、生态环境污染时，对相关主体赋予资金补贴、财政支持、减免税收及其他政策优惠，以对矿区环境进行治理、恢复、校正的系列活动(冯聪和曹进成，2018)。

(1)生态补偿的主体。生态补偿主体的权利明确是各种利益主体进行合作的基础与关键条件(杨丽韫等，2010)。生态补偿主体和客体的确定基础是相关权属的明确，以及在有关经济活动中所处的地位和应当承担的责任(王清军，2009)。因此，生态补偿的主体主要是对生态环境造成影响的企业或个人，生态环境保护的获益者，也包括统筹生态补偿的政府和相关环境保护组织等。

(2)生态补偿的对象。生态补偿的对象是指对恢复生态环境和促进生态环境优化付出了一定的代价或者相关利益受损的群体。具体而言，即是按照相关法律法规、合同约定取得合法补偿的有关区域、组织或个人。主要包括生态环境保护者、所在地的政府和居民、区域内的组织和居民、合同的当事方。

(3)生态补偿的标准。生态补偿的标准是在明确了生态补偿主客体后，对补偿支付的具体价值进行的具体评估。从标准的制定上可分为法定标准和协定标准，其主要评估基础均是对生态功能价值的评估，按照一定的价格制定方法形成有关成本价格核算结果，对生态补偿的具体实施提供重要指导和参考，具体包括按照恢复区域生态破坏所耗费的成本核算、按照生态受益者的所得核算、按照生态系统服务功能的价值核算等方式(Yang et al.，2007)。

(4)生态补偿的运行机制。生态补偿的运行机制是对保护生态环境以及提供生态产品和服务等开展生态补偿的具体运作模式。主要内容就是在考虑到生态补偿的各种影响因素的情况下，讨论各个环境利益相关者的内在关系，怎样互相作用，决定谁补偿谁、补偿数量、通过什么样的方式补偿等和这一系列行为造成的责任和权利分配问题。根据生态补偿的开展主体和运行机制特点，生态补偿机制可分为政府补偿机制和市场补偿机制两种。

(5)生态补偿的途径与制度保障。生态补偿的途径是指实现补偿的方法，大致有几种，如支付补偿资金，建立补偿基金，实行优惠政策，提供有关物资，推进特定项目，深化教育、医疗等公共服务形式以及实施生态移民等。从有关实践来看，补偿的形式应当因地制宜、灵活多样。为了确保生态补偿机制的正常实施，应开展多类生态补偿保障制度建设。

生态补偿内容还包括对补偿机制实施效果的评价、对补偿机制的改善与创新等。矿区生态补偿评价是对生态补偿实施的具体效果进行综合评估，具体从生态补偿有关的活动开展以及对生态环境修复和治理两个方面进行，综合评估生态补偿对利益协调的效果、对生态建设的促进作用等，进而探究存在的不足，方便为以后补偿机制改进和相关各类指标的完善发挥一定的参考价值。补偿机制的改善是在参考运行结果评估的前提下开展的，目的是探索和解决生态补偿机制实施中存在的不足，实现生态补偿机制的高效运行。

1.1.2 我国生态补偿的制度安排

为了进一步规范资源开发市场、加大生态环境保护力度，我国已出台多部相关法律法规与行业规范，建立健全自然资源资产产权制度、国土空间开发保护制度、生态文明建设目标评价考核制度和责任追究制度、生态补偿制度。但与此同时，针对生态补偿及环境恢复的专门性法规仍有待完善。从矿区生态补偿的角度来看，逐步确立了矿山环境影响评估测定制度，环境影响评价考核制度，土地合理利用规划制度，限期治理、项目建设环保管理“三同时”制度，勘探权与采矿权许可证发放管理制度以及矿山地质环境治理恢复基金等。经过数十年的制度改革与行业规范，逐步形成以矿产资源税为主，以调节级差为初始目的的资源税。20 世纪 90 年代初资源税的征收标准又经历了一次调整，经过此次调整，其征收范围有所扩大，所有矿种、所有矿山不再以企业是否盈利为标准征收，而是均被纳入征收范围，随之赋予其“权利金”这一性质(毕金平和汪永福，2015)。

(1)生态补偿的财政政策。设立生态补偿专项基金、实行财政转移支付政策以及生态移民政策是我国建设生态补偿机制的重要手段(邢丽，2005)，其中，补偿的具体范围、补偿方式应当统筹考虑地区经济社会发展水平、财政能力和生态保护成效等因素而确定；根据生态效益外溢性、生态功能重要性、生态环境敏感性和脆弱性等特点，在重点生态功能区转移支付中实施差异化补偿，加大对生态保护红线覆盖比例较高地区的支持力度；根据自然保护地的类型、级别、规模和管护成效等合理确定转移支付规模。总之，通过具有针对性的财政政策，更好地平衡各方的经济利益，以此为契机进一步促进各区域经济社会的发展。

(2)生态建设重点工程。我国生态建设重点工程主要由政府主导，通过政策、立法等有力措施推动重点区域、重点领域的生态建设，在当前发展阶段是一种较为理想的制度安排，位于项目区的政府部门以及普通群众可以直接获得物质、资金以及技术补偿，并且项目区的生态环境状况能够以直接性的方式被改善。我国已经建立了包括退耕还林(草)、“三北”、自然保护区等重点工程。与此同时，各地方政府矿区资源开采的相关制度是矿区分类开发管理、生态保护与补偿的重要依据，比如在实际操作中，将矿产资源分为可重点开采、允许开采、禁止开采等类型(樊杰等，2022)。

(3)实施生态补偿的市场手段。市场补偿是指利用市场的力量来发挥生态服务的功能，利用市场自我调节、供需匹配的机制效果，对生态建设的效益和成本进行市场评估和主客体划分，以达到全面高效生态补偿运行的目的(马丹和高丹，2009)。市场上已经有各种补偿手段，我国通常采用以下几种方式：制定并收取一定比例的生态税费、以市场贸易为主要运行方式以及采取生态认证。生态税费是生态补偿的有效手段，需要将财政政策与前文提出的生态税费体制结合运行，可以调节市场运行方向(杨熠等，2017)。2024 年 2 月 23 日国务院第 26 次常务会议通过了《生态保护补偿条例》，并自 2024 年 6 月 1 日起施行，其中提到的市场机制补偿主要包括以下方面：国家鼓励企业、公益组织等社会力量以及地方人民政府按照市场规则，通过购买生态产品和服务等方式开展生态保护补偿；国家建立健全碳排放权、排污权、用水权、碳汇权益等交易机制，推动交易市场建设，完善交易规则；国家鼓励、支持生态保护与生态产业发展有机融合，在保障生态效益前提下，采取多种方式发展生态产业，推动生态优势转化为产业优势，提高生态产品价值。

1.1.3　我国开展生态补偿的情况与成效

近年来，全国各地矿山的生态补偿机制试点已取得了一定的成效，进一步证明了该机制的可行性。同时，《生态保护补偿条例》中提到的分类补偿主要涉及森林、草原、湿地、荒漠、海洋、水流、耕地，以及法律、行政法规和国家规定的水生生物资源、陆生野生动植物资源等重要生态环境要素。矿产资源开发往往影响森林、草原、水流等多种自然生态系统，因此林(牧)区、流域等相关生态补偿工作也涉及矿区生态补偿。

(1)矿产资源开发生态补偿。矿产资源补偿费在我国于 1994 年首次开启征收，明确就土地复垦、水土保持以及环境保护等进行规定。目前矿产资源补偿费已经取消，矿产资源税成为我国矿产资源生态补偿的主要税费。2006 年，《财政部 国土资源部 环保总局关于逐步建立矿山环境治理和生态恢复责任机制的指导意见》印发，首次提出了从当年起要慢慢建立矿产资源环境治理和生态恢复责任制度。2016 年，五部委共同发布的《关于加强矿山地质环境恢复和综合治理的指导意见》提出，要加快历史遗留问题的解决，大力探索构建“政府主导、政策扶持、社会参与、开发式治理、市场化运作”的矿山地质环境治理新模式。2017 年，中央全面深化改革领导小组第三十八次会议通过了《生态环境损害赔偿制度改革方案》，会议针对矿山开发过程中所造成的环境损害，进一步明确了解决相关问题具体的赔偿范围、支付方式和解决途径。同时强化平台建设与人才培养，通过具体的矿山环境鉴定评估管理技术体系、资金保障及运行机制，为生态环境保驾护航。

(2) 林(牧)区生态补偿。森林草原与矿产资源都是我国生态系统的重要组成部分，特别是森林草原作为我国生态系统中的关键一环，发挥着作为生态屏障的关键作用。部分森林草原既是矿产资源富集地区，同时也是生态脆弱地区，于这些地区而言，开展林(牧)区矿产资源生态补偿具有重要意义(朱檬和焦志强，2013)。生态补偿的核心要义是实现区域生态保护与经济开发的有序统一，我国最早的生态补偿工作即起源于对森林的补偿，尤其是始于21世纪初的森林生态效益补偿试点，为我国早期探索建立生态补偿理论和实践体系提供了可靠保障(叶晗等，2020)。2021年，国家林业和草原局发布了《“关于加快建立生态补偿机制促进高质量发展的建议”复文》，标志着我国有偿使用制度改革在相关领域的稳步推进。

(3) 流域生态补偿。不同地区的水资源分布存在显著差异，加之经济社会的快速发展，使得部分经济区域水资源供需失调问题日益显现，流域生态补偿通过水资源的空间传递将上中下游各个行政单元紧密联系起来(Henry et al.，1995；Guo and Feng，2008；黄寰，2009)。水资源作为重要的生态资源，要建立完善水资源利用的有关机制体系，从政府和市场两方面着手，通过增加制度要素投入，寻求平衡水资源供求最佳路径(赵晶晶等，2022)。2016年4月，《国务院办公厅关于健全生态保护补偿机制的意见》针对江河源头、水源地、敏感河段等区域明确提出了要加大生态补偿机制探索建设。2021年9月，中共中央办公厅、国务院办公厅印发的《关于深化生态保护补偿制度改革的意见》也明确指出了要积极开展流域生态补偿的制度和方式探索，合理配置、适度开发流域水资源，制定完整细化的水权转让、区际生态补偿制度，确保水资源利用的可持续发展以及流域经济社会的和谐发展。以四川省流域生态补偿为例，在中央和地方流域横向生态补偿政策指导下，2019年四川省嘉陵江流域10个市州共同签署《嘉陵江流域横向生态保护补偿协议》，为加强嘉陵江流域生态环境保护工作提供了资金保障。据统计，2018～2021年，四川省统筹生态环保专项资金共计45.66亿元，主要用于奖励各市州建立或参与省内或跨省流域横向生态保护补偿机制。此外，黄河流域修复工作受矿产资源、森林草原以及湿地生态等多种因素制约，特别是黄河上游的矿产资源开发问题十分重要。

(4) 区际生态补偿。我国的区际生态补偿开始于新中国成立之初，经历了从若干领域的政策出台，到在全国范围内跨区域、多领域内逐步实施的发展过程(孙新章等，2006)。从新中国成立初期到改革开放前夕，生态补偿处于启蒙发轫阶段，是纵向的自然生态补偿。从党的十一届三中全会召开至 20 世纪 90 年代初，区际生态补偿处于初步探索阶段。自 1992 年 6 月联合国环境与发展大会召开后，有关部门开始重视生态补偿，并在政策层面出台了一系列相关措施。党的十八大以后，我国区际生态补偿进入新发展阶段，特别是在“两山论”指导下，以生态产品价值实现为重点的深化发展阶段(滕文标，2022)。

(5)“三线一单”引领。在习近平生态文明思想引领下，矿区生态补偿是守住生态保护红线、环境质量底线、资源利用上线和环境准入负面清单(即“三线一单”)的有效措施，也是构建基于空间管控的生态环境管理制度的重要创新(何钰等，2022)。深入实施“三线一单”生态环境分区管控，对落实新发展理念、推动构建新发展格局、持续改善生态环境质量具有重要意义。截至 2022 年，全国 31 个省(自治区、直辖市)均已根据地区实际情况完成“三线一单”细化编制、划区定限工作，并取得了一系列环境保护成果。在美丽中国的建设进程中，应持续推进“三线一单”生态环境分区管控应用，加强“三线一单”成果在政策制定、环境准入、园区管理、执法监督等方面的落地应用，引导产业结构升级、产业布局优化，推动国土空间开发格局进一步优化，引领区域绿色高质量发展。

1.2 矿区生态补偿的理论分析

1.2.1 矿产资源与矿区

矿产是由地质运动形成的、具有多重价值的不可再生资源，其耗竭性和不可再生性是进行生态补偿的重要原因。矿区作为矿产资源开发的承载体，是人类地表改造活动的集中区域，也是人地矛盾问题凸显的区域。

1. 矿产资源

(1)矿产资源的特性。自从人类从事生产活动以来，矿产资源就成为人类生存与发展的基础。随着人类社会发展，矿产资源与经济发展的关系更加紧密。矿产资源属于不可再生资源，具有明显的不可再生性、耗竭性。1931 年，经济学家霍特林开展了对不可再生资源的理论分析以及对矿产资源耗竭性特点的分析，自此启发了其他学者对于矿产资源耗竭性分析的研究与完善。该理论认为在矿产资源耗竭方面，矿产资源在质量上存在绝对性，同时在数量上具有相对性的特征(魏永春，2002)。

(2) 矿产资源的类别。矿产资源多储存在地壳表面或内部，有气态、固态和液态三种存在形式。它既包含在目前的可行技术条件下能够开发利用的物质，又包含在将来的条件下拥有潜在价值的物质（地质部地质辞典办公室，1982）。矿产资源种类丰富，根据其物理和化学性质、用途、成矿原因和相互联系可以分成不同种类（康静文等，2002），通常分为金属矿产、非金属矿产、能源矿产和水气矿产。其中，水气矿产中的地下水是具有双重属性的水资源。正是基于此分类，结合矿产资源在国民经济社会中的利用普遍程度，本书选择了几类较典型的矿产资源所在区域为研究对象，即铁矿区、稀土矿区、煤矿区和天然气矿区。

(3) 矿产资源的价值。在距今两三百万年前，人类的祖先就已经学会使用燧石、石英以及玉石等矿物。从新石器时代到铁器时代的进程中，随着人类对矿产资源认识、开发和利用逐渐深化，社会文明得到不断发展，矿产资源也发挥了越来越大的作用。

(4) 矿产资源的储量、开采量在一定程度上决定着国家的发展战略取向，也是国家经济发展的动力（何贤杰等，2002）。随着矿产资源开发利用的范围越来越广，矿产资源的价值也有着不同层次的含义。首先，矿产资源作为一种不可再生资源，具有巨大的经济价值。矿产资源提供了人类社会 70%以上农业生产所需资料、80%以上工业所需原料以及 95%以上的能源。其次，矿产资源具有重要的社会价值。矿产资源不仅给人类生产活动提供了重要的生产资料，也作为人类社会的物质基础极大丰富了人们的精神需要，促进了社会的发展（林旭霞和纪圣驹，2022）。再次，矿产资源具有生态价值。矿产资源是由大自然经由几百万年，甚至数以亿年的地质变化才形成的宝贵自然资源，是组成自然生态系统的重要一环，与其他要素相互依存，构成完整、健康的生态系统，一旦把它从这个系统中开采出来，必然对原有生态环境造成某种程度的破坏（文琦，2014）。

2. 矿区

矿区是人类开发使用矿产资源在空间上的体现，矿区内不仅包含矿产资源，还包括水资源、土地资源、生物资源等生态环境资源。矿区是以富有矿产资源为显著特征、经人类改造的一个复合社会生态系统。该区域具有生态易损性高、抗压能力小等特点，如果资源被过度开采、环境被破坏，不但会制约区域经济发展，还会对当地生产生活带来诸多不良后果。除了自然资源外，当地居民是矿区系统中的重要组成部分，但也是在资源开发中容易被忽略的群体。随着矿区资源的开采，当地居民可能面临赖以生存的土地资源被蚕食、居住的生态环境恶化等不利情况，而其得到的相应补偿在过去往往较少。

过去粗放的资源开发方式虽然短期内能促进经济的快速增长，却严重威胁着矿区生态环境，也令资源枯竭后的矿区面临着被遗弃的命运（高智伟等，2021）。生态文明和可持续发展视角下的矿区，绝不仅是矿产资源的所在地，更是人地关系集中且直观的体现，直接反映出人类社会对待自然的态度和观念发生了巨大转变。

1.2.2 矿区生态补偿的内涵

矿产资源的开发促进了矿区当地的经济发展，拉动了地方地区生产总值的增长，但随之而来的是可能对生态环境造成破坏。例如，矿区塌陷使矿区居民失去耕种土地以及安全的居所；资源开发的废水废气排放或尾矿堆放对矿区居民健康造成损害等。传统矿产资源行业的发展繁荣往往是以破坏生态环境和过度开发为代价的，这种代价将在不久的未来偿还（Palmer et al.，2004；黄寰等，2011）。因此，在对矿区资源进行合理开采的情况下，对权益可能受到损失的人群、组织等进行合理的补偿，使其不因开采活动而受到过多影响（王莉，2014）。

1. 矿区生态补偿的定义

矿产资源开发对矿区周边环境和矿区影响范围内的居民造成了影响，而通过有效的矿区生态补偿机制可以对资源开发者和资源使用者合理收取费用，对因矿产开发受到伤害的人群进行经济或物质的赔偿，对矿区生态环境进行恢复和保护（孙新章等，2006）。本书研究认为，矿区生态补偿是针对矿区及周边区域开采矿产资源产生的诸如生态环境污染、矿区丧失发展机遇及自然资源被破坏情况，而开展的治理、恢复及校正等一系列活动，包括相应的技术扶持、实物补偿、资金扶持、财政补贴、转移支付、税收减免与生态修复治理等。矿区生态补偿的一个重点是对矿区自然生态环境的补偿，不仅要关注对已造成环境污染和生态破坏补救、恢复、治理的费用，还应关注开发前为避免或减少对环境造成破坏应当采取预防性措施的成本。开展矿区生态补偿不但需要对矿区被破坏的自然生态环境进行治理和修复，对进行矿区生态保护和治理的单位和个人进行补偿，还需要对矿区及其相邻区域的居民、企业等各类组织因资源开发利用产生的损失而进行相应的赔偿（朱九龙和陶晓燕，2016）。

2. 矿区生态补偿的空间属性

传统的矿区生态补偿机制都是以矿产资源开发所在的区域为考虑对象，因此矿产开发过程中周边潜在影响区域可能没纳入矿区生态补偿的考虑范围，同时在生态补偿的设计过程中对于矿产资源的整个产业链也没有进行深入研究。以矿区空间视角考虑矿区生态补偿机制，一方面可以完善以上两个方面研究的不足；另一方面可以使矿区资源开发中影响范围扩大至潜在区域，补偿链条扩充至矿产资源的整个经济链。空间视角下的生态补偿机制既能丰富矿区生态补偿的研究内容，也使矿区生态补偿机制更加完善、具有可操作性(戴其文，2013)。

矿区生态补偿有两大指向，一是流入，即对矿区居民、组织等进行的补偿和恢复、治理矿区生态环境破坏的投入；二是流出，即开发者及相关利益企业由于开发矿区资源造成生态环境破坏而对矿区及其相邻地区进行生态补偿。

从区际空间的角度来看，地域相连的地区环境会相互影响，生态破坏、环境污染存在跨地域性，一个地区的生态环境问题往往会跨地域传播、转嫁到邻近地区，这就是区际问题(Cuperus et al.，1996，1999，2002)。矿区资源开采造成的环境污染也存在这样的问题，如废水的排放会污染下游地区的水体；废气的释放会影响周围地区空气质量；矿产资源开采造成的水土流失、土地受损会影响邻近地区的水源涵养以及动植物生存(戈健宅，2022)。因此，在开展矿区生态补偿时必须重视这种区际问题，进行合理的区际补偿。

1.2.3 建立矿区生态补偿机制的理论依据

在矿产资源的开发过程中，负的外部性或外部不经济效应是无法完全避免的，势必对生态环境造成影响，主要包括水体污染、大气污染、噪声污染、土地污染、矿区废弃物污染和削弱水资源的再生能力、地表植被破坏、水土流失以及采空区地表塌陷等环境问题(李启宇，2012)。恢复被破坏的生态环境需要大量的资金投入；环境的恶化不仅给人们的健康带来影响，而且会使矿产资源的开发地区失去很多发展机遇，使其付出很大的机会成本。生态环境是公共物品，为了追求更大的利益，过去的一段时间里开发者往往会对资源进行过度、不合理的开发，产生“公地悲剧”。为了平衡矿区主体的利益，必须构建一个合理的补偿机制，通过强有力的规章和制度，主动协调矿产资源开发活动中各方面的利益，保护生态环境，从而促进地区、群体之间协调发展(冯聪和曹进成，2018)。在我国，建立矿区生态补偿机制的主要理论指导包括习近平生态文明思想、外部经济效应理论、公共产品理论、自然资源物权理论和可持续发展理论。

(1)习近平生态文明思想。习近平生态文明思想是习近平新时代中国特色社会主义思想的重要组成部分。党的十八大报告将生态文明建设纳入“五位一体”中国特色社会主义事业总体布局，明确提出要着力推进绿色发展、循环发展、低碳发展，形成节约资源和保护环境的空间格局、产业结构、生产方式、生活方式，从源头上扭转生态环境恶化趋势，为人民创造良好生产生活环境，为全球生态安全作出贡献(郭薇，2007)。随着我国经济社会进入发展新时代，习近平生态文明思想正在指导着各领域建设，我们需要将绿色发展理念贯穿矿产资源规划、勘查、开发利用与保护全过程，要“像对待生命一样对待生态环境”“实行最严格的生态环境保护制度”，并进一步细化提出相关措施，引领带动矿业转型升级(靳乐山和魏同洋，2013)。党的二十大报告突出强调：“中国式现代化是人与自然和谐共生的现代化。人与自然是生命共同体，无止境地向自然索取甚至破坏自然必然会遭到大自然的报复。……坚定不移走生产发展、生活富裕、生态良好的文明发展道路，实现中华民族永续发展。”

(2)外部经济效应理论。外部经济效应是指在生产和消费中，一个经济主体对另一个经济主体的影响不能通过市场来解决(Pigou，1920；黄寰和罗子欣，2011)。外部经济主要是来源于非直接关系的经济活动造成的效果，形成的有关成本或者收益是单方面的，产生外部经济的主体没有对客体付出相应的代价(Wu and Babcock，1999；庞永红，2006)。或者说，经济活动的主体除了对其针对性的客体产生影响之外，还会通过其他不受控制的方式对额外的客体产生难以预计或准确计量的成本或收益(刘聪和张宁，2021)。

(3)公共产品理论。社会产品主要分为公共产品与私人产品，公共产品对应私人产品，是指具有消费或使用上的非竞争性和权益上的非排他性的产品。它有三个基本的特性，即效用的不可分割性、消费的非排他性、受益的不可阻止性，这些特性决定了市场在提供公共产品方面是失灵的(Samuelson，1954)。公共产品的属性使得它在使用过程中容易产生“搭便车”问题和“公地的悲剧”(范佳旭等，2020)。在生态领域，由于生态环境的非排他性以及使用者对该物品的消费并不减少它对其他使用者的供应，开发者往往会对资源进行过度开采，从而对环境造成破坏，这些不良影响最终却要由全体社会成员承担(龙新民和尹利军，2007)。

(4)自然资源物权理论。自然资源物权有着明显的特点：具有独立的物权属性，是一种定限物权，也是一种特殊的用益物权(Dales，1968；叶知年，2007)。自然资源的所有权归属决定着补偿主体的确定，因此自然资源物权理论是矿区生态补偿的基础支撑(黄寰等，2011)。

(5)可持续发展理论。可持续发展可以理解为既满足当代人的需求，又不危及后代满足其需求的能力(滕海键，2006)。从1992年的联合国环境与发展大会到2002年的可持续发展世界首脑会议，再到2012年联合国可持续发展大会，可持续发展理论不断丰富完善。从联合国可持续发展目标(sustainable development goals，SDGs)来看，特别是2016年1月1日正式启动的《2030年可持续发展议程》受到全球各个国家和地区的普遍认同，促进人与自然和谐、实现经济社会和生态环境共同可持续发展已成为全球性共识(李奇伟，2020)。

1.2.4 建立矿区生态补偿机制的现实意义

1. 切实提高矿产资源的开发利用效能

改革开放以来，我国经济从传统的计划经济转向效率更高的市场经济，从封闭走向开放，市场活力得到了充分激发。但由于制度规范需要逐步完善，市场主体在发展之初容易受到现实经济利益的影响，忽略了更长远的发展利益，对矿产资源的保护认识在过去较长一段时间不够充分，甚至出现“先开发后保护”“边破坏边保护”的错误观念。在现实中，也曾出现“大、中、小型矿并举，国家、集体、个人一起上”的情况，影响了矿业整体的可持续发展。通过积极实施矿区生态补偿机制，有利于针对现有矿产资源开发进行更科学的统一规划、调配与利用，对一些小规模、重污染的低效益矿产资源开发加以限制，在力保国家矿产资源供给的同时，积极提高矿产资源的开采技术，切实提升资源开发管理水平，推动矿产资源可持续利用，减少对生态环境的直接负面影响，从而为提升矿产资源的可持续开发利用提供坚实基础与可靠保障。

2. 有助于改善矿区生态环境质量

矿区生态补偿可以多措并举、标本兼治，以前期矿产资源的勘探为突破口，使开发规划具有前瞻性，尽力避免次生地质灾害的发生。与此同时，应及时处理弃渣、尾矿、尾水、废水、废气等。通过对资源开发过程中产生废物的及时处理，降低乃至避免经济活动对自然带来的损害，实现可持续发展的目标(赵霞，2008)。以四川省甘孜藏族自治州为例，该地坐落于三江成矿带和康滇黔成矿带北段，拥有丰富的贵金属、稀有金属、有色金属及特种非金属矿产资源，是西南地区具有重要战略意义的矿产资源区域。国家在对该地区的长远规划中，有意将其打造成国家级大型矿业基地。迄今为止，该地已发现矿产 74 种，优势矿种包括金、银、镍、铜、铅、锌、锡、锂、铍、铌、钽、铁、锰、钨等 41 种。高山和峡谷是甘孜藏族自治州的主要地貌特征，金沙江、雅砻江、大渡河纵贯全境，使得该区域的生态地质环境具有相当程度的脆弱性。同时，甘孜藏族自治州内有 30 多种具有当地特色的珍稀动物，包括大熊猫、金丝猴等。这些因素导致该地矿产资源开发和生态环境保护的协调存在较大难度。建立矿区生态补偿机制可以有针对性地采取相关措施应对生态地质环境风险，更加科学高效的绿色开发和开发后的补偿性保护机制能改善矿区生态环境状况，也有利于矿产资源的持久可持续开发[①]。

3. 有助于增强矿区经济社会综合竞争力

以煤矿、铁矿、石油、天然气等为代表的非再生矿产资源在人类产业发展与社会进步中发挥着重要的作用。根据统计资料，矿产资源为我国提供了超过 95%的能源和超过 80%的工业原料。我国矿产资源丰富且矿产资源的品种繁多，是为数不多的资源大国。多年来，地矿人通过不懈努力取得了丰富成果，矿产资源的勘探量与技术储备居于世界前列。据自然资源部发布的《中国矿产资源报告(2022)》，截至 2021 年底，我国已发现 173 种矿产，其中能源矿产 13 种、金属矿产 59 种、非金属矿产 95 种、水气矿产 6 种。煤炭、钨、钼、锡、金、稀土、磷、石墨等矿产品产量多年保持全球第一。

虽然我国矿产资源比较丰富，但是过去较长一段时期对可持续发展的认识不够充分，相关的知识与技术准备也较欠缺(陈伟军和刘红涛，2008)。在生态绿色的高效清洁资源利用方面，我国与发达国家还存在着一定的差距，具体表现在开采挖掘工艺技术相对落后、资源利用与回收率不足等方面。因此，通过矿区生态补偿机制的实施，有利于强化矿产资源跨区域的统一规划与综合开采，进一步优化矿产资源的勘探、开发、保护路径，提高国内矿产资源分布区域的综合竞争力。

①内容主要来自《甘孜藏族自治州矿产资源总体规划(2021—2025 年)》。

仍以四川省为例，2024年1月，国务院批复的《四川省国土空间规划（2021—2035年）》明确提出："四川省地处长江上游、西南内陆，是我国发展的战略腹地，是支撑新时代西部大开发、长江经济带发展等国家战略实施的重要地区。"四川这一战略腹地需要确保粮食、清洁能源、关键矿产资源等重要初级产品的供给，攀西、川南、川西北是省域内发展各异且具有丰富矿产资源的区域，在实现资源可持续利用方面理应成为"排头兵"，能够起到有效的发展带动作用。作为我国西南地区重要的冶金基地，攀西拥有丰富的矿产资源，其中黑色有色金属与稀土资源最为丰富，储量位于全国前列。川南地区非金属矿产种类多，以煤、硫、磷、岩盐、天然气为主，其储量巨大，资源种类丰富，开采潜力大。在习近平生态文明思想指引下，四川省以"大矿兼并小矿，小矿联合做大"的实践路径，积极整合产业发展链，优化矿山资源布局，将可持续发展道路走宽走远。

1.3 绿色矿业相关理论与实践

矿业的发展模式是一个与时俱进的演化过程，与经济社会发展阶段的特征相适应。中华人民共和国成立后，特别是改革开放以来，我国国民经济发展速度快，经济社会发展各方面均取得了显著成果。矿业是我国重要的基础工业，不仅在我国经济总量中占有较大比例，而且影响经济社会各行各业的发展。在发展初期，我国矿业以追求经济效益为主，对环境污染、资源节约缺乏有力的指引和干预，是典型的粗放发展模式，这也是当时全球矿业的主要发展模式，其造成的不良后果不言而喻：环境污染问题、资源枯竭问题，甚至是对人体健康的恶性影响，对生态环境和经济社会乃至人类发展都带来了威胁。为此，矿山生态问题逐渐得到重视，对矿产资源开发模式的转型升级呼声日渐高涨。

党的十八大以来，在习近平生态文明思想的指引下，绿色矿业发展正成为矿产资源开发利用全面绿色转型，努力建设人与自然和谐共生的美丽中国的必然要求。其中，矿区生态补偿是实现绿色矿业发展的重要途径和根本要求。绿色矿业建设从"条"的角度分析，即从产业上下游的角度看，立足于生态补偿，积极推动绿色勘查、矿产资源综合利用与矿山地质环境恢复治理；从"块"的角度分析，即从绿色矿业的不同层面看，以生态补偿推进绿色矿山和绿色矿业发展示范区建设，着力探索不同的且具有代表性的绿色矿业建设模式。

1.3.1　绿色矿业理论

绿色矿业理论是一种以可持续发展为导向的新型矿业理论，旨在实现矿业生产的经济效益、社会效益和环境效益的协同发展。在这一理论中，矿业生产被视为一种社会经济活动，其发展必须考虑生态、环境、社会等因素，强调资源利用的效益最大化和资源保护的最大化。绿色矿业理论的主要内容可以概括为五个方面。

(1) 社会责任。绿色矿业理论的核心思想是可持续发展，强调矿业企业在生产过程中需要承担社会责任，为当地社会和经济的发展作出积极的贡献。矿业企业在生产过程中，其产生的环境污染和资源消耗难免产生负面影响。对此，矿业企业应当积极承担社会责任，承担起生态保护与修复的责任。矿业企业应当为员工提供良好的工作环境和福利保障。作为生产者，矿业企业需要为员工提供安全、舒适、健康的工作环境和良好的待遇。矿业企业应当对员工的职业道德、技能和知识等方面进行培训，提高员工的素质和能力，为员工的职业发展提供支持和保障，有效提高员工的工作积极性和生产效率，实现矿业企业的可持续发展。矿业企业应当支持当地的公益事业。作为当地社会的一分子，矿业企业可以通过捐款、资助、援助等方式，支持当地公益事业的发展，如教育、医疗、环保等。同时，矿业企业还可以积极参与当地社区建设和文化活动，促进当地社会的和谐发展。

(2) 环境保护。矿业企业在生产过程中会产生污染和破坏环境的问题，如果这些问题得不到妥善处理，将对当地的生态环境和社会经济产生负面影响，这也是绿色矿业理论强调最大限度减少对环境污染和破坏的原因。绿色矿业理论认为，矿业企业在生产过程中应该采取最先进的技术手段和管理手段，以达到最大限度减少对环境的污染和破坏的目的。例如，采用高效的矿山废水处理设备，以减少废水排放；采用低排放技术，降低粉尘排放量；加强土壤保护，通过进行土壤修复、植被恢复和生态建设等手段来改善环境。同时，矿业企业应该积极推广和使用新能源、新材料和新技术，减少对环境的污染和破坏，提高生产效率和节能减排水平。除了技术手段和管理手段，绿色矿业理论还强调了环境保护意识的重要性。矿业企业应该加强员工的环保意识培训和宣传教育，让每一个员工都认识到环保的重要性，形成一种文化氛围，促进企业的可持续发展。另外，矿业企业还应该主动参与环境监测和评估工作，建立完善的环境管理制度，保障矿业生产的可持续性和环境友好。

(3) 资源利用。绿色矿业理论强调资源的可持续利用，这是矿业企业需要时刻谨记的责任。对非再生性资源的利用应该尽可能减少浪费和损失。在实践中，矿业企业可以通过技术创新和资源综合利用来实现这一目标。首先，技术创新是实现资源可持续利用的重要途径。矿业企业可以采用更加先进的采矿技术和设备，以提高矿物开采的效率和品质，从而减少资源的浪费和损失。例如，一些煤炭企业采用了先进的煤炭采掘技术，提高了采煤效率，减少了煤炭的浪费和损失。一些铁矿石企业也采用了自动化采矿技术，实现了智能化的矿石开采，提高了采矿效率，减少了矿石的浪费和损失。其次，资源综合利用也是实现资源可持续利用的关键。矿业企业应该尽可能地将资源的价值最大化。例如，在采矿过程中，矿石经过加工处理后，可以进一步提取出其他金属元素、非金属矿物等，而这些物质也具有一定的价值。通过对这些物质进行再次利用，可以减少资源的浪费和损失。此外，一些矿业企业还采用了循环经济的理念，对废弃物进行回收再利用，可以最大限度地节约资源，减少浪费。

(4) 技术创新。绿色矿业理论认为，矿业企业应当通过技术创新提高生产效率，降低生产成本，实现可持续发展。技术创新是现代矿业生产的重要支撑，随着社会的不断进步，新技术的出现与应用极大地提高了矿业企业的生产效率，降低了成本，增加了收益。同时，新技术的应用还能减少环境污染和破坏，实现矿业生产的环保目标。为了提高生产效率，矿业企业可以采用新型的矿山开采技术。传统的矿山开采技术往往采用爆破、开挖等方法，这些方法不仅存在安全隐患，而且会带来严重的环境问题，如水土流失等。新型的矿山开采设备，如隧道掘进机、水力钻机、盲巷掘进机等，采用机械化、自动化、智能化的方法进行矿山开采，不仅提高了生产效率，而且降低了矿山开采的成本，减少了对环境的影响。矿业企业还可以采用新型的环保技术，减少生产过程中的环境污染和破坏。例如，矿业企业可以引入新型的废水处理技术，对污水进行处理，使之达到排放标准，减少对水体的污染；采用新型的粉尘控制技术，使生产过程中产生的粉尘量降到最低，减少对空气质量的影响；加强土壤保护，采用覆盖层保护、植被恢复等方式，减少对土壤的破坏和污染；开展生态修复，恢复被开采过的矿山地区的生态系统，促进自然资源的恢复和再生。

(5) 产业协同。矿业企业在地方经济中往往具有举足轻重的地位，因此绿色矿业理论提出，矿业企业应该积极参与地方产业发展，实现资源共享和互惠共赢。矿业企业可以与当地的农业、旅游、文化等产业协同发展，促进产业融合和互补。例如，在煤炭生产区，矿业企业可以与当地的农业生产企业合作，实现煤炭资源和农产品资源的共享。矿业企业可以提供技术支持和市场渠道，帮助当地农民提高生产效率，同时也可以利用农业废弃物和生物质资源，实现资源的综合利用和环保效益的提高。此外，矿业企业还可以与当地的旅游和文化产业合作，推动旅游和文化资源的开发和利用，提高当地的知名度和吸引力，增加当地的经济收益。

总之，绿色矿业理论是一种以可持续发展为导向的新型矿业理论，强调资源利用的效益最大化和资源保护的最大化。通过实施绿色矿业理论，可以推动矿业生产的经济效益、社会效益和环境效益协同发展，实现矿业的可持续发展。

1.3.2　绿色矿业发展情况

1. 绿色矿业政策的总体演进情况

在我国，绿色矿业从理念提出到政策指导大致分为五个阶段，总体上是按照矿产资源开源节流方针、资源综合利用思想、绿色的矿产开发、打造绿色生态矿业等思路对与矿产资源相关的内容进行整体布局(相洪波，2016)。《中国矿业联合会绿色矿业公约》的制定从根本上体现了资源合理开发利用与环境保护协调发展。《中国矿产资源报告(2021)》表明近年来我国地质找矿不断取得突破,矿业发展与生态文明建设理念联系更加紧密,矿山污染治理和生态修复取得显著成效。

2. 矿产资源勘查及绿色勘查政策

矿产资源勘查政策的演变主要体现在采矿权的转变上。采矿权从 1949 年到现在经历了多个阶段的转变，也进一步促进了矿产资源勘查向良性、绿色、可持续等方面逐渐提升。目前，我国采矿权制度愈发完善(彭忠益和高峰，2021a)，但经历了一系列的修正过程。我国从 1998 年开始就对探矿权进行管理，规划制定相应的政策条例，到 2009 年再次对《中华人民共和国矿产资源法》进行修订，完善不足的内容，再到 2014 年对相关人员管理条例进行增补，主要涉及勘探区块的人员登记与管理等，我国与探矿权相关的法律条例逐步在时间、投入、权属等方面有了更详细和明确的规定。我国也进一步设定了与探矿价格相关的条件，将矿权逐步区分为采矿、探矿、管理等多方面的权利(彭忠益和高峰，2021b)。我国多数矿产资源产业领域为国家所有，为进一步激发市场活力，吸引资金，提升我国矿产资源开发利用水平，正在对一些领域进行市场化开放。

矿产勘查会对环境造成或多或少的影响，过去传统的勘查手段和方式虽然成本较低，但勘查效能不高，并且频发对生态造成破坏的事件。绿色勘查是在绿色、生态化指引下，强调通过符合绿色发展的技术、设备、工艺等，在尽可能降低对生态环境影响的前提下，进行科学环保的矿产资源相关勘查，以达到生态环保与勘查效益的双赢。

3. 矿产资源节约与综合利用的政策演进

我国对于矿产资源综合利用的相关规定始于 1956 年，根据政策导向性的侧重，依照时间演变顺序，将矿产资源节约与综合利用政策分为四个发展阶段。

第一阶段（1956～2005 年）：矿产资源节约与综合利用初步发展阶段。为保证经济效益最大化，聚焦于矿产资源的勘探和开采，以此获得经济的快速发展，但同时过度的开采使矿山生态环境遭受严重破坏且开发效率低下。为解决资源过度开采带来的各类问题，随着初步提出“矿产资源”这一概念，矿产的资源管理与节约逐步引起国家重视，国家针对矿产资源保护制定了相关的法规和政策（王海军和薛亚洲，2017）。最早的有关采矿规范的试行条例于 1956 年提出，条例中首次引入“用矿”与“保矿”这两个概念，对合理使用矿产资源和科学保护矿产资源做出明确的要求。而对于矿产资源体制化规范的形成是随着《中华人民共和国矿产资源法》的出台，从法律层面明确了矿产资源勘探和开采责任主体，为之后的矿产资源综合利用政策的制定提供了方向和依据。这一阶段的政策数量较少，初步形成了矿产资源综合利用框架体系，为之后更加细化的政策制定奠定了基础。

第二阶段（2006～2010 年）：矿产资源节约与综合利用框架体系基本形成。2008 年出台的《国务院关于加快循环经济的若干意见》从可持续发展角度提出提高资源利用效率，从而促进资源节约与综合利用。2009 年《国土资源科学技术奖励方法》和 2010 年出台的多个政策文件（如《中国资源综合利用技术政策大纲》等对矿产资源从技术、管理、推广等方面进行了专项化的研究与规范，这些政策的出台均是从不同方面引导和激励矿业企业在勘查和开发过程中兼顾社会效益、技术水平和企业利益（鞠建华等，2018）。

第三阶段（2011～2016 年）：建立具体指标，政策执行更有依据。建立矿产资源“三率”指标，通过具体的指标对资源开发进行规范。例如：采矿回采率规定对矿山开采的最低要求是什么；利用选矿回收率对生产的产品做出要求，一般矿石品质越好，指标要求越高；综合利用率是对矿山整体开发提出要求，除了优质矿石，其他的废石也要纳入矿山开采规范。这些指标在客观上标准化了企业的生产与管理。从技术方面，自 2011 年开始，国土资源部从权威角度发布适用各项资源开发的相关技术目录，以此促进矿产领域科技创新，提升技术在矿业中的占比，实现我国矿业从基础开发到科技开发的转变。而针对采矿过程的行业规范性问题，通过发布文件要求各类相关技术许可证、采矿许可证等来实现，对矿产资源勘探和开发活动提供了更加细致、明确的要求，使矿产资源的勘探与开发有法可循。这一阶段的政策更加注重具体指标的建立，为政策的推广和执行提供了更加科学合理的依据(张照志等，2022)。

第四阶段(2017 年至今)：节约与综合利用成为矿业发展的重要方向。矿产资源开发具备双重特点：一是促进性，资源是经济社会发展的重要基础；二是扰动性，矿产资源开发容易影响和扰动生态环境。如果矿产资源开发能够做到可持续利用，那么矿区生态环境与资源开发会形成良性循环。2018 年自然资源部组建后，进一步强调加强绿色矿山建设。很多矿山企业在资源开发过程中重视节约与综合利用，对生态环境的改善作出了很大贡献。比如神华准噶尔准东煤矿，在矿业开发过程中加快生态环境恢复治理和生态再造，使矿区的绿化面积占比从原来的 12%提高到 62%。因此，矿产资源开发如果能做到可持续，那么将有利于生态建设，同时也能促进生态建设。促进矿产资源节约与综合利用主要从以下六个方面入手：一是矿产资源的配置权方面；二是矿产资源的节约集约利用方面；三是专项资金的支持方面；四是税费优惠政策方面；五是矿产资源开发利用技术方面；六是矿业权人信息公示方面(王海军和薛亚洲，2017)。

4. 矿山地质环境恢复治理的政策演进

矿山环境问题是随着矿山开采而逐渐引起关注的，我国相关部门重视并不断出台有关政策对这种破坏现象做出处理，对于矿产的环境恢复问题也提出意见和出台政策(冯春涛和郑娟尔，2014)。考虑到环境的生态性、功能性、绿色性，国家对矿山开采做出明确要求。近年来，全国人大常委会、国务院以及自然资源部、生态环境部等在矿山环境保护方面陆续出台并实施了一系列新的政策，颁布了若干新的法规。从 20 世纪 50 年代开始，我国在矿山地质环境保护与治理政策文本方面大体上经历了三个发展阶段。

(1)矿山地质环境保护与治理制度的启动阶段(1954～1989 年)。这一阶段，矿山的环境保护问题开始在相关制度中出现。1954 年，“保护自然资源，防治污染”等概念开始在宪法中提到，环境保护逐渐被纳入政策管理的范围。20 世纪 80 年代初，《全国环境监测管理条例》颁布，该条例对全国范围内的环境监测管理机构设置、职责与职能作出了具体的要求，进一步明确了分工、压实了责任。1986 年 3 月第六届全国人民代表大会常务委员会第十五次会议通过的《中华人民共和国矿产资源法》指出“矿产资源开发，必须遵守有关环境保护的法律规定”，对于正在开采的矿山做出约束，明确哪些方式是有害的、不被允许的，对于已经受到开采破坏的矿山环境采取合理措施进行改善，如植树种草、复耕造林等。这一阶段的政策制度还不够完善且缺乏有效的执行机构和措施，对于矿山环境保护来说力度仍远不够，矿山开采依旧带来很多问题，整个矿山运行管理和生态治理仍然没有取得明显的成效，尤其是一些问题繁多、治理困难的矿山，在复垦率等重要指标上完成度极低，甚至处于长期无人监管和治理的混乱状态。至 20 世纪 80 年代末，我国矿山治理在废弃物、废水、复垦等多方面都存在较大问题，并且部分大规模开发活动对当地环境和群众造成了长期的不良影响(陈丽新等，2016)。

(2)矿山地质环境保护与治理政策协同推进、快速发展阶段(1990～2008 年)。随着我国经济社会的快速发展，开发活动造成的环境问题也日趋显现，并逐步影响人们正常的工业生产与日常生活。面对一系列突出的环境问题，有关部门开始对存在重大生态问题的矿山、矿业开发活动进行强力干预，并着手从法律、制度、政策等方面共同推进矿山环境的修复治理工作(张兴和王凌云，2011)。为了进一步整顿行业秩序、促进生态环保工作，相关部门相继发布了一系列具有针对性的文件，如《国务院关于全面整顿和规范矿产资源开发秩序的通知》(国发〔2005〕28 号)、《财政部、国土资源部、环保总局关于逐步建立矿山环境治理和生态恢复责任机制的指导意见》(财建〔2006〕215 号)等。通过政策工具多措并举、因势利导，为我国矿山环境治理工作提供可靠保障。尤其是制定了责任机制、保证金制度、生态规划、治理方案等工作要求后，从体制机制方面推动了矿山生态治理的进程。经过各级职能部门的不懈努力，矿山地质环境保护工作引起了社会的共同关注，相关政策措施进一步落地生根，具体的法律法规、行业制度不断得到完善。这些举措进一步消除和排查了开发过程中所造成的环境问题与安全隐患，同时促进了矿山生态环境的全面改善，积累了丰富的矿山管理优化和环境治理经验，为进一步推动矿产资源综合开发利用提供了重要基础。

(3)矿山地质环境保护与治理规范调整阶段(2009 年至今)。2009 年 2 月 2 日国土资源部第 4 次部务会议审议通过的《矿山地质环境保护规定》

从法律上进一步明确了我国矿山地质环境保护的高度和要求。随着我国矿山地质环境保护法治化建设不断深化，矿山开发活动和治理工作在法律体制上得到了进一步优化和提升，逐渐形成有法可依、有案可循的管理机制，呈现出规则化、制度化的良好发展趋势(王维维和杨思留，2017)。2009 年以来，国家有关部门相继发布了《关于加强矿山地质环境治理项目监督管理的通知》《矿山生态环境保护与恢复治理》等政策文件，尤其是《关于建立和完善生态补偿机制的部分意见的通知》就基于矿山环境治理修复的保证金制度提出了新的要求，对开展矿产资源生态补偿机制探索起到了重要作用，也为进一步规范矿业发展提出了新的要求。

1.3.3　绿色矿山与矿业示范区建设现状

1. 绿色矿山建设

推进生态文明建设以来，矿业作为我国重要的资源安全保障产业，同样也面临着绿色转型的重要任务。绿色矿山建设是我国推动矿业领域生态文明建设的重要任务之一，也是对习近平总书记提出的“绿水青山就是金山银山”的生动体现。从理论内涵来看，绿色矿山是产业生态学理论中产业系统和生态系统实现功能复合与互生再生的必然环节，是推进产业生态进化的重要手段。在习近平生态文明思想指导下，绿色矿山建设是要将“生态优先”贯穿到矿产资源开发利用的全过程，在合规合法的基础上充分运用数字化、生态化、现代化技术和手段，不断提升规划管理水平，减少矿产资源开发利用对自然环境和人居环境的不利影响，同时尽可能提升矿产资源利用效率，实现经济和生态协调，短期利益和长期利益协调。

我国绿色矿山建设历经多年，跨越了数个发展阶段。早在 2007 年，国土资源部在北京主办了以“落实科学发展，推进绿色矿业”为主题的国际矿业大会，绿色矿山的概念在国内逐渐为人所知。2008 年国务院批准实施的《全国矿产资源规划(2008—2015 年)》明确提出了“到 2020 年基本建立绿色矿山格局”的目标，绿色矿山建设成为全国矿业发展和生态文明建设的重要领域。其后有关于绿色矿山建设的布局要求在多个国家级顶层规划设计中被频繁提出，绿色矿山建设受到社会各界广泛关注，有关标准体系、政策措施等理论探讨成为热点。同时，在科学环保理念和政府规划引导下，浙江、山东、河北等多地开展了绿色矿山的探索性实践，在地方政府文件中强调了绿色矿山建设的有关导向。比如，山东省早在 2002 年就有绿色矿山建设的实践典型，良庄煤矿、金亭岭矿等从环境绿化、工艺调整等方面开展了绿色矿山的区域性实践。浙江省将绿色矿山建设作为有关部门的任务目标进行考核监督，率先开启了绿色矿山试点的有关工作，并进一步出台制定了绿色矿山的申报标准、优惠政策等具体措施，系统性地构建了区域绿色矿山建设的任务框架。由此浙江省绿色矿山建设取得了斐然成绩，形成了省、市、县三级联动的绿色矿山建设体系，不仅创建了浙江省绿色矿山统一标志，还为其后在全国范围内推动绿色矿山建设提供了有力支撑。

2010年，国土资源部发布了《关于贯彻落实全国矿产资源规划发展绿色矿业建设绿色矿山工作的指导意见》，这是我国首次出台的明确国家级绿色矿山建设条件及标准的官方文件。该文件针对不同类型绿色矿山建设作出了更加细化的统筹安排，标志着我国绿色矿山建设从发展倡议、局部探索正式进入整体推进和广泛试点的新阶段。2011～2015年，我国共确立了四批600余个国家级绿色矿山试点，分布在29个省(自治区、直辖市)，其中以山东、山西、河北等重要矿产资源大省最多，在行业上也覆盖煤炭、金属、化工、油气等多个国家战略性资源领域。其间，我国绿色矿山建设工作取得了令人瞩目的成绩，积累了丰富的管理、技术经验和生动案例。

2015年，《中共中央　国务院关于加快推进生态文明建设的意见》再次强调了“加快推进绿色矿山建设”的任务要求，绿色矿山建设在国家“十三五”规划、全国矿产资源规划等顶层规划中被明确提出，全国大部分省市的有关规划文件中也都提出了绿色矿山建设具体的发展目标和任务举措。我国绿色矿山进入了以政策、制度协同全面推广、规划建设的新阶段，有关行业标准、社团标准、地方性标准规范不断被制定和落地实施，中央、地方、行业相互协同的绿色矿山标准体系基本建成。

2019年自然资源部进一步开展了绿色矿山遴选工作，对绿色矿山试点单位进行实地核查，对绿色矿山建设的资源开发利用方式、矿区及周边环境修复、生产工艺和技术水平等方面进行综合评判，对试点单位分类开展提升、整改、退出机制实施，对绿色矿山建设参差不齐的情况进行了统筹安排。2019年全国共有555家矿山通过遴选入选国家级绿色矿山名录，2020年国家级绿色矿山入选301家；另外398家原国家级绿色矿山试点单位也一并纳入名录，合计1254家全国绿色矿山名录的明确，有利于引导形成政府、行业乃至全社会共同监督和激励的新局面，我国绿色矿山建设管理体系得以进一步优化。

综合来看，我国绿色矿山建设历经了从理论到实践、从试点到推广、从行政主导到标准体系引领的多个发展阶段，已构建起绿色矿山建设发展的全面战略框架，在世界生态发展进程中呈现出多方面的领先优势。一是形成并完善了绿色矿山政策管理体系，自“十三五”以来，中央和地方针对绿色矿山建设形成了系列规划指引和方案指导，不仅包括绿色矿山建设的规划方案，还有以绿色矿山为中心向多维矿产资源管理领域延伸的地方性、部门性规章或办法，形成了相互配合、相互补充的任务推进机制，为强有力推动绿色矿山建设提供了有力保障。二是形成了系统性的绿色矿山建设标准体系，随着绿色矿山试点工作的全面铺开，全国各地在上层规划指引下开展了区域性绿色矿山建设标准的探索制定，绿色矿山建设更加符合地方特征和需求，《非金属矿行业绿色矿山建设规范》等多项国家级行业标准的制定和发布进一步完善了我国绿色矿山建设和管理的标准体系。三是全国各地在多年实践中逐渐积累了具有代表性的绿色矿山建设先进典型，不仅推动了当地生态治理和环境修复，还助推了生产生活绿色转型，促进了生态效益向经济效益、社会效益的转化，提供了矿业行业转型升级、优胜劣汰的动力，成为我国全面、深化推进绿色发展的重要支撑。

经过多年发展，国家级绿色矿山试点单位的数量呈现逐年上升的态势，说明国家绿色矿山建设引起企业重视并取得积极成效，但是在发展过程中仍然存在一些问题。首先，绿色矿山建设布局资源匹配度仍不太高、区域发展还不够协调。西部地区占比不到三成，中东部地区占比达到六成以上。但从现有的资源探明储量与未来资源潜力来看，西部地区均具备较中东部地区更为明显的优势。要解决当前绿色矿山建设中地区发展不协调、不一致的问题，西部地区就应在保护生态环境的前提下，将绿色发展理念贯彻执行在矿产资源勘探、开发与利用当中。其次，绿色矿山建设标准体系仍不够完善。建立完善的标准体系是矿产资源绿色勘查、绿色开发、绿色利用的重中之重，能够支撑绿色矿山良性发展。考虑到地区经济发展的异质性以及资源开发利用技术的不一致，针对地区分布、矿种资源、资源环境承载力的差异，需要制定相应的绿色矿山建设标准体系。最后，绿色矿山试点评估达标率有待提高。从入选的国家级绿色矿山试点单位来看，试点单位的绿色矿山建设情况参差不齐。

2. 绿色矿业发展示范区建设

随着“生态优先，绿色发展”的深入推进，我国绿色矿业发展也逐渐进入多元化模式和综合性开发的新阶段。要进一步深化绿色矿业发展，就必须更加深入应用实践探索，结合不同区域资源禀赋、生态特征和产业基础，精准研判绿色矿业发展在技术层面、产业层面、社会层面等多维度的相互影响，努力实现资源效益、生态效能、经济效益和社会效益的相互协同。

从发展实际看，虽然我国全面推动绿色矿业发展，但局部区域差异性特征仍十分明显，东部地区资源储量相对不高，但绿色矿山、绿色矿业发展较快，在区域经济基础、技术支撑、地理环境等方面具有一定优势。西部地区资源储量突出，但资源利用效率较低，环境破坏程度较大，历史问题比较突出，区域经济基础较差，绿色矿业发展相对缓慢。

绿色矿业示范区正是基于区域矿业发展在不同程度、不同特点上的差异，有针对性地应对区域绿色矿业发展现实问题的具体实践。随着我国绿色矿山建设的持续推进，绿色矿业发展也面临着从勘探、开发、加工等前端调整向绿色技术研发、绿色综合治理、绿色消费体系等全产业链绿色化方向转变的现实需求。推动绿色矿业发展示范区建设，既是进一步解决矿业、矿山绿色发展存在的不平衡不充分问题，也是我国全面推进矿产资源管理综合改革，推动矿业高质量发展的重要举措。

2016 年出台的《国土资源“十三五”规划纲要》首次明确提出了“规划建设 50 个以上绿色矿业发展示范区”的发展目标。2017 年国务院印发的《全国国土规划纲要(2016—2030 年)》(国发〔2017〕3 号)强调：“进一步完善分地区分行业绿色矿山建设标准体系，全面推进绿色矿山建设，在资源相对富集、矿山分布相对集中的地区，建成一批布局合理、集约高效、生态优良、矿地和谐的绿色矿业发展示范区，引领矿业转型升级，实现资源开发利用与区域经济社会发展相协调。到 2030 年，全国规模以上矿山全部达到绿色矿山标准。”2017 年《国土资源部办公厅关于开展绿色矿业发展示范区建设的函》明确提出“各地按照政策引导、地方主体，一区一案、突出特色，创新驱动、示范引领的原则，择优开展绿色矿业发展示范区建设”。2020 年，自然资源部发布的《关于补充完善绿色矿业发展示范区建设有关情况的函》也要求各省(自治区、直辖市)对绿色矿业发展示范区建设方案进一步细化完善。《中华人民共和国国民经济和社会发展第十四个五年规划和 2035 年远景目标纲要》(后文简称《“十四五”规划纲要》)进一步强调：“提高矿产资源开发保护水平，发展绿色矿业，建设绿色矿山。”

在省级矿产资源规划中，到 2020 年各省(自治区、直辖市)创建的绿色矿业发展示范区达 96 个。20 余个省(自治区、直辖市)提出了推动绿色矿业发展的有关目标和措施，其中湖南、贵州、河南、福建、四川和新疆等省份提出了打造一定数量示范区的目标。从分布区域来看，西部地区、中部地区、东部地区分别建设 40 个、30 个、9 个绿色矿业发展示范区，平均每个省份建设 1～5 个示范区。

结合我国绿色矿山、绿色矿业发展历程可以看出，绿色矿业发展示范区建设是从绿色矿山的“点”向更大范围、更多领域的“面”转变的关键措施，其代表着我国绿色矿业发展取得阶段性成果的同时向更高水平、更高能级迈进的新方向。

解决绿色矿业发展不平衡不充分问题是绿色矿业发展示范区建设的重点，在中央和地方政府的合力推动下，我国绿色矿业发展示范区建设取得了显著成效，在一些地区形成了具有区域特色的示范区建设模式和典型经验。比如浙江湖州是全国较早启动创建绿色矿山和绿色矿业发展示范区的地区之一。湖州拥有丰富的非金属矿产资源，过去是整个华东地区石料、水泥等最为集中的生产基地。在“两山理论”的指引下，湖州率先将绿色发展理念融入规划管理，落实到探索实践上，早在 2003 年湖州就提出了“生态立市”的发展部署，也是全国第一个提出建设绿色矿山的城市。从矿产资源布局调整到矿业发展空间优化，湖州绿色矿业发展始终走在全国前列，不仅在矿山削减调整、矿区生态治理、资源开采方式上大力推进，还不断探索绿色矿山制度、建设标准等一系列规范化管理制度，充分发挥政府相关部门的引导、服务、监督职能。现在，湖州成功从“散、乱、污”的资源输出城市转变为以“生态+”为特色的新城市，废弃矿地被改造为生态公园、生态小镇、生态农场，绿色矿山建设率达 100%。湖州在矿业、化工企业数量大幅减少的同时实现产值、税收的增长，矿业发展与生态、科技紧密结合，积累了丰富的矿山治理经验，成功创建全国绿色矿业发展示范区，为全国绿色矿业发展提供了宝贵的“湖州经验”。再比如四川马边绿色矿业发展示范区，该示范区位于四川省乐山市马边彝族自治县。马边县主要优势矿种是磷矿，其磷矿资源储量居四川之首，是全国八大磷矿资源地区之一。矿业和相关化工产业是马边县工业经济发展的主要支柱。“十三五”时期我国大力推进绿色矿山、绿色矿业试点发展，在矿业绿色发展转型的指引下，马边县在《马边彝族自治县第三轮矿产资源总体规划(2016—2020 年)》中明确提出了“建立绿色矿山建设长效机制，形成全县绿色矿山的基本格局”的发展目标，截至 2022 年底，马边县已有 4 家企业入选全国绿色矿山名录，并于 2020 年被自然资源部确定为“绿色矿业发展示范区”。马边县矿业发展多年，带动了地方经济发展，但以往的粗放式发展也造成了环境破坏、资源浪费等不利影响。在绿色矿山建设的基础上，马边县积极推进绿色矿业发展示范区建设，率先从矿山地质环境修复、落后行业企业淘汰等重难点任务着手，强力推动解决矿山环境历史遗留问题，有效提升了矿区乃至全县的生态环境质量，空气、水体等环境指标较过去实现了大幅提升，尤其是在流域治理及水体整治方面，马边县将生态安全、人居安全放在首位考量，探索性地实施了流域、县交界断面水质生态补偿制度，切实保障了水环境质量。此外，马边县将“生态立县”作为新时代发展指引，为摆脱以采矿、化工为经济支撑的产业格局，马边县结合本地资源禀赋和优势，积极推动水电、旅游等产业协同发展，促进区域产业绿色转型和生态功能提升同步发展，为绿色矿业发展探索了新的思路和实践。

总的来说，我国绿色矿业发展示范区建设主要是以推动区域绿色矿业由点及面、集面成片，加快构建新格局来谋划实施的，在全国范围内形成了以市、县级单位为主体，具有模式创新性、区域特色性的一批示范典型。绿色矿业发展示范区的建设有力推动了区域多部门行政协调，从产业链供应链的角度促进矿产资源综合开发利用，推动了政府、企业、市场多维度创新协同，并为进一步拓展资源集约和循环经济新模式、新路径提供了新的平台。从矿业绿色转型的角度看，绿色矿业发展示范区有力促进了绿色发展理念与矿业全产业链的相互渗透，体现了我国绿色矿业发展从源头到末端系统治理的新思路和新方向。并且，随着绿色矿业发展示范区建设推进，形成了一批系统性、模式性的技术经验和管理方式，为进一步提升我国矿产资源开发利用效率提供了新的动力。

目前，全国绿色矿业发展示范区的建设取得了积极成效，但是在发展过程中仍然存在一些问题，需要在以下六个方面进行改进。一是需要进一步加强组织与领导。绿色矿业示范区建设尚处于起步阶段，组织领导和管理政策有待加强和完善(陈丽新等，2021)。绿色矿业发展示范区建设以矿山企业集中区、矿业城市为建设单元。在上报的示范区建设方案中，示范区范围大小不一，矿山企业数量、规模、矿种、管理结构各不相同，这种情况增加了管理的难度。示范区建设是一项系统工程，涉及多部门各行业，组织管理机构还需要在实践中进一步加强领导和协调清洁生产、环境修复，生态补偿等领域的地方性法规尚不健全，考核奖惩机制不够明确，各种配套政策需要进一步研究制定，示范区建设指南也有待尽快出台。二是需要进一步做好科学规划与安排。绿色矿山建设需要规划，情况复杂的绿色矿业发展示范区建设更需要一个全面切实可行的建设规划(刘建芬和杨德栋，2018)，但在申报的示范区中，一些地方还须全面科学地规划。三是需要更明确的标准与要求。九大行业绿色矿山建设规范的发布实施为绿色矿业明确了有关标准和制度细节(罗德江等，2021)，但针对示范区的建设，还停留在总体工作要求的层面，且主要是原则性要求，内容不够具体，也缺少可操作性标准和具体实施办法与要求。四是建设特色需要进一步凝练。有的示范区对自身定位和任务认识不足，需要充分把握示范区建设主要宗旨和根本要求，在创新能力、治理能力等方面加强建设，且有些举措需要改进以更符合矿山和当地发展实际，形成自己的优势和特色(骆云和武永江，2021)。五是加强资源枯竭地区转型发展力度。部分示范区正处于资源转型发展阶段，继续通过挖掘新的要素谋求新的发展路径，但由于长期形成的产业依赖，短时期内将受到巨大的转型压力和经济冲击，表现出产业结构单一的弊病(孙映祥等，2020)。六是健全利益共享机制。在个别矿区，矿产资源开发造成部分农民失地，需要搬迁的村庄较多，但土地征用和村庄搬迁补偿标准偏低，难以充分保障涉矿失地农民的利益诉求，为矿地关系的和谐埋下隐患(贺钰蕊等，2022)。

为此，需要进一步以习近平生态文明思想为指导，加快绿色矿山与矿业示范区建设。习近平生态文明思想强调节约资源和保护环境，在理念与政策层面有利于指引与推进经济绿色发展，尤其是一些资源型产业。王富林等(2016)认为生态文明对绿色矿业发展具有启示和理念引导作用；刘敬等(2019)指出生态文明建设促使矿产资源管理方式发生转变，对绿色矿业发展提出更高要求；王萌和阴燕云(2019)认为生态文明建设转变了粗放式发展模式，强调产业绿色发展和生态环境的重要性；司芗等(2020)认为生态文明是当今发展的主题，矿业发展必须牢固树立绿色发展理念，坚定践行绿色发展道路；杨晓波等(2019)提出将生态文明理念融入矿业领域。

以四川省为例，近年来四川省矿业快速发展，矿业集中度不断提高。2019年采矿业规模以上工业增加值同比增长 7.9%，同年第二产业增加值增长7.5%，产业产值逐年增长，占工业产值比例稳步提升，矿业经济在城市发展中的地位愈发重要。然而在矿业发展过程中，环境污染，资源利用效率低下以及科技创新能力不足的问题仍需高度重视。在新时代生态文明建设和绿色经济不断发展的背景下，四川省矿业发展正在积极寻求一条绿色环保之路。从政策支持来看，《四川省矿产资源总体规划(2021—2025)》强调，将“坚持生态优先，推进绿色发展”原则贯穿于矿产资源勘查、开发利用与保护全过程，要加快转变矿产资源利用方式，推进绿色矿业发展进程，全面提升矿业发展的质量和效益。从绿色矿山和示范区建设实际情况来看，四川省以建设国家级绿色矿山试点为抓手，统筹推进绿色矿业转型发展(姚华军，2017)。截至 2020 年底，四川有 42 座矿山进入全国绿色矿山名录；攀枝花、会理和马边三地成功入选自然资源部绿色矿业发展示范区名单并启动建设。

1.3.4 国外绿色矿区的发展经验与模式

一些国家和地区也在对矿产资源开发的生态补偿进行积极的尝试，并取得了一些成果。虽然其内容和方法不一定匹配我国情况，但一些研究成果与实践探索仍值得借鉴。分析其他国家和地区的生态补偿现状，进而去粗取精，这对我国矿区生态补偿机制的研究和构建是非常有利的(曹霞，2014)。生态补偿政策的制定和实施关系不同主体、客体的利益协调，从权属规范、关系认定、标准评估等方面都必须准确完善，国内对生态补偿的理论和机制进行了探索和制定，但矿区生态补偿涉及的区域、人群、产业非常广泛，必须结合实际制定符合现实要求的补偿制度(赵荣钦等，2015)。为此，分析国外有关矿区生态补偿的经验和模式，可对我国进一步完善矿区生态补偿机制起到积极作用，助推我国在重点区域进行试点工作，建立相应的矿区生态补偿标准体系、资金来源、补偿方式和补偿渠道等具体措施，为全国各层面建立矿区生态补偿机制提供现实经验(张彦著，2021)。

1. 加拿大案例

加拿大是公认的矿业大国，在勘探和采矿方面的股权融资约占全球总量的34%，位居全球第一。为确保经济实现绿色健康增长，加拿大着眼于创新清洁技术，实行严格的环境监控，制定了坚实的法律政策和健全的环境评估监督制度，同时强调企业的社会责任。2008年国际金融危机对加拿大众多矿业企业影响较大，加拿大既要面临生产成本增加的内在压力，又要面对社会各方改善矿业环境的外在要求。为了迎接挑战，帮助本土矿业恢复活力，2009年加拿大正式启动了“绿色矿业”倡议，以改善矿业环境，通过建立完整的生命周期为矿业公司创造实行绿色矿业的机会。“绿色矿业”倡议主要有四个方面的内容：减少污染物排放，重视清洁能源生产；接受社会严格审查，启动废弃物管理；实施景观恢复和环境质量提升工程，建设生态系统风险管理；加大政策支持，有效治理矿井闭坑与复垦工作(曹献珍，2011)。据统计，2016～2020年加拿大在自然资源清洁技术方面的投资超过10亿加元，在环保基础设施方面的投资约200亿加元(伍伟等，2021)。

2. 美国案例

随着美国社会公众对环境质量日益关注，美国政府对绿色矿业发展的重视程度也在加深，并制定了一系列法律对矿业开发的环境影响及防治措施进行审核，要求矿山闭坑后必须恢复原状(黄寰，2012)。在审批流程上，美国注重以下程序：一是提交环境影响报告书，要求开发者提交地面区域或开发海域的环境影响报告书，对每一阶段的开发活动做出环境影响预测，并提出防治措施；二是向矿区所在地政府和民众公布并征集意见，力求将开发造成的影响降到最低；三是向有关政府部门征求意见，使各部门在此过程中达成一致。同时，在矿业开发活动前，矿山企业需向政府缴纳高于复垦成本的保证金，用于闭坑后的矿山土地复垦。对于复垦按照计划完成并达到标准的矿山企业，退还保证金；反之则由政府将保证金用于土地复垦和环境治理。美国土地复垦率高的原因之一就是建立了一套较为完善的土地复垦制度，形成了一套从联邦到州的完整体系，并针对矿产资源的不同类型形成了不同的环境管理法律法规(侯华丽等，2018)。

3. 德国案例

以德国鲁尔地区为代表，这种模式是以某个特定的单独委员会为指挥和协调主体，究其实质仍是政府起主导作用。政府主要通过财政援助的手段促使发生问题的煤铁基地和重工业区域等开展转型(高彤和杨姝影，2006)。例如，政府在 20 世纪 70～80 年代对煤炭、铁矿石，以及钢铁、造船等产业实行补贴。此外，政府也采取了缩减生产、集中优势、采用新技术等手段，提高企业竞争力，还实施了整治环境、鼓励资金流入和发展中小企业等多种调控措施。这些转型所需的巨额资金可以采用多种方式加以筹措，德国的筹资形式包括政府投资或政府贷款、向用户征收“煤炭附加费和补贴税”、发行土地发展基金债券等。在该模式中，德国政府专门成立了协会，如德国鲁尔地区的鲁尔煤管区开发协会全权负责区内的规划发展。此后，又通过 1936 年、1950 年、1962 年、1972 年的四度立法，德国再次扩大协会的权力，使其成为该区域规划的联合机构。该协会成员的 60%是政府代表，40%是企业代表，具有广泛的代表性，为制定决策和推行政令提供了良好的前提条件(高世昌等，2020)。

4. 日本案例

日本对矿山的环境保护重在制定法律并强制执行，日本制定了《矿业法》，专门明确了矿山环境破坏的赔偿责任，同时制定了保证金制度，并以《矿业法》为基础，在矿山矿害防治对策上制定了主要适用现营矿山的《矿山安全法》以及主要适用闭坑后矿山的《矿害对策特别措施法》。为防止由废坑道排出污水，日本采取了有计划地实行预防尾矿坝崩落等措施，对正在使用的坑道、尾矿、废坑道引起的矿害污染提供必要的资金。如果缺乏负责防止矿害方面的人员或无力承担废矿山事务，可由地方公共团体进行预防矿害的工程施工，国家补助工程费用的 3/4。除此之外，日本还专门成立矿业警察组织开展矿山环境执法，其历史最早可以追溯到日本明治二十九年(即 1896 年)的《矿业条例》，通过专门设立矿业警察的方式将国家行政强制权直接体现在矿业秩序和矿山环境管理中，对违反矿山环境保护法律的组织和个人可以直接立案调查，这种方式具有较大的威慑力和执行力(谭纵波和高浩歌，2021)。

5. 英国案例

英国矿产资源开发环境保护管理大致可以分为三个阶段：一是矿产开发前的准入管理；二是矿产资源开发过程中的监督管理；三是矿山闭坑后的土地复垦。英国矿产资源开发活动实行许可证制度，进行矿产开发必须获得政府颁发的相关许可证，政府通过许可证的审批保证矿产开发的环境保护。在英国的矿产资源规划中环境保护是重要的内容，主要包括生态环境保护、环境与安全管理、运输环节的环境保护、废弃物循环回收利用和回填处理。矿产资源开发中的环境保护管理包括政府部门的监督管理和生产企业自身的环境保护管理。政府部门的监督管理体现在许多涉及矿产资源开发的法律对环境保护有明确的规定。矿山闭坑后的土地复垦也是矿产资源开发环境保护的重要环节。英国按时间划界，对新老矿山采取不同的管理方式(宋国明，2010)。

6. 澳大利亚案例

澳大利亚的土地复垦贯穿矿业项目的全过程，其矿山开发管理由联邦政府确定立法框架，各州相对有较大权限，可以制定法律条文，内容有所不同。尽管如此，各州都规定土地复垦是矿山开发的一个重要内容。澳大利亚与土地复垦有关的法律主要包括《采矿法》《原住民土地权法》《环境保护法》和《环境和生物多样性保护法》等。澳大利亚政府对土地复垦的管理首先体现在土地复垦目标、标准的指导以及复垦方案的编制上。澳大利亚政府加强土地复垦的过程管理和监控，督促矿山企业落实复垦责任。此外，澳大利亚有很多专门从事土地复垦的机构，如澳大利亚科工联邦土地复垦工程中心、昆士兰大学矿山土地复垦中心等。这些研究机构与企业密切合作，一方面，矿山企业为科研机构提供了有效的科研资金，一个中等规模的矿山每年支付的科研经费达数百万澳元；另一方面，研究机构帮助矿山企业解决复垦现场亟待解决的问题，协助企业开展土地复垦监测工作(李红举等，2019)。

第 2 章　矿产资源开发的影响与可持续发展水平分析

矿产资源开发既是国家经济社会发展的重要基础，也是新时代践行生态文明理念、落实绿色发展要求的关键着力点，是我国推进资源利用效率、保障国家生态安全的重要抓手。同时，我们必须要正确面对矿产资源开发及其带来的环境和经济结构等方面的问题，有效发挥其正面影响、预防或者减轻矿产资源开发带来的负面影响。随着生态文明建设持续推进，我国对生态环境的治理和修复也在全面、深入开展。本章重点研究资源开发与中国经济发展的关系、矿产资源开发对生态环境的影响，并对矿产资源可持续发展水平进行分析和预测，这既是矿区生态补偿的有关现实基础，也为后续推进矿产资源的可持续利用和有效补偿提供支撑(黄寰等，2014)。

2.1　资源开发对经济发展的影响

资源是经济发展的基础，现阶段资源对促进中国经济发展起着非常重要的作用。资源一般分为自然资源和社会资源，自然资源主要包括矿产资源、能源、土地资源、水资源等；社会资源主要包括知识资源、技术资源、人力资源、制度资源、信息资源、区位资源等。由于自然资源和社会资源的种类繁多，很多方面的界定尚存争议。我国在调整经济结构、转变经济发展方式的过程中，在经济与社会等方面获得了许多突破性成就，同时也遇到了一些困难，其中，在自然资源开发和利用等方面面临的挑战更需要引起我们的注意。因此，针对我国资源的开发和经济发展内在联系的研究具有重要意义，对二者进行深入研究有助于制定适时合理的资源发展规划、推进资源的有效利用，大力推动资源可持续利用和经济可持续发展，从而推动构建节约型社会，促进美丽中国建设。

2.1.1 资源开发与经济发展

国内外学者有关“自然资源与经济增长的关系”的研究非常多，他们的观点大体上可以分为两类：一是认为自然资源对经济增长起着正效应；二是认为自然资源对经济增长起着负效应。

一部分学者认为自然资源与经济增长存在正向变动关系。从他们的视角出发，自然资源的消耗是经济增长的前提，自然资源为经济增长提供物质基础，在自然资源上有优势的国家一般来说其发展潜力更加广阔(仲素梅和武博，2010)。20 世纪 50 年代以前，学术界普遍认为生态系统作为提供自然资源的概念主体，与经济发展呈现正效应，充分开采和利用自然资源将提升经济发展水平，反之，资源越匮乏，经济发展越落后。哈巴库克(Habakkuk)曾提出一种观点：资本得以快速积累、社会经济得以快速增长的重要原因在于资源的开发和利用(吴季松，2005)。比较优势理论(the theory of comparative advantage)深刻地论述了自然资源对经济增长的正效应，该理论认为国家和地区的自然资源作为重要的生产要素对经济发展起关键性作用(王克强等，2007)。赫克歇尔-俄林进一步对区域自然资源的存量和开发进行了模型评估(狄特富尔特等，1993)，进而对基于自然资源禀赋的比较优势理论进行了完善，比如，一些自然资源丰富，但其他要素如资金、人才紧缺的发展中国家通常在自然资源的出口加工业方面具有比较优势(李博等，2022)。资源是现代化建设的物质基础，一个国家的现时资源和潜在资源，代表着国家的现实生产力水平和生产力发展的远景(朱旺喜等，2003)。在经济发展过程中自然资源起着不可替代的作用，自然资源为经济发展奠定基础和条件，自然资源的状况是决定一个国家或者地区产业分布和发展方向的重要因素(周丽旋等，2018)。此外，还有部分学者指出，充分、科学地利用自然资源在一定程度上能够推动科技的进步，丰富的自然资源能提升社会劳动生产率(朱宸等，2022)。

另一部分学者则认为，从长期来看，自然资源开发与利用不但不会对经济增长起到积极作用，还会对经济增长起到抑制作用(姜海宁等，2020)。英国发展经济学家奥蒂(Auty)在 1993 年首次提出“资源诅咒”一词，他第一次指出丰富的自然资源可能给经济发展带来抑制作用而不是促进作用(张复明和景普秋，2010)。随后萨克斯(Sachs)和沃纳(Warner)等研究发现委内瑞拉、秘鲁等具有大量自然资源的国家，其经济增长并未受益于这一优势(徐晋涛，2002)。雷耶(Reyer)等学者研究发现当只考虑自然资源因素对经济增长的影响时，其对增长无害，但如果考虑自然资源与腐败、开放、教育、投资等因素的相互关系，则丰富的自然资源对经济增长的总效应是负面的。此后，萨克斯(Sachs)和沃纳(Warner)、格尔法森(Gylfasonetal)等学者围绕“资源诅咒”进行了大量深入的实证研究，这些研究表明丰富的自然资源对经济增长更多地起着阻碍作用而不是促进作用(Daily，1997)。国外相关领域的学者大多支持这一假说，具体而言：自然资源在其他因素如腐败、低投资、环境破坏等影响下，会对经济增长产生间接负效应(Dasgupta，2007)。韩亚芬等(2007)从实例角度验证了“资源诅咒”，研究发现，能源储量丰富但消耗低的地区(如陕西、山西)，其经济发展水平较低，而能源消耗量大的地区(如上海、北京等)，其经济发展水平高。张耀军和姬志杰(2006)通过分析国外资源型城市克服“资源诅咒”这一难题发现，从依赖自然资源转向依靠人力资源开发是资源型城市成功转型的关键。

2.1.2 资源开发与中国经济发展

资源经济学的整体研究具有时代性，这主要体现在国家或地区经济发展状况可以在资源开发规模、利用现状和学者关注的科研方向中得到反映。当一个国家或地区经济发展水平较低时，其支柱和主导产业往往是资源密集型产业，对资源的依赖性较强，且资源开发利用方式较为粗放。随着资源消耗增大、科技水平和生产水平的提升，粗放的经济发展方式会受到资源开发成本不断增加、供需结构不相匹配等因素的制约，导致单纯依靠大量自然资源投入获得经济增长的发展方式越来越难以为继，经济发展不升反降。因此，更加注重技术进步在生产中的应用，提升资源密集型产业的技术水平，生产高附加值和具有高技术含量的产品，减少对资源的依赖性，加快资源利用方式向集约型转变既是经济社会发展的必然趋势，也对提升经济发展水平具有重要意义。

改革开放以来，随着社会主义建设的不断深入推进，我国经济社会发展不断跃上新台阶，生产力快速发展，综合国力大幅提升，人民生活条件明显改善，国际地位和影响力显著提高，社会主义经济建设、政治建设、文化建设以及生态文明建设取得重大进展，经济总量已跃居世界第二位(黄寰等，2014)。特别是在经济方面，GDP 已由 1978 年的 3679 亿元增长到 2021 年的 1149237 亿元，43 年间增长了约 311 倍；人均 GDP 由 1978 年的 385 元增长到 2021 年的 81370 元，增长了约 210 倍。具体变化如图 2-1 所示。

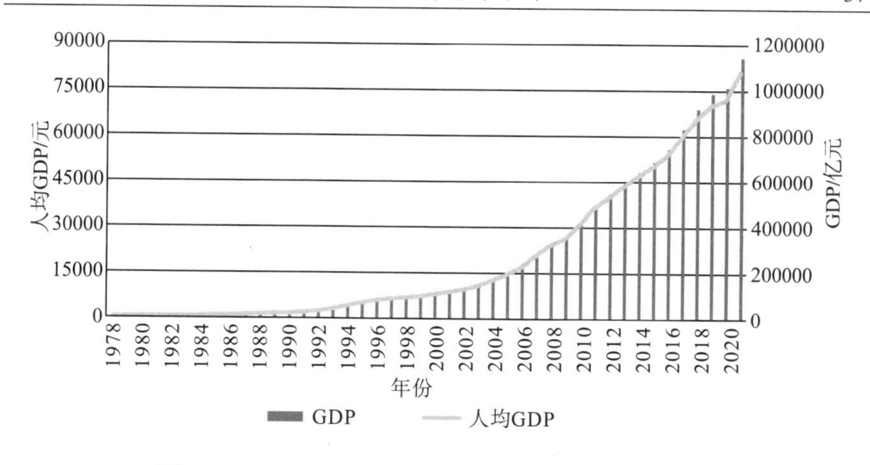

图2-1 1978～2021年我国GDP和人均GDP变化情况

中国经济之所以能够获得快速稳定的发展，资源的开发起到了至关重要的作用。为了弄清资源开发利用对中国经济发展的重要作用，本书对资源开发对中国经济发展的贡献进行定量分析。反映经济总量的统计指标有国内生产总值(GDP)及传统的工农业总产值等，由于资源是一个外延边界很难准确界定的概念，要从广度上全部计算它的产值也缺少数据支持，本书利用的是主要的资源统计资料数据。在此，定位在劳动直接作用于资源，取得了初级产品的阶段，不包括后续的加工业，也与统计口径相一致。资源经济贡献率为资源产业总产值与工农业总产值指标的比值，这样虽然不是把资源产业与全部的经济总量进行对比，但却解决了同口径问题，也基本上反映了资源开发对经济总量的贡献(管晶和焦华富，2021)。这样计算出的贡献率如表2-1和图2-2所示。

表2-1 1991～2019年资源经济贡献率

年份	农林牧渔业产值/亿元	采掘业产值/亿元	工业产值/亿元	工农业产值/亿元	资源产业产值/亿元	资源经济贡献率/%
1991	5341.7	410.7	8066.5	13408.2	5752.4	42.90
1992	5865.9	452.5	10258.4	16124.3	6318.4	39.19
1993	6963.0	840.0	14151.9	21114.9	7803.0	36.95
1994	9571.7	1194.1	19431.2	29002.9	10765.8	37.12
1995	12134.7	1608.5	24887.2	37021.9	13743.2	37.12
1996	14014.1	1887.6	29372.7	43386.8	15901.7	36.65
1997	14440.1	2165.0	32837.7	47277.8	16605.1	35.12
1998	14815.6	2041.5	33931.9	48747.5	16857.1	34.58
1999	14767.8	2119.2	35770.3	50538.1	16887.0	33.41

续表

年份	农林牧渔业产值/亿元	采掘业产值/亿元	工业产值/亿元	工农业产值/亿元	资源产业产值/亿元	资源经济贡献率/%
2000	14942.4	2542.6	39931.8	54874.2	17485.0	31.86
2001	15778.6	1973.3	43469.8	59248.4	17751.9	29.96
2002	16534.0	2544.4	47310.7	63844.7	19078.4	29.88
2003	17378.6	2154.7	54805.8	72184.4	19533.3	27.06
2004	21408.1	4005.3	65044.2	86452.3	25413.4	29.40
2005	22412.9	4563.0	77034.4	99447.3	26975.9	27.13
2006	24032.2	5472.1	91078.8	115111.0	29504.3	25.63
2007	28618.6	6339.6	110253.9	138872.5	34958.2	25.17
2008	33692.7	8605.7	129929.1	163621.8	42298.4	25.85
2009	35215.3	8140.2	135849.0	171064.3	43355.5	25.34
2010	40521.8	10448.1	162376.4	202898.2	50969.9	25.12
2011	47472.9	11737.6	191570.8	239043.7	59210.5	24.77
2012	52358.8	12523.2	204539.5	256898.3	64882.0	25.26
2013	56966.0	13364.1	217263.9	274229.9	70330.1	25.65
2014	60158.0	14078.7	228122.9	288280.9	74236.7	25.75
2015	64264.3	15389.5	240356.7	304621.0	79653.8	25.51
2016	62451	18514.8	247860	305332.2	80965.8	26.52
2017	64660	21380.1	279997	339849.6	86040.1	25.32
2018	67558.7	22592.3	305160	367611	90151	24.52
2019	73576.9	23695.5	317109	381769	97272.4	25.48

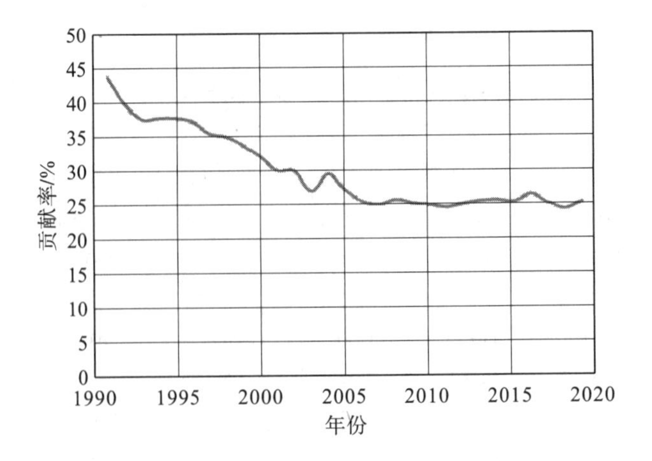

图 2-2 资源经济贡献率

由表 2-1 和图 2-2 可见，资源经济贡献率在 1991～2000 年都在 30%以上；2001～2019 年资源经济贡献率逐步下降并在 25%上下浮动。由此，可以比较清楚地看出，1991～2019 年，尽管一次性的资源产业产值在工农业总产值中的比例有所下降，但仍占有相当大的比例，说明资源依然是支撑我国经济增长的重要因素。

资源经济贡献率反映了资源产业产值在工农业产值中的比例，历年的连续数据可以反映资源经济的变化情况，由于不是与社会经济全部总量进行对比，该指标还有一定的局限性。为使研究更深一步，可利用现在比较常用的经济增长贡献率指标来进一步研究（马维兢等，2020）。通常，经济增长贡献率是指对 GDP 增长贡献的大小，可用下列公式计算：

$$经济增长贡献率=(a\times Z)/P\times 100\% \tag{2.1}$$

式中，a 为资源产业占 GDP 的比例；Z 为资源产业的增长率；P 为 GDP 的增长率。运用该公式，可以计算出 1991～2019 年的经济增长贡献率。结果如表 2-2 所示。

表 2-2　1991～2019 年资源经济增长贡献率

年份	1991	1992	1993	1994	1995	1996	1997	1998	1999	2000
经济增长贡献率/%	12.2	9.6	16.3	23.2	23.7	20.7	7.6	5.7	0.0	6.5
年份	2001	2002	2003	2004	2005	2006	2007	2008	2009	2010
经济增长贡献率/%	2.9	11.2	2.2	26.7	5.6	7.4	10.2	15.2	2.9	12.0
年份	2011	2012	2013	2014	2015	2016	2017	2018	2019	
经济增长贡献率/%	10.7	12.0	9.6	9.0	12.0	2.4	6.0	5.6	10.0	

从表 2-2 可以看出，资源产业在不同年份对经济增长的贡献率变化很大，难以找出其中的规律。研究结果认为，该方法虽然不像资源经济贡献率那样具有很好的规律性和实用价值，但在一定程度上能够反映资源产业对经济增长的贡献。

从图 2-3 可以看出，1991～2019 年 GDP 与资源产业产值都呈稳定上升的趋势，绘制出二者之间的散点图，如图 2-4 所示。

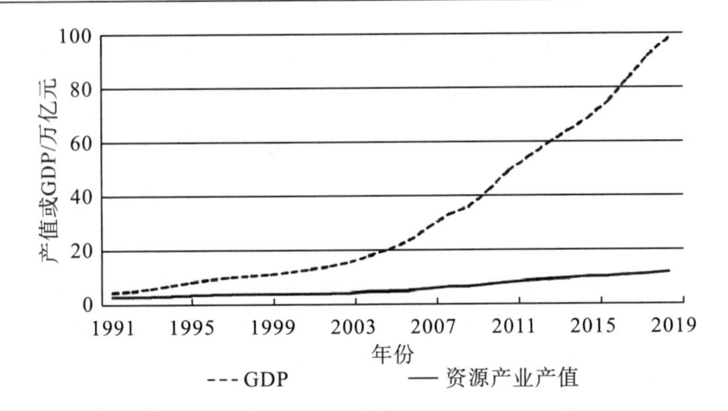

图 2-3 资源产业产值与 GDP 增长趋势图

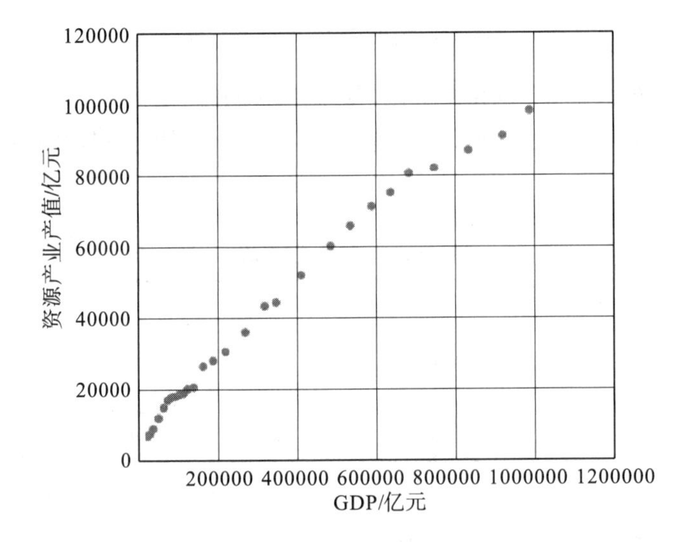

图 2-4 资源产业产值与 GDP 散点图

由图 2-3 可以看出，GDP 与资源产业产值具有近似的线性关系，因此可以假设二者呈正相关关系，并假设资源产业产值为 X、GDP 为 Y，建立一元线性回归方程 $Y=aX+b$。运用 SPSS 软件计算出系数(表 2-3)以及模型汇总表(表 2-4)。

表 2-3 参数估计

参数	估计值	标准误	t 统计量	P 值
常数项	−53582.4	4538.1	−11.8	0.00
资源产业产值	9.1	0.1	71.7	0.00

表 2-4　模型汇总

R	R^2	调整 R^2	标准估计的误差
0.998	0.996	0.996	12668.86999

由表 2-3 可以写出该回归方程为：$Y=9.1X-53582.4$，系数 a 为 9.1，是正数，说明二者呈正相关关系。

另外，由表 2-4 可知，相关系数 $R=0.998$，说明二者高度相关，由此可知原假设成立。

本节从资源开发的相关概念入手，对国内外有关资源开发利用与经济发展关系的研究进行简要综述，运用定性分析与定量分析相结合的方法着重阐述了资源开发对我国经济发展的贡献和二者的关系，论证了资源开发与我国经济发展的正相关关系。但本节只证明了资源经济对我国经济发展具有正效应，没有分析资源开发的一些负面影响。同时，随着科学技术的发展，经济发展对资源的依赖将会逐步降低，资源经济对中国经济发展的作用势必会减小，这些都还有待进一步探讨研究(刘晓煌等，2020)。

2.2　矿产资源开发对矿区生态环境的影响

矿区的发展与美国经济学家雷蒙德·弗农提出的产品生命周期理论存在共通之处，他认为产品的生产与发展与人的生命极为相似，都需要经历形成、成长、成熟和衰退等过程，每一个过程都有其不同的特征。为此雷蒙德·弗农将产品发展划分为进入、成长、成熟、衰退 4 个进程。石海佳等(2020)将以矿产资源开发为主要产业的资源型城市的发展进程也分为相似的 4 个时期，如果一个城市能够成功实施转型，那么该城市的资源转型将会过渡到再生阶段，实现再次繁荣发展。基于此，本书将类比资源型城市转型发展，以分析矿产资源开发对矿区生态环境的阶段性特征。

2.2.1　矿产资源开发与矿区生态环境

矿产资源开发涉及经济、社会、生态等多个方面，资源-生态属于资源-生态-经济的子系统，分析资源开发对生态价值的影响时无法完全脱离其对经济价值的影响，因此类比资源型城市转型发展并绘制矿产资源开发对矿区经济价值与矿区生态价值的生命周期曲线(王小明，2011)。矿产资源开发可划分为四个阶段：第一阶段为兴起期，第二阶段为成长期，第三阶段为繁荣期，第四阶段为衰退期或新生期(马丽等，2020)(图 2-5)。第一阶段是指发现某地区存在矿产资源，对矿产资源进行勘探评估以及为矿产资源开发做前期准备，这一阶段可能对矿区生态环境产生负面影响，但影响程度较弱，故着重讨论第二阶段、第三阶段和第四阶段中矿产资源开发对矿区生态价值的影响。

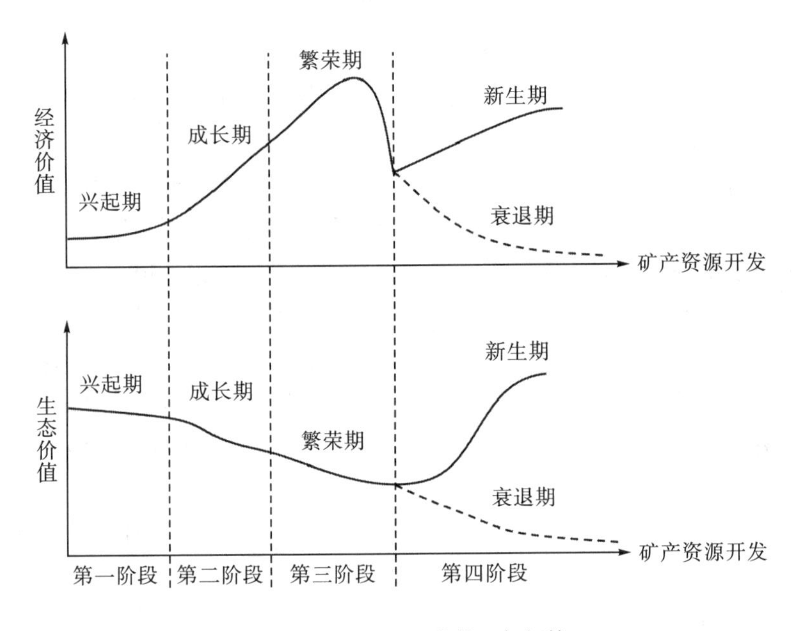

图 2-5 矿产资源开发的一般规律

对于第二、三阶段而言，矿产资源开发对矿区生态环境产生较大负面影响。矿产资源开发的目的在于经济价值，人们为了促进经济增长势必加大矿产资源开采力度，但是却容易忽视矿产资源开发对生态环境的污染（吴文盛等，2020）。随着矿产资源开发的经济价值越来越高，矿产资源开发进入繁荣阶段，这一时期矿区生态环境问题逐步得到重视。从相关研究来看，矿产资源开发对生态环境的负面影响主要体现在土地资源、水资源和空气污染等多个方面。首先，矿产资源开发对土地造成破坏。矿区在无植被覆盖的情况下，整个生态环境将愈加恶化。在开矿过程中对植被的破坏加剧了岩石以及土壤的侵蚀速度，继而导致水土流失，整个生态失去平衡。开采矿产资源产生的矿渣（废石）堆积在地面，形成一座座“矿渣山”，不仅占用了土地，而且形成的“矿渣山”一般在短时间内都不能种植植物或农作物（李秋元等，2002）。其次，开矿的同时会带来严重的地质灾害。在我国一些矿区，主要地质灾害问题包括矿区采空塌（沉）陷、岩溶塌陷、地裂缝、崩塌、滑坡、泥石流等。对裸露在地表的矿产资源进行开发，会对植被造成破坏，尤其是对水土保持造成较大、持续性的影响，改变原本的土地性状，进而形成滑坡、泥石流等突然性地质灾害，而矿产资源开发中形成的矿渣、建渣等大量废弃物堆积，会对生态环境造成更多影响。在我国一些矿山开采中，企业作业方式仍然相对落后，不依层次开采，对垂直裂缝的岩土结构将造成难以预测的影响，并随着岩体空虚、折断、碎裂、滑脱等一系列地质形变，形成崩塌等重大灾害。许多矿区处于地广人稀的山前地带，加上斜坡地带本身具有聚集雨水和地下水的功能，岩体结构松散，容易导致整体滑坡。蕴藏于地壳内的矿产资源被开采出来后，地壳内部被挖空，容易造成矿区地面塌陷、塌方、位移、地下水位下降，影响开采区地表的居住和生产安全。最后，在不采取严格措施的前提下，开采矿产资源会带来“三废”(废水、废渣、废气)，严重污染矿区生态环境(武强和陈奇，2008)。矿产资源开采加工对大气和土壤也容易造成污染，使空气质量下降，影响居民的健康；使土壤肥力下降，植物不易生长，农田产量大幅度下降。同时，开采加工矿产资源往往对水的需求量很大，一方面，对地下水和地表水的开发使用量大；另一方面，废水对矿区附近河流的污染严重，一些矿区的废水未经处理或处理不达标便排入河流，对水体造成污染，威胁居民的生活饮用水和农业灌溉用水安全(刘宇楠，2015)。水资源过度开发和污染这两个方面都容易使矿区水资源面临严重问题，可使用的水资源也会越来越少。此外，矿区对矿产资源的开发还会带来其他一些生态环境问题。譬如，铀矿及伴生放射性矿开采会对周围环境产生电离辐射。为此，2.2.2 节将对矿产资源开发对矿区生态环境的消极影响进行多层面、多角度论述。但必须强调的是，矿产资源开发利国利民，我们不能因噎废食，而应直面其可能的风险，对消极影响尽最大可能做好控制。

第四阶段与矿区转型发展、后期修复等举措密切相关。矿产资源开发由第三阶段转向第四阶段时，如果矿产资源开发中注意节约资源、重视可持续发展，那么必将延长矿区开发的繁荣时间；反之，如果依然仅追求高经济价值、不注重生态价值，必将加速矿区发展进入衰退期(王勇，2020)。与此同时，还要积极探寻矿区发展新模式，大力培育接替产业，实现矿区开发的结构转型，迎接下一个矿区开发繁荣期。从资源开发、经济价值与生态价值三者的辩证关系来看：首先，如果矿区未对矿产资源进行开发，那么矿产资源的经济价值便不存在，矿区生态价值也难以谈起。因此，矿产资源开发有利于带动经济增长，使矿产资源存在经济价值与生态价值。其次，在矿产资源开发初期，经济价值与生态价值中前者属于主要矛盾，因此才会出现重视矿区经济价值而忽略生态价值的现象；随着矿产资源开发进入繁荣期，不难发现，矿产资源开发带来的生态问题可能是矿产资源开发带来的经济效益所不能补偿的，因此矿区修复与转型发展逐步得到重视。最后，如果矿区能够实现生态保护、绿色发展，那么必将进入另一个发展的新生命周期，该阶段矿区的生态价值会与经济价值共存，真正实现矿区资源可持续发展、人与自然协调发展。总之，矿产资源开发对矿区生态环境的积极作用可由以下结论构成：一是矿产资源开发是矿区经济价值与矿区生态价值存在的重要前提条件；二是矿产资源开发处于成长期与繁荣期时，经济价值是目的，生态价值是约束；三是矿产资源开发进入新生期后，经济价值与生态价值共同作为矿产资源开发的出发点与落脚点。

2.2.2 矿产资源开发对矿区生态环境的消极影响

1. 露天开采矿区

我国的露天开采矿区规模较大。目前，我国露天开采矿区近 19 万个，总面积达上百万公顷，大部分集中在北方，这些地区地质结构大多数较为简单且已探明的储层较浅，符合露天开采的条件(李少平等，2022)。露天开采矿区开采种类众多，以煤矿、铁矿和有色金属的开采为主。由于露天开采矿区的特殊性，其开采手段也在不断进步，现代化开采技术和设备不断被引入(钟安亚等,2022)。据 2018 年自然资源部中国地质调查局的调查，京津冀及其周边地区、长三角和汾渭平原等重点地区的 38 个地级市共有露天开采矿区 2 万余个，其中煤矸石山占地约 124hm^2；就省份来看，主要集中在内蒙古、陕西、山西、新疆、黑龙江、辽宁、宁夏、甘肃等北部省份，部分位于中国西部(如四川和云南等)，大型矿主要集中在内蒙古、辽宁、黑龙江等省份。以中国五大露天煤矿为例，伊敏、霍林河、元宝山、准格尔四个露天煤矿位于内蒙古，曾作为亚洲最大露天煤矿采矿区的西露天矿位于辽宁抚顺。本钢集团铁矿石主要生产基地——本钢南芬露天矿位于辽宁省本溪市；攀钢集团兰尖铁矿位于四川省攀枝花市；亚洲最大露天铜矿之一的德兴铜矿位于江西省德兴市；中国唯一的世界级特大金矿紫金山金铜矿位于福建省(郭艳等，2017)。露天采矿区资源种类较多，以煤矿为主，同时还开采其他资源。西露天矿拥有中国当时最厚的可采煤层，并以煤炭和油母页岩为主要产品，除此之外还有以琥珀为主的稀有矿物质(肖平等，2005)。位于内蒙古自治区的霍林河煤田总面积为 540km^2，已探明煤矿储量为 132.8 亿 t，并能实现年生产能力 1000 万 t(刘小翠等，2010)；伊敏露天煤矿煤层厚且平缓，已探明的储量一半以上可进行露天开采(苏迁军，2016)；平朔安太堡露天煤矿总面积为376km^2，开采量和开采面积居全国前列(周伟等，2008)；准格尔黑岱沟露天煤矿设计开采范围为42.36km^2，可采原煤储量为14.98亿t(程鹏，2019)；元宝山露天矿属于国内现代化程度最高的露天矿之一，已探明可采储量为3.92亿t，可采煤层达12层(刘永辉，2015)。

采用露天方式进行资源开采需要考虑资源层距地表的距离、地质结构简单与否以及资源层是否足够厚。露天开采的优点为成本低、资源利用充分、贫化率低，适合大型机械工作，而我国的露天开采以综合工艺为主，如黑岱沟露天煤矿的综合开采工艺采用了以上、中、下分层开采的方式进行。露天开采以较为粗放的开采方式进行，需要对地面进行大面积的爆破工作，而对较深或开采时间过长的露天开采矿区而言，爆破和开采工作会扬起大量粉尘，造成大气污染；同时开采造成地表结构发生巨大变化，我国的露天开采矿区主要集中在北方，这些地区主要是干旱或半干旱的气候，蒸发量大于降水量，生态系统遭到破坏后，需要花费较大的精力进行恢复，植被覆盖率降低，土质结构松散，极易造成滑坡、泥石流等灾害。开采过程中出现的废弃矿物在雨水冲刷后流入水源，造成水源污染，对居民健康产生安全隐患，对生态环境和农作物、动物养殖产生影响(董霁红等，2021)。

露天开采矿区对生态环境可能带来消极影响主要体现在以下五个方面。

(1)生态环境破坏。露天开采需要在地面划分开采区域，在指定开采地点进行爆破和挖掘，并且需要对矿体上方及周边表土、植被和岩石进行剥离，这就会对原有地貌、植被造成破坏。我国的矿区集中分布在北方，以内蒙古为例，内蒙古以草原生态系统为主，属于温带大陆性气候，降水量少且蒸发量较大，一旦植被被破坏就不容易恢复，影响生态平衡。露天开采的矿区其矿物层与地表距离较近，且开采面积较大，因此露天开采会对当地的生态环境造成破坏。在开采中，矿区碎石的随意堆放影响周边植被正常生长，造成土地贫瘠和土地荒漠化，并且露天开采造成的生态环境破坏会进一步影响当地的生物多样性(杨庚等，2021)。

(2)水资源环境破坏。我国的露天开采矿区以干旱和半干旱地区为主，特别是北部地区大部分降水较少且蒸发量大，露天开采排放的水会对当地城市用水造成影响(刘宇楠，2015)。矿物开采会产生废弃矿石，这类废弃物存在一定的有毒物质，在经过雨水冲刷后，有毒物质顺着雨水流进附近土壤和地表及地下水源，造成土壤污染和水资源污染。这些有毒物质主要成分为重金属，水源被污染后又会对城市居民用水造成影响，并危害周边地区的农作物种植和畜牧养殖。露天开采需要对地下水进行排干，在经过长期的排水活动后，会出现较为严重的地下水位下降，引发水资源枯竭等问题，影响居民用水(王会宇等，2017)。

(3)灾害增加。在露天开采的过程中，由于爆破活动和各类开采、运输影响，以及地表植被覆盖减少，加之干旱天气，当地在降水少的季节如春季和秋季容易发生沙尘暴等灾害，并且开采过程中会进行矿石和山体的分离工作，可能出现山体滑坡等灾害，危及开采工人的生命安全。废弃矿坑在经过长时间的开采后资源枯竭，地质结构发生较大变化，再加上地表水和地下水以及各种自然作用，破坏了原有地质结构之间的平衡，导致废弃矿坑出现滑坡、泥石流等自然灾害可能性增大，威胁周边居民的生活生产安全，造成经济损失(Shao，2019)。

(4)大气污染。各类矿产资源在开采过程中会产生一定的粉尘，而对于露天开采而言，粉尘污染更为严重。露天开采中爆破的面积较大，在矿产资源开采过程和运输过程中对土地环境造成破坏，产生大量粉尘，同时运输汽车排放的尾气也会对空气造成污染。随着露天开采不断向下深入，在矿坑底部的粉尘和矿物开采中产生的烟尘，以及地下的各种气体排出，加之空气流动性不足，造成矿坑底部的大气污染(Abdulaziz et al.，2022)。

(5)尾渣污染。开采过程中，特别是煤矿开采中会进行排矸活动，产生的矸煤缺少利用价值，需要占用大面积土地进行堆放，当前处理矸石的技术还不够完善，在处理过程中会对环境造成二次污染。尾渣也属于长期在地下形成的矿物，在堆放的尾渣中可能存在大量重金属物质和放射性物质，这些物质如果没有经过准确的检测就随意堆放和处理，可能对周边居民、地表植物造成辐射，影响居民健康，降低环境安全性(Xu et al.，2022)。

2. 地下开采矿区对生态环境的消极影响分析

我国拥有储量丰富、种类多样的矿产资源，在过去相当长的一段时间内，为追求经济社会的快速发展，矿产资源被大量开发，国内资源供应压力增大，生态环境破坏较严重，一些矿产开采工作事故造成了严重的经济损失与人员伤亡。面对这些问题，国家出台了相关政策，以资源勘查为着力点，对相关工作进行了有针对性的部署与调整，致力于恢复地下矿区的地质环境。近年来，随着科学技术的不断发展以及经济快速发展对资源的大量需求，也随着露天开采的经济效益减少与开采难度上升，许多露天开采矿区相继转向地下开采。地下开采相对于露天开采，危险系数高，对地下水的影响较大。除了常见的滑坡、崩塌、塌陷等地质灾害，地下开采还会引发瓦斯爆炸、透水、爆破伤害等安全事故。地下开采矿区对生态环境可能带来的消极影响主要体现在以下三个方面。

(1) 地质环境破坏。相较露天开采，地下开采这一方式会对环境造成更大的破坏，对于后期的治理与恢复也会带来更多的困难。这一特征在较大规模的矿区开发上较为明显，可以发现在矿区开发完毕后，其周边的地质环境会在较短的时间内迅速恶化（李秋元等，2002）。地下开采在影响周边环境的同时，还进一步增加了发生地质灾害的可能性。如果坐视情况恶化而不采取相关的监控与修复措施，就可能导致整个开发区的自然景观与地质结构受到更严重的损害。但不论地下开采还是露天开采转地下开采，都要对地表进行作业，必定会破坏地表环境以及地质结构。采矿对山体原有的处于生态动态平衡的地貌进行最直接的破坏，极大地加快了水土流失，为地质灾害的发生提供了条件（Xing and He，2021）。

从开采活动对地质的具体影响来看，地表沉降将对矿区生态环境和经济社会活动造成多方面的恶性影响，不仅会为当地带来地质灾害威胁，还容易对环境造成较大的甚至难以挽回的严重污染，被严重污染的区域可能再难以进行耕作，或者对建筑物造成破坏，严重影响人民群众的生命财产安全。

(2) 生态环境破坏。地下开采过程极易对水资源造成污染。首先是地下开采会造成开采区荒漠化，地下开采将不可避免地破坏含水层。地下水过多会对矿区开采造成影响，尤其在开矿阶段和挖掘阶段，所以一般在稀土矿等矿区的开采过程中会抽取地下水，抽取地下水会导致该区域地下水位下降，如果采用不合理的抽取方式，甚至会出现地表干枯、河流干枯和地下水资源短缺的现象。地下开采可能破坏当地地下水和河流流域的区域平衡，一方面影响下游人民群众饮水安全，另一方面也将影响当地工业、农业生产的用水供给。随着矿产资源开采活动的持续进行，地质形变和污染造成的影响也将日益严重，含水层的破坏将导致水分快速流失，地表水漏失，地下水水位下降，加剧干旱。同时地下开采极易对地表土壤造成破坏，大量植被被铲除，土地逐渐荒漠化。其次是水污染，地下采矿活动使矿区地下水以及地表空气中含有大量重金属和有毒元素，对当地的地表水以及河流流域造成污染。若不加以处理，这些重金属、有毒元素会侵入食物链，对矿区周边群众及生物造成危害（徐阳等，2021）。

(3) 安全事故频发。矿区开采安全问题不容忽视，一旦发生事故，对人们的生命财产安全会造成严重威胁。地下开采安全事故的发生多与管理不严格、违规开采、监管不到位等问题有关。在地下开采的过程中，透水事故时有发生。透水事故是指在矿区工作过程中，地表水和地下水通过裂隙、断层、塌陷区等各种通道无控制地涌入矿井工作面，造成采矿工作人员伤亡以及矿井财产损失的事故。透水事故发生的主要原因有以下几点：前期工作认识和措施不到位，地质勘探资料与实际水文地质情况有差异；对地下水的开采产生失误，导致地下水涌入施工层；没有严格制定和落实中期开采工作规程，其中主要的安全防范措施缺乏，如探水、放水措施，必须实行这些基础措施才能保障整个开采工作的安全；管理规定未严格实施，应急处置工作不果断、不及时，未立即采取断电、撤人等措施，最终可能酿成重大事故。矿区开采多位于地下或者山体内，本身空气环境、室内环境和照明环境不良，而矿区开采还伴随有危险气体的散漏，如甲烷、一氧化碳、硫化氢等，尤其是甲烷的化学性质活泼，极易燃且状态不稳。地下开采时，瓦斯从煤层或岩层内涌出，污染矿内空气。瓦斯导致发生安全事故的原因主要有以下几点：矿井内通风不足，瓦斯会降低空气中氧气的含量，使人窒息。当瓦斯浓度升高到5%～16%、氧气浓度高于12%时，如果达到一定温度，极易引起爆炸、火灾等重大灾害。瓦斯虽然无毒，但在矿区环境中爆炸燃烧后会生产大量有毒气体，对矿区人员以及周边居民生命造成严重威胁（Xiao et al.，2021）。

此外，采矿活动改变了稳定的地壳结构，地壳不均引起的一种诱发地震被称为矿震。矿震是在地下矿产资源进行开采的过程中，受开采方式、方向、力度、地下岩层构造等多方面的影响，矿井内出现类似地震的剧烈震动。当采矿深度较大时，一旦发生震动，对地面产生的影响更为明显，地表的建筑物甚至会遭到损失和破坏。矿震的发生一般具有如下特点：突然性、偶然性、震感明显等。因为受到地质结构和环境建筑的影响，每次发生的矿震表现都不尽相同。稳定的岩石结构是正常开采的基础，而开采矿区尤其往地下的开采，会对岩石环境产生累积影响，当开采过深时，周围石壁之间的应力变化会导致岩石破裂等，从而发生矿震甚至多次矿震的现象。

总的来说，矿区地质生态环境问题较为严重的地区主要是资源过度开发、矿山数量多的金属矿区。普通地区的生态系统拥有一定的自我调节能力，但当某个矿区产生的一些污染超过该地区的自我调节范围，如爆破粉尘、有害气体、微颗粒物等，就会对周围居民的生活环境产生大量物理和生理上的影响和危害。尤其是对稀土等矿产资源丰富的地区，这种影响更为明显，可能引起矿区内的大气污染、固废污染等。矿区开采活动产生的粉尘通过抽排风和气流，逐渐飘散到矿区周边生产生活区域，其中不乏对人体健康有害的颗粒物甚至有毒气体，如总悬浮颗粒物（total suspended particulate，TSP）、PM_{10}、$PM_{2.5}$ 等，也有硫化物等少量其他污染物，这些污染颗粒物是造成酸雨或雾霾的主要原因。粉尘污染物的形成主要是由于地区植被覆盖量减少，地质结构遭到开采破坏，颗粒或者有害气体无法被合理吸收，附着在空气中，造成该地区的空气质量问题。固体废弃物污染的产生主要是矿区开采的残余物处理不当导致的，开采的剩余废料随意堆积、废水随意排放等，给当地的土地、耕地带来很大影响，随着雨水的冲刷，有害物质残余从河道进入居民日常耕种的土地。同时，采矿对地面景观的破坏会影响当地旅游业，严重时还会影响当地的经济发展。为了降低矿区开采成本，个别矿业企业随意排放矿渣等废弃物，对环境造成严重破坏，若长期无人清理，还会堵塞沟壑、河道等，引发更多灾害。

2.2.3　矿产资源开发对矿区生态环境的正面影响

经过对国家五批试点单位的绿色矿山建设和近年来在创建绿色矿业发展示范区过程中探索出来的模式进行总结，围绕矿区建设在矿区环境治理、资源开发方式、资源综合利用、节能减排、科技创新与数字化、企业管理与企业形象的不同领域要求，本书初步梳理出涉及六大领域的绿色矿业发展模式，如表 2-5 所示。

表 2-5　国内绿色矿业发展部分模式汇总

涉及领域	模式分类	代表企业/矿区
矿区环境治理	景观美化模式	攀钢集团钒厂区
	生态提升模式	中国石油化工股份有限公司（简称中国石化）胜利油田
	工矿旅游模式	浙江省遂昌金矿有限公司
	产业植入模式	宁波北仑区干岙茅洋山石矿
	沙漠绿洲模式	陕西煤业化工集团有限责任公司柠条塔煤矿
资源开发方式	在开发中治理模式	四川会理铅锌股份有限公司天宝山铅锌矿
	地下填充模式	湖北三宁矿业有限公司挑水河磷矿
	露天一体化模式	中国铝业股份有限公司广西分公司平果铝土矿
资源综合利用	“三率”提高模式	浙江省遂昌金矿
	低品位、共生、伴生资源利用模式	四川安宁铁钛股份有限公司
资源综合利用	尾矿综合利用模式	鞍钢集团矿业公司
	资源再利用发展新产业模式	华新水泥东骏矿区

续表

涉及领域	模式分类	代表企业/矿区
节能减排	节能减排模式	开滦集团
科技创新与数字化	科技创新模式	晋能控股煤业集团有限责任公司同忻煤矿
	数字化矿区模式	首钢矿业公司
企业管理与企业形象	政府引领模式	江西省九江市彭泽县丰岭矿区
	企业精神与文化创建模式	甘肃金徽矿业股份有限公司徽县郭家沟铅锌矿

1. 矿区环境治理领域

(1)景观美化模式。以攀钢集团钒厂区为例，其在钒钛磁铁矿冶炼、钢轨生产等方面有着规模庞大、技术先进的生产优势，展现了该公司清洁生产的成功实践。园区环境与传统冶金行业园区有很大区别，园林式布局和大面积的绿化景观体现了该厂区对环境治理的重视。绿色理念的践行归结于公司两方面的投入：首先，攀钢集团钒厂区生产设备全面升级，在能源综合利用率的提高和降低污染物排放之间实现了平衡，达到了生产与环境协调共生的理想状态。环保资金的大量投入为公司提高生产技术、更换落后设备提供了资金保障。其次，攀钢集团钒厂区积极落实环保政策，实行定点、定人、定绩，加强环保精细化管理工作，加强生产管控，维护生产安全，保证生产设施安全运行、维护和精细化管理(杜斯宏等，2011)。

(2)生态提升模式。以中国石化胜利油田为例，生产过程中坚决做到“原油不落地、污泥不掩埋、采出水不外排、废气不上天、噪声不超标、污物不乱倒”，不断推动开采新技术的实践应用，在钻井、采油、运输等环节上不断提升生产效率和环保水平；在关键绿色工艺研发改造方面，着力攻关沉积物、含油土壤、采出水等重要污染物的专用清理治理技术，在关键性指标上着力降低生产过程中形成的污染程度和范围。中国石化胜利油田白鹭湖井工厂不仅呈现了生产繁荣、生态优美的和谐景象，还展现了生产与生态共荣发展的良好趋势，探索了矿区绿色发展的新实践和新经验，实现了“井景共荣、油地共赢、人企共进”的局面。胜利油田自觉用新思想、新理念武装头脑，积极贯彻习近平生态文明思想，把绿色低碳融入油田长远发展战略(乔敏和郭蓓蓓，2019)。

(3)工矿旅游模式。浙江省遂昌金矿为了强化矿区环境治理工作，持续推进矿山生态环境治理，充分利用矿区内的矿业遗迹资源，积极开展矿业科普知识宣传和矿业遗迹研究工作，发展循环经济，实现矿区可持续发展。遂昌金矿经过顶层设计，深入挖掘其特色资源，将矿区的千年矿业文明、采冶遗迹和生态资源整合，打造“矿区+旅游”的模式，形成了综合型矿山开发体系，使经济效益和生态效益最大化。2007年12月，遂昌金矿国家矿山公园正式投入使用。遂昌金矿国家矿山公园的建设，成功把丰富的矿业遗迹、悠久的采矿历史、强烈的古代名人效应和良好的矿区生态环境优势等资源整合为一体，为后续其他矿山企业探索转变生产方式积累了宝贵的经验(金兴和曹希绅，2016)。

(4)产业植入模式。浙江宁波北仑区干岙茅洋山石矿探索了一条将矿产资源开发与绿色产业相互融合、相互协同的发展路径。该矿区充分考虑矿区建设与未来发展的相互协调，将产业化发展贯穿矿产资源开发前、中、后乃至开采活动退出后的地区发展全阶段，以矿业全生命周期的模式从根本上进行考虑，推动人与自然和谐共生。该矿区对矿山建设与区域产业发展进行全周期谋划，生产过程中该矿区没有按照以往做法和进行先开发、后治理的传统思维，而是通过实施“边开采、边治理、边建设”的思路，利用深坑建设水库，利用绿色发展旅游，近年来着力将矿区打造为绿水青山环绕的休闲观光景点，成为发展乡村旅游的新试点(方臻子和陈芳，2018)。

(5)沙漠绿洲模式。为了打造生态优美的矿区环境，促进矿区人与自然相互和谐，陕西煤业化工集团有限责任公司柠条塔煤矿始终注重自然生态环境的治理和恢复，把创建绿色花园式矿区作为企业发展的重要内容。柠条塔煤矿紧跟集团公司、陕北矿业公司的工作节奏和步伐，根据有关矿区地质环境保护与恢复治理方案，结合开采实际，编制了年度矿区地质环境恢复治理计划。在环保方面加强体系化、流程化、标准化建设，切实制定和安排环境保护、治理的近期、长期工作计划，对有关环保设施、人员责任、考核监督等方面给予重视并积极落实，定时排查已暴露或潜在的环保风险问题，在清洁取暖、污水处理、废渣处理等重要方面进行综合治理，保证环保各项指标达标(任治雄等，2021)。

2. 资源开发方式领域

(1)在开发中治理模式。环保达标是绿色矿区建设的最基本要求。矿区在开发过程中应重点考虑以下几点：固体废弃物合理处置，“三废”达到规定标准后进行排放，高效合理处理粉尘与噪声，保持矿区舒适以及干净整洁的运营环境。与此同时，形成“在开发中治理、在治理中开发”这一环境保护模式，要将清洁生产这一理念融入资源开发过程的每一个环节，包括降低废气、废水、废渣、噪声以及粉尘等污染物所造成的环境污染问题，实施环境保护性开采。以四川会理铅锌股份有限公司天宝山铅锌矿为例，随着对于生态环境保护重视程度不断加深，该矿区加大资金投入以治理和保护矿区生态环境。该矿区为选矿废水闭路循环综合利用系统的改造投资 300 万元，以确保废气、废水、废渣在排放时能够达到标准，已取得显著成果。针对尾矿，将固体废弃物以自流沟运输的方式输入特定地方进行贮存。针对粉尘、扬尘、汽车尾气等，采取定期喷雾洒水等一系列措施进行降尘处理，绿化厂区环境。采购标准化的低噪声设备，当采用高噪声设备运作时，尽量安排在人员较少地区，同时搭配消音减振装置、隔音设备(如隔声罩)来减小噪声、抑制噪声传播，加强对噪声污染的有关防治(王海等，2021)。

(2)地下填充模式。湖北三宁矿业有限公司挑水河磷矿以“打造绿色智慧矿区，呵护青山碧水蓝天”为发展理念，充分利用现代化技术，从生态环保、节约利用的角度改进改造生产过程中涉及污染的各个环节，实现了资源精准开发。三宁矿业以度假区生态矿区为目标，在“机械化、信息化、智能化、绿色化”的理念指引下，积极开发先进技术，改变了传统矿区的资源开采和废弃资源处理模式，建成全层开采、井口选矿和尾矿充填为一体的新型矿区，在矿产资源开采方面形成一套生态环保的工作流程，在矿区环境方面打造生态质量良好、环境治理高效的管理方式，对我国绿色智慧矿区的建设起到了重要的示范和引领作用(朱丽晶，2020)。

(3)露天一体化模式。长期以来，我国将土地复垦作为矿区绿色发展的重要工作之一，一方面要求矿业企业在生产过程中严格控制污染排放和环境改造，另一方面要求矿区开采完成退出后对受开采影响的土地资源进行修复和治理。中国铝业股份有限公司广西分公司平果铝土矿在我国率先进行了矿区土地复垦方面的实践探索，从 1994 年建矿开始就纳入国家矿山土地复垦试点单位，作为广西露天开采的典型矿区，其在开展土地复垦工作中总结出了一套科学完整的流程化作业模式。该矿区从复垦的速度、质量入手，对复垦手段、设施、人员等方面进行了综合调配，结合当地土壤和耕种的实际情况，全方位地考虑了复垦周期、土壤熟化等方面的因素，以经济效益和生态效益并重的理念指导和带领当地群众参与土地复垦的实际工作。此外，该矿区还充分利用原矿区废弃物以及其他环保材料作为土地复垦相关的基础材料，如耕层材料、建筑材料等，真正实现了物资的循环利用。一是在土地复垦的基础上，该矿区还积极谋划了适宜当地农业产业发展的经济模式，没有随意按照传统小农经济的作物选择复垦农作物；二是结合市场需求和农业资源禀赋，打造了蔬菜、林木、养殖等特色农业经济示范园区，充分保障了当地经济的可持续发展。经过多年的实践和总结，该矿区在土地复垦方面取得了显著的成效，复垦速度、质量以及与当地经济的协同发展，在全国矿区治理中具有模范作用(赵驱云等，2016)。

3. 资源综合利用领域

(1)“三率”提高模式。“三率”是评价矿区建设发展的重要指标，代表着政府对矿产资源综合利用的基本要求，以浙江省遂昌金矿为例。在碎矿阶段：原矿由电机车运来，随后存入一个容量约为 70m^3 的矿仓，通过运作原理为电磁振动的给料机，把原矿输送到型号为 PE400×600 的颚式破碎机进行一次粗碎，经过粗碎的矿石碎渣由胶带输送机输送到尺寸为 1200mm×3000mm 的振动筛进一步筛分，筛选之后输送到规格为 1200mm 的圆锥破碎机进行细碎；另一边将没有通过筛选的细碎矿石输送到两个容量为 160m^3 的粉矿仓。经过这一系列筛选打碎之后得到的产品粒度为 0～15mm。在磨矿浮选阶段：这个阶段分为两个系列(一段、二段浮选)，这两个系列在步骤、过程上有一些区别，其粗选、精选、扫选的次数分别为 1 次、2 次、1 次与 1 次、3 次、2 次，二段浮选的操作更精细，采用的器械规格更小。在脱水阶段：这个阶段包含两个步骤，即浓缩、过滤。此前经过磨矿一段、二段浮选出来的精细矿采用规格为 9m 的浓缩机进行浓缩处理，再通过容量为 10m^3 的真空过滤机把经过浓缩处理的产物过滤，得到最终产物——精矿，在脱水阶段用到的过滤机会配备两台真空泵、一台空压机。再比如，相对部颁标准，山东省主动上调了金铁煤“三率”指标，这些指标的上调程度不尽相同，处于 1%～15%，另外还对原有指标进一步细化，新增了 8 个更加细致的指标，包括在筛选矿石过程中的用水标准、在整个处理过程中废水的利用标准，山东省对指标的细化和增加为同行进行优化提供了参考标准(何益民等，2019)。

(2)低品位、共生、伴生资源利用模式。近年来，绿色矿业试点工作对节约资源作出了积极贡献，对这些资源的集约利用，有助于在不动用储存资源的情况下保证生产活动的正常进行，对节约资源资金、保护环境都有很大的贡献。低品位、共生、伴生的资源利用模式通常与有针对性的工艺相配套，在这方面，四川安宁铁钛股份有限公司(简称“安宁公司”)是一个典型案例。这家公司于 1993 年成立，在成立之初就秉持节约优先、环保的理念运营公司，走上了一条新型工业化道路，最终发展成为国家矿产资源综合利用示范基地。这家公司为实现节约资源和环保的目标付出了极大努力，公司不断投入大量资金用于生产工艺和技术的升级创新，建成了细碎、输送、废水循环利用与废酸回用等方面的创新系统，不仅为公司创造了经济效益，还为同行企业提供了工艺指导，帮助其他企业一起进步，产生了保护环境的社会效益，公司也因此得到了国家矿产资源方面“以奖代补”的专项资金支持。此后，该公司进一步把节约资源放在整体发展的突出和核心位置，把眼光放到了钛的回收利用工艺创新上。四川的攀枝花—西昌地区富含一种全球稀有的重要矿产资源——钛，这种资源在四川地区的储量占全球总储量的35%，占全国总储量的90%。虽然钛储量丰富，但过去对钛铁矿资源的回收利用率较低，为30%～35%。在开采初期，多数开发企业缺乏技术，浪费了大量的钛资源。近年来，相关的矿区企业纷纷在钛回收工艺上进行研发创新。安宁公司在两年的研发试验之后，成功开发出一种既可以保证产量又可以提升质量的技术，该技术可以从筛选矿石阶段的尾矿中回收利用钛铁矿，具有多种优点，如耗能低、适应性强、可操作性强、金属回收率高等。运用该工艺筛选回收得到的产品中，二氧化钛含量得到了大幅提高，钛精粉质量也得到了提升。安宁公司还在继续优化选矿工艺，从各个过程中回收钛铁资源(张林，2011)。

(3)尾矿综合利用模式。该模式是指从工业生产过程中废弃的尾矿里回收提取可供再次利用的物质，以提高资源利用率。通常情况下，矿山企业所拥有的工艺水平不支持回收利用尾矿，导致大量的尾矿资源闲置废弃。近年来，矿山企业为响应国家号召，也为了提升自己的经济效益，开始研发关于尾矿治理和回收利用的工艺技术，其中，鞍钢集团矿业公司(简称“鞍钢矿业”)在这方面就作出了一些突出贡献。鞍钢矿业是早期进行尾矿工艺研究的企业之一，该公司对鞍山东部矿区生产中产生的尾矿进行了大量试验，通过一系列研究之后提出了全新的尾矿回收工艺，该工艺能够有效提升尾矿资源的利用率。工艺研发完成后，鞍钢矿业在四个矿厂进行了试用，据统计，在试用期间，每年从四个矿厂产生的尾矿中可以回收10%左右的铁精矿，通过再利用，从铁精矿里再排出的新废弃尾矿的含铁量大大降低，综合提升铁矿石利用率达到15%，铁矿石资源得到有效利用。2016年，鞍钢矿业首创的这项新技术得到专家评审的一致认可，特别是在回收利用尾矿环节，多项创新技术填补了该领域国内外空白(于淼等，2013)。

(4)资源再利用发展新产业模式。绿色生态矿区在原有矿山发展基础上更加突出生态保护与产业发展相结合，着重矿区产业绿色转型升级。对大型矿区而言，其涵盖面积广，并且通常有多年的开发历史，对生态环境可能早已造成破坏，如果仅对其采取生态修复措施，难以取得预期的效果。根据先前经验，在规划矿区时最好把生态产业的规划也纳入，可以把生产过程中的废弃物用于受污染破坏场所的景观改造。矿区规划目标应包含：①联结生产和自然，使之达到一个和谐的状态；②提高对矿区废弃物的循环利用率，赋予废弃物生态价值，逐步建成以开发助发展、边开发边保护的生态发展模式，华新水泥东骏矿区的生态修复做法就值得借鉴。该矿区开采时间长、开发范围大、开采力度强，常年开采留下了许多废弃矿坑，为了修复矿区环境、最大化利用资源，公司想出了一个有效的方案——把矿石开采过程中产生的泥土(有的混有石头)存放在配土场，晒干之后把土和石头分开，使其发挥不同的作用。泥土主要用于植被修复，铺在因采矿形成的裸露边坡上种树，公司会安排人定期对树木进行维护，主要是进行浇水施肥工作，使植被能够顺利生长，在植被长大之后还可以发展农业、旅游业等。剥离出来的石头则用于生产水泥。这一做法有效做到了循环利用，不但保护了环境，经济效益也得以增长(郑明磊等，2021)。

4. 节能减排领域

我国面临着严峻的资源环境约束问题，这一问题在工业化、城市化发展进程中比较突出，面对社会以及企业需要提升节能减排力度的客观要求，需要建立节能减排项目的管理模式。享有“中国煤炭工业源头”以及“中国近代工业摇篮”等盛誉的开滦集团承担起节能减排、环境保护的社会责任，改造重点耗能设备以及重点污染源，对应已投资十多亿资金(张雨良，2021)。为努力达到废弃物的再次利用以及无害化，综合利用传统概念上的废弃物(如矿井瓦斯、煤矸石以及煤化工副产品等)，按照全面“回收废弃物、综合治理污染物、梯级利用能量以及共享资源”的思路，实现产业链的耦合及其各自发展的延伸。开滦集团已形成包括矿井水处理利用、煤矸石建材、治理塌陷地生态环境等在内的5条产业链，并取得了可观的成果，实现了25亿元的节能环保产业收入。新兴产业符合可持续发展战略，因此节能减排要改造好传统产业，更要将新兴产业循环经济放在首要位置。开滦京唐港煤化工园区煤化工已完成“三废”在煤化工产业中的零排放，完全循环利用了生产中所产生的副产品。同时，不再在园区单独建设相关循环以及除盐系统，而是发挥公司整体工艺运行步骤、平面布局特点，由甲醇循环水系统以及热力除盐水站分别进行供应。通过开展节能减排，开滦集团取得了不俗的成绩，其原煤生产综合能耗位于省内同类型矿井前列，其他相关能耗指标也好于国家及全省的平均水平。

5. 科技创新与数字化领域

(1)科技创新模式。在绿色矿区建设中，依靠科技进步，坚持创新驱动，是实现矿区运营现代化的重要基石。矿山企业通过科技创新引领绿色发展的实践道路，不仅可提升生产经营效益，还能进一步彰显新时代的社会使命。以晋能控股煤业集团有限责任公司同忻煤矿为例，该矿区秉持“科技兴企，人才强企”发展理念，充分运用数字化技术，开发标准化、集成化运行系统，在具有危险性的生产环节代替了人工，大大提升了工作精准度和效率。每台设备和每批物资从入库、使用、维护到回收都有严格的管理和监督，任何人员在使用过程中都能够及时获得设备或物资的相关信息数据，对设备和物资的来源和去向都有明确的记录，不仅能够实现对设备和物资的高效管理，还能够形成人与物、物与物实时联通的管理网络。创新搭建高速数据传输通道，建立大数据存储共享中心，通过互联网、物联网等系统信息的汇集和分析，实现矿区整体管理网络的互联互通，尤其是对矿井下各类信息的实时获取、监控和预警发布，对矿产资源开发过程中的安全性、可靠性、及时性提供了技术支持，实现了紧急避险、实时反馈等多项功能的全面应用(庞贝和杨芳，2015)。

(2)数字化矿区模式。以首钢矿业公司为例，该公司基于发展战略、行业特点和企业特色开发建设了全国知名的铁矿产区。首钢矿业公司以“数字矿区”为目标，依靠自主研发，形成两化融合的支撑。首钢矿业公司建设数字矿区的重点是实施企业资源计划(enterprise resource planning，ERP)和制造执行系统(manufacturing execution system，MES)，变革矿区管理模式，实现了纵向全程贯通、横向全面集成。在建设数字矿区的过程中，首钢矿业公司以“应用、完善、成效、创新”的八字方针引领数字矿区的建设。数字矿区通常有五级架构和四级架构两种划分方式。五级架构模式具体为：一级为数字化仪器仪表，二级为过程控制程序，三级为生产执行系统MES，四级为物料资源管理系统，五级为管理决策支持系统。四级架构模式具体为：一级和二级为控制层，三级为执行层，四级为管理层(石海芹等，2017)。

6. 企业管理与企业形象领域

(1)政府引领模式。近年来，为有效保护生态环境，推动矿区绿色发展，江西省九江市彭泽县政府从政策引导、规划制约等方面进行了有力的干预和指导。针对矿区违法开采和随意污染排放等问题，全面组织有关部门力量开展了一系列的整治工作，坚持生态环保和绿色发展的基本要求，避免生态环境的进一步破坏。通过政策扶持促进矿区绿色化改造提升，在“双赢”中促进矿区生态环境保护。首先，制定明确目标，为矿区发展指引方向，在发展速度和质量上齐头并进。彭泽县积极开展绿色矿区的探索实践工作，结合当地发展实际，从系统入手探索矿产资源开发的“彭泽模式”，在规划、生产、环保等方面提出了一系列的标准化指导和管控措施，提出“七个一”的标准，涉及道路、料场、设备、车辆等多项物资和工序，切实从细节上形成对绿色矿区建设的完全保障，打造“一矿一景”的园林化矿区。其次，实施严格化、专业化监管。在矿业权管理上，实行严格化的管控。为打造绿色矿区样板，该县把创建同管理相结合、管控与整治齐出手。大力开展矿区生态环境治理工作，对严重影响地区生态环境和长期随意进行污染排放的矿区企业进行严厉整治，以解决矿区生态环境与恢复治理问题为突破口，加快建设绿色矿区，积极发展绿色矿业。2017 年后先后关停矿区 4 家，注销采矿权证 13 家，通过缩点减量，对矿区开采和恢复治理进行专业化监管。彭泽县政府为了改变繁复流程、手续的巡查问题，通过引入第三方来进行矿区的监理工作，从技术、资质、经验上对矿区管理水平进行弥补，对矿区开采和恢复治理进行专业化监管。矿区监理在时间上从周、月、季等多重维度开展全面巡查管理，为矿区生产和环境治理提供专业技术指导和管理咨询，大大弥补了矿区生产在管理上的缺失。在整改工作开展过程中，矿管部门联动其他多个部门共同开展联合执法，通过现场查验等手段以最快的速度和严格的要求对矿区企业进行单停、双停等整治措施，并针对污水、粉尘等重要污染和排放问题，专门聘请专家对区域环境保护流程和效果进行设计和评估，不断完善矿区生态环境治理。

(2) 企业精神与文化创建模式。要做到与地方互惠共赢、促进社区和谐相处、企业长久发展，就要以“开矿一处，造福一方”为目标。甘肃金徽矿业股份有限公司徽县郭家沟铅锌矿就以实际行动印证了这一道理，专门为解决群众实际问题，包括子女入学、就业难等现实问题成立矿区和谐部，还定期走访慰问群众，将群众的生活时刻放在心上，建立起良好和谐的企地关系。矿区尊重关爱企业内部员工，给予其生活和经济上的各种支持。为员工配备专人管理的公寓，公寓规格为四星级酒店标准。矿区为员工发放生日礼金等，为长寿老人发放爱心补贴，同时提供就餐、医疗、理发、洗衣等一系列生活上的免费服务，使每一位员工在岗位上有尊严地工作劳动。矿区还关注员工的个人成长与发展，构建相关的员工培训学习制度，定期分批组织员工去国外学习深造、考察培训（毛建华和王琼杰，2020）。

2.3 矿产资源可持续发展的水平测度和预测

在生态补偿的政策背景下，为更好地发挥矿产资源开发的正面影响、减少其负面影响，进一步实现矿产资源的可持续发展，本书基于牛文元可持续发展的五大支持系统，以层次分析法为基础，对我国矿产资源可持续发展水平进行了分析；然后再全面系统地对矿产资源的可持续发展进行预测。实证结果表明，积极推动矿区生态补偿对于实现我国矿产资源可持续发展具有十分重要的意义(马金平，2007)。

2.3.1 矿产资源可持续发展及五大支持系统

矿产资源可持续发展是资源可持续性的关键，它没有要求停止利用可耗竭资源，但是要求更新和替代这类资源的储存量；它不反对使用可更新资源，但是要抑制资源的过度开采和使用，形成与资源再生能力相匹配的消耗速度；它不完全禁止任何废弃物的排放，但是要结合生态环境对污染物的容纳能力，避免过度排放破坏生态平衡(白中科等，2018)。此外，需要格外注重在人口增长、环境保护与社会经济的协调上取得平衡。根据生态可持续性准则，矿产资源利用是要维系一种动态平衡，主要以资源消耗量与资源储量补充大致等量为核心，以此实现资源保有量的基本平衡以及矿产资源开发利用的可持续发展(Farber et al.，2002；Shvidenko，2005)。这是矿产资源可持续利用的充要条件，也应成为矿业可持续发展的重要指标之一(纪玉山和刘洋，2012)。

2.3.2 矿产资源的可持续发展水平分析

层次分析法是对一些较为复杂、较为模糊的问题做出决策的简易方法，主要用于定性与定量问题的结合分析，从而对整个系统做出评价。层次分析法把研究对象作为一个系统，并对这个系统按照不同的层析、范围进行分解、比较判断，再进行综合的思维方式。层次分析法是利用五大支持系统对复杂问题进行系统评价，具有多目标、多准则、多时期的特点，该方法能较好地对这种无结构特性的系统进行评价，因此将其与层次分析法结合成为一种比较理想的选择，对于矿产资源可持续发展的评价体系研究也较其他方法更具优越性。层次分析法建模一般分为五个步骤：①建立层次结构模型，即最高层(目标层)、中间层(准则层)、最底层(指标层)；

②构造成对比较矩阵；③计算向量权重；④层次单排序与一致性检验通过；⑤对于层次总排序的检验与通过。

牛文元和毛志锋(1998)总结国内外经验，从系统学的角度提出了可持续发展的五大支撑体系，该体系强调人与自然、人与人协调的关系，其观点体现了可持续发展基本原则，即公平性、持续性、共同性等。这五大支持系统分别为：生存支持系统、发展支持系统、环境支持系统、社会支持系统、人力支持系统(图 2-6)(于贵瑞和杨萌，2022)。本书充分借鉴牛文元的五大支持系统理论，展开对矿产资源可持续发展的评价体系研究，以此对矿产资源可持续发展状况进行分析与预测。

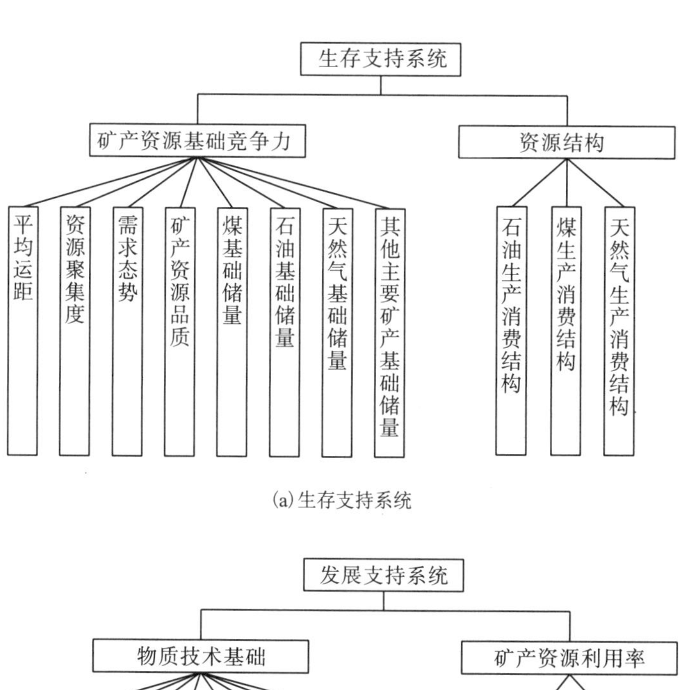

(a)生存支持系统

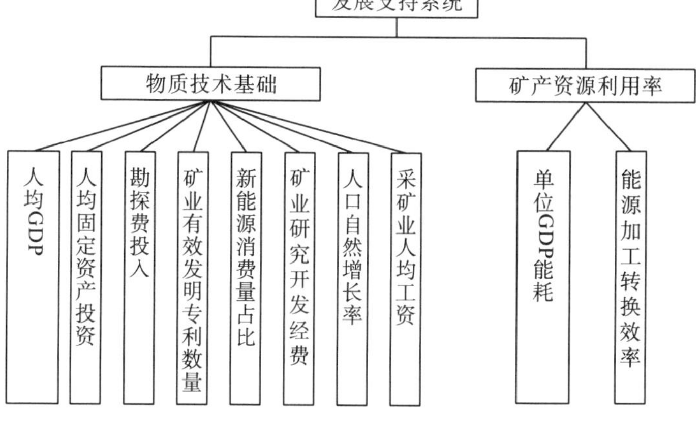

(b)发展支持系统

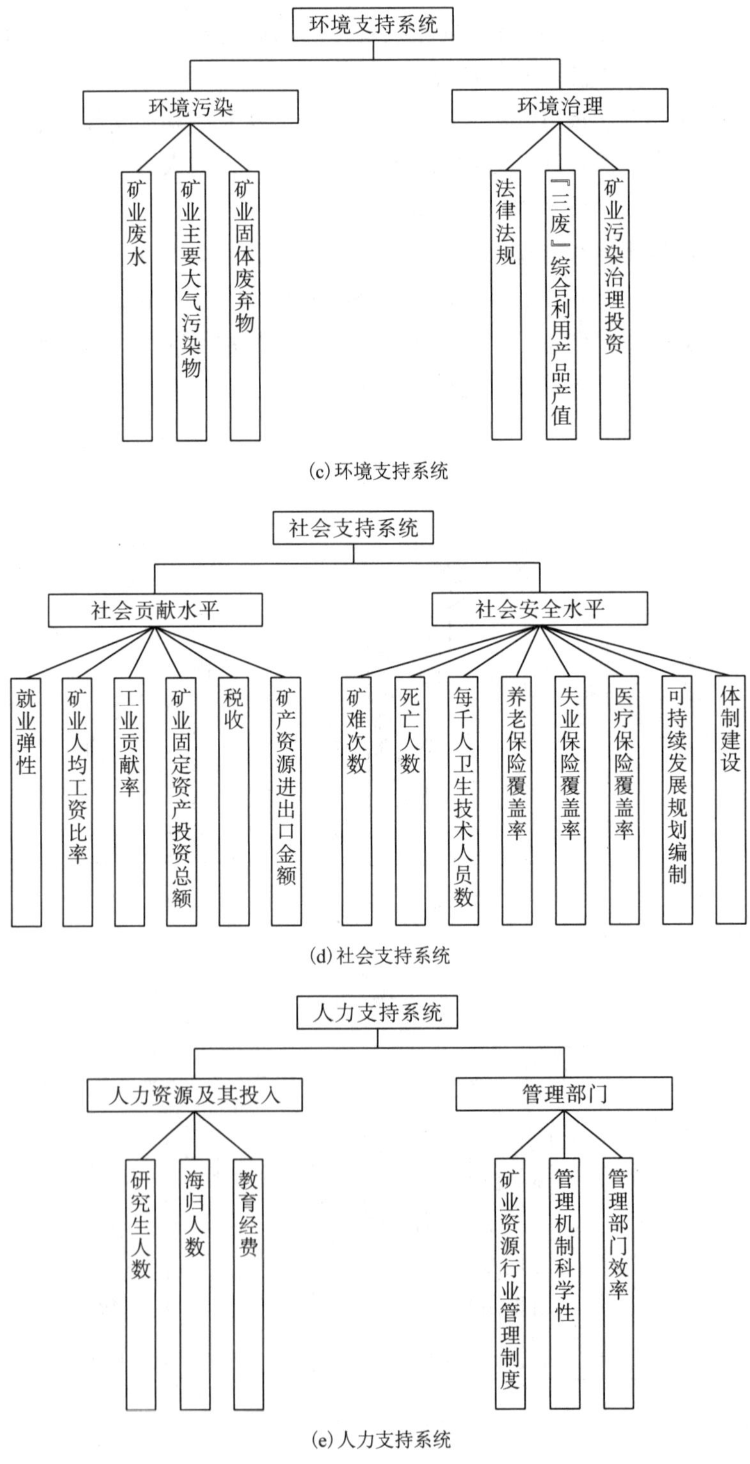

(c) 环境支持系统

(d) 社会支持系统

(e) 人力支持系统

图 2-6　五大系统及构成

2.3.3　矿产资源可持续发展评价体系及发展水平预测

牛文元在可持续发展论中指出，在识别可持续发展系统的临界概率为90%的假设下，生存支持系统、发展支持系统、环境支持系统、社会支持系统和人力支持系统的权重分别为 30%、25%、15%、10%和 10%。在本书中，我们将识别率提高到 100%，由此计算出各个支持系统的权重分别为 33%、28%、17%、11%和 11%。

基于以上方法，可以得出矿产资源生存支持系统、发展支持系统、社会支持系统、环境支持系统和人力支持系统各指标层的权向量，并最终得到 2010～2019 年矿产资源可持续发展五大系统综合评价值，如图 2-7 所示。

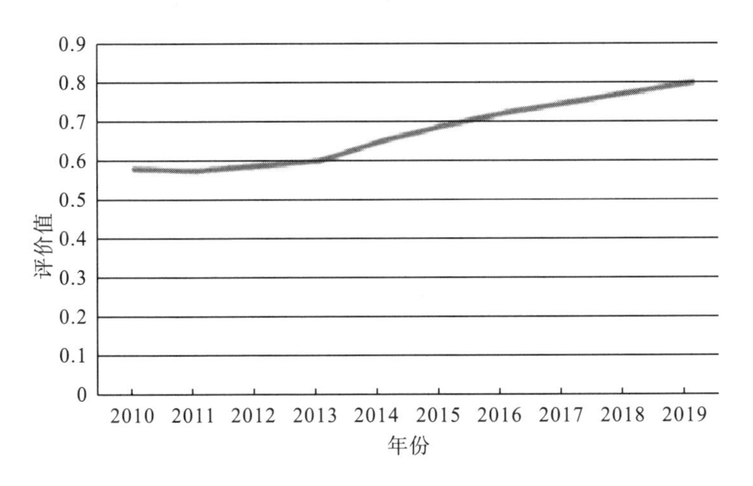

图 2-7　2010～2019 年矿产资源综合评价值

总体来说，我国矿产资源可持续发展五大系统总体评价值呈逐年上升的趋势。近年来，我国逐步加大对矿产资源开发利用的管治力度，从矿产资源可持续发展的经济、人力、科技等方面出发，尤其重视对人才以及科技的投入，一定程度上促进了我国矿产资源可持续发展水平的提高（黄寰等，2015）。

具体到五大支持系统，到 2019 年，人力支持系统获得了最高的评价值，接近 0.8，说明我国人力资源的质量与管理部门的效率正进入一个有序发展的轨道。环境支持系统的评价值最低，不到 0.5，近年来甚至呈现递减的趋势，表明环境问题已经成为我国矿产资源开发利用的首要问题。在

2010～2019 年的数据基础上，本书以极限趋近于 1 的“S”形分布为限制条件，选择函数对我国矿产资源可持续发展水平进行预测，函数形式为

$$y = \frac{L}{1 + b\mathrm{e}^{-kt}} \tag{2.2}$$

式中，y 为可持续发展水平五大系统总体评价值；L、b、k 为待估的形状参数。

在 2010～2019 年的数据基础上，并在 MATLAB 软件运行下可得到，k=0.035，L=39.36，b=73。在相关参数基础上，对到 2025 年的可持续发展水平综合值进行预测，结果表明，2023 年我国矿产资源可持续发展水平可增长到 0.856，开始进入强可持续发展中期。

前文基于层次分析法的相关研究，选择能较为全面反映矿产资源可持续发展水平的 47 个指标。但在对策研究中，决策主体事实上很难针对所有指标进行有效控制。因此，本书将运用主成分分析法对指标进行降维处理，以便用比较少的变量去解释原来资料中的大部分变异。本书运用主成分分析法，利用 MATLAB 软件对指标进行降维，其结果如表 2-6 所示。前三个主成分累计贡献率为 90.33%，表明前三个主成分已经能够反映 47 个指标 90.33%的信息，因此选取前三个主成分对总体情况进行评价。从 MATLAB 对各指标降维的具体情况来看，第一主成分对总体贡献率最大，因此可解释大部分指标的变异性，但考虑到对可持续发展评价的综合性，还需要做进一步的分析。分析后发现，这里的第一主成分主要由生存支持系统中的基础储量指标以及社会、人力支持系统的一些指标决定，包括石油天然气基础储量、人均 GDP、人均固定资产投资、采矿业人均工资、矿业固体废弃物、“三废”综合利用产品产值、矿业固定资产投资总额、养老保险覆盖率以及人力支持系统的大部分指标；第二主成分主要由平均运距、煤基础储量、矿产资源品质、需求态势、矿业主要大气污染物、矿业污染治理投资等指标决定，这部分指标可称为矿产资源可持续发展的传统决定因素；第三主成分主要由石油生产消费结构、矿业废水、勘探费投入等指标决定。由于第一主成分能够解释模型中大部分的变异，因此政府在矿产可持续发展水平的调控上应当尤其注重第一主成分的决定因素，如以石油、煤、天然气为代表的矿产资源基础储量指标；以每千人卫生技术人员数、养老保险覆盖率、失业保险覆盖率为代表的社会支持系统指标；以研究生人数、海归人数、教育经费为代表的人力支持系统指标。

表 2-6　特征值及主成分贡献率

主成分	特征值	贡献率/%	累计贡献率/%
1	34.621	73.66	73.66
2	5.3072	11.30	84.96
3	2.5258	5.37	90.33
4	1.9128	4.07	94.40
5	1.158	2.46	96.86
6	0.892	1.90	98.76
7	0.5831	1.24	100

总体来说，我国矿产资源可持续发展水平当前处于可持续发展阶段，但五大支持系统中，生存支持系统与环境支持系统的评价值较低，这与我国的经济发展方式以及矿产资源自身的发展规律有关，因此应着力调整经济发展方式，同时加大对环境治理的力度，才能提高这两大支持系统的评价值，进而提高矿产资源可持续发展水平的综合值。通过本书预测研究表明，我国的矿产资源可持续发展水平呈现逐年上涨的趋势，虽然运用式(2.2)对 2025 年矿产资源可持续发展水平进行预测得到的结果比较乐观，但由于预测函数处于当前环境，因此得到的结论只是一个理论研究的结果。在未来环境发生变化时，有必要对一些指标和参数进行修正以便使预测及评价标准更符合经济实际。

近几年我国经济发展的增速趋于减缓，粗放型的生产方式难以实现经济的可持续发展，因此矿产资源作为经济发展的一个支撑因素，怎样实现以及实现怎样的矿产资源的可持续发展水平是经济发展急需解决的问题。因此本书基于牛文元的五大支持系统对矿产资源可持续发展水平进行分析与预测，表明我国矿产资源可持续发展水平总体上处于逐渐上升的趋势，自我国进入新发展阶段以来，这种缓慢上升的趋势是否适应经济发展方式的改变还需要进行具体的研究。另外，就政府与市场的关系来看，在影响矿产资源可持续发展水平的诸多因素中，哪些因素的调整由市场解决，哪些因素的改变由政府解决需要明确界限。

从矿区生态补偿对矿产资源可持续发展的影响而言，矿区生态补偿是实现矿产资源可持续发展的前提(卢艳丽等，2011)。想要矿产资源实现可持续的发展，必须考虑并针对性解决现在矿区开采破坏问题，这种破坏影响矿区的环境、生态、资源等方面，使矿区呈现“负”向发展，尤其考虑到矿产资源的特殊性，进行生态补偿刻不容缓。通过适当的生态补偿机制缓解环境压力，实现资源开发和环境保护的两者平衡。矿产资源可持续发展是进行矿区生态补偿的目的导向，通过政府和市场手段对破坏环境的行为进行收费，提高公众对环境保护的认知程度和重视程度，一方面保护环境减少破坏，另一方面可以更好地恢复被破坏地区的生态环境。这是通过人为方式实现矿区环境改善，从而推进矿产资源的可持续发展。矿区生态补偿从以下三方面措施实现矿产资源可持续发展。一是损失性补偿措施，包括生态本身的环境损失成本和人为造成的环境发展损失，通过补偿性资金投入和收费实现矿区环境再规划和矿产资源环境再生性发展；二是保护性补偿措施，主要针对重点资源区域和重点生态系统进行的保护性投入，这种投入往往是由政府主导、全社会支持而获取多方关注进行的矿产资源保护，通过引导性保护政策确定矿产资源保护的重要程度；三是经济性补偿措施，对于环境资源的破坏行为，通过现实经济手段获取实际效益，有利于直接提高公众的关注度，使受益对象和补偿对象清晰，明确矿产资源可持续发展的重要性。

第 3 章　矿区生态补偿构成体系

矿区生态补偿构成体系需要考虑以下三方面关键要素：首先是由什么主体提供补偿，同时需要明确满足条件的被补偿客体；其次，被补偿客体获得补偿的标准有哪些；最后，需明确被补偿客体获得补偿的途径及方法。因此，矿区生态补偿体系的基本构成要素为补偿原则与标准、补偿者与被补偿者、补偿类型与途径。

3.1　矿区生态补偿要求

3.1.1　补偿原则

对生态补偿基本原则的讨论由来已久。全国政协致公组于 2003 年根据对流域地区发展现状的研究，指出生态补偿必须建立在公平公正的基础之上，并提出了对该地区相关生态补偿的建议，将对生态环境产生影响的经济活动中的受益方作为补偿主体。

一般情况下生态补偿的主体是政府，总体上从宏观层面完善制度体系、机制框架等，并着重从法律的角度明确生态补偿的途径和标准等(费世民等，2004)。2006 年以来，随着逐步探索研究，确立了相应的生态补偿的基本原则，即“按照谁开发谁保护、谁受益谁补偿”，为进一步开展生态补偿机制设计和工作行动提供了重要依据。2007 年国家环境保护总局发布的《关于开展生态补偿试点工作的指导意见》明确了在矿区开发过程中生态补偿应坚持的责任义务原则：“谁开发、谁保护，谁破坏、谁恢复，谁受益、谁补偿，谁污染、谁付费”。2021 年中共中央办公厅、国务院办公厅印发了《关于深化生态保护补偿制度改革的意见》，分别从环境要素、生态安全、责任意识等方面明确了生态补偿制度的框架、标准、体系，细化了生态补偿机制的各项要求，将法律规章、制度主体等方面都融合到生态补偿机制的设计中。该意见也充分考虑了开发过程中的生态安全，始终牢记生态保护的责任意识，在不断健全生态补偿制度的同时，对开发中相互关联产业的发展也考虑在内，制定好相对应的激励措施，保障措施配套协同共同发展。2024 年国务院颁发的《生态保护补偿条例》第三条明确指出："生态保护补偿工作坚持中国共产党的领导，坚持政府主导、社会参与、市场调节相结合，坚持激励与约束并重，坚持统筹协同推进，坚持生态效益与经济效益、社会效益相统一。"

矿区生态补偿具有极强的空间属性，在空间视角下进行考虑时，原则所涉及的主体范围首先要扩大到区际概念，如"谁受益、谁补偿"的原则涉及的主体可理解为在确认受益者的同时，也要考虑受益者所在区域概念；在政府和市场结合方面要以市场机制进行引导，政府负责调控。据此并结合已有的研究成果，在矿区生态补偿的实际中应该注意以下一些补偿原则。

原则一：谁开发、谁保护。矿产资源的开发主要是由大型矿业企业进行，企业在市场经济中以利益最大化为开展经营活动的重要原则，开发者是改变矿区生态环境最为直接的参与者。为此，"谁开发、谁保护"是矿区生态补偿最为重要和直观的基本原则，也是为明确开发者对矿区环境治理主体责任的重要依据。

原则二：谁受益、谁补偿。在矿产资源开发中，对于需求者来说，其为受益人，同时也是生态环境重要的补偿者。矿产资源的开发，从整体来说，既包含正外部性，也具有负外部性。矿产资源受益者虽然没有直接参与开发活动，但作为受益者，其市场行为对矿产资源开发活动有重要的影响，且从总体上而言，矿产资源开发最终的受益人也可从生态环境保护中获益，因此受益人理应为预期获取的收益支付一定的费用。

原则三：谁污染、谁付费。矿产资源开发不可避免地对环境造成一定的影响，特别是对地质环境的改变会长期存在，并可能衍生出更多的影响。矿产资源开发所产生的外部性将直接且长久地影响当地群众的生产生活和经济社会的发展。污染排放的主体应对自己的负外部性承担相应的赔偿责任。经济合作与发展组织环境委员会对破坏环境的主体提出了其对污染源、污染面以及受影响群众应负有治理责任的主要原则(王钦敏，2004)。

原则四：谁保护、谁得利。矿区生态补偿作为一种利益协调机制，不仅有约束环境污染行为的作用，还有对生态环境保护和治理的作用。从生态治理的外部性来看，如若环境保护地一方无法获得必要的补偿或是仅因为环境约束影响不得不进行保护行为，那就必然导致"搭便车"行为，环境治理和保护的效率将受到严重影响，久而久之生态环境保护的自发行为将无法得到普遍的推广。要解决这种外部效应，就需要利用生态补偿机制对外部效应施加影响，通过适量的途径和标准将矿产资源开发获得的收益转移一部分到环境保护的一方，从而激励环境保护行为，以实现生态治理的长期性和有效性(李克国，2004)。

原则五：顾小局、保大局。在资源开发过程中，矿区生态补偿从微观层面来说涉及当地资源开采的相关主体，从宏观层面来说对全国生态环境保护具有重大的意义。并且，矿区生态保护往往还涉及当地经济发展和人文习俗的实际情况，大局和小局的关系更为复杂多变。在实际生态补偿中，既要考虑不同区域发展的现实性，又要从全局把握大的方针政策。既要考虑地方的利益发展，又要有大局发展意识。

原则六：责任、权利、利益三者的统一。生态补偿涉及不同范围、不同主体客体、不同层面的利益协调，虽然从根本上说是受益者向供给者(保护者)付费的过程，但其在实际操作层面面临复杂的区分和标准。为此，生态补偿机制的制定和实施应当严格遵循责任、权利、利益三者的统一，从这三个方面评估生态补偿的科学性，做到奖惩有别、运行有序、监督有力(王军生和李佳，2012)。

原则七：差异划分，动态平衡。矿区是开展大范围生产经营活动的区域，其在空间、时间上的跨度都比较大，矿区生态补偿有关的地理地质环境、气候水文、经济水平等方面有着更为实际的情况，并且矿区生态治理在不同时间的方式、投入等方面也存在着差异。因此对于种类、时段、地理环境、气候条件等不同的矿区在实行矿区资源生态补偿时要制定其对应的补偿原则和标准，同时补偿的路径和补偿的期限等也要根据实际情况制定，这样可以使矿区生态补偿的效用最大化，同时极大地调动相关组织和人员力量进行矿区生态系统的维护和恢复工作。

原则八：先试点，点带面。《关于深化生态保护补偿制度改革的意见》明确指出：“我国将在自然保护区、重要生态功能区、矿产资源开发和流域水环境保护四个领域开展生态补偿试点。”在此基础之上，根据现行状况，确立完善生态环境补偿政策，促进生态补偿机制的建立。生态补偿机制要想有效地建立起来，需要多方面的支撑，涉及不同人群、不同部门、不同区域的利益，在时间、空间上都应该有流程化、标准化的规则相呼应，才能保障生态补偿机制的科学运行和实效发挥。我国在生态治理方面的理论和实践探索要晚于西方国家，但我国开展生态补偿行动的现实需求却相当紧迫(沈满洪和陆菁，2004)。为此，通过试点，同时对生态补偿的理论和实践进行探索，不仅可以加快我国构建全方位生态补偿机制框架的进程，而且可以充分从实际出发总结成功经验和失败教训，以便进一步推广实施的关键举措。从试点工作中总结经验并广泛推广，尤其是一些发展典型以及具有代表性的区域，能够给其他地区提供借鉴，进一步完善和发展空间视角下的矿区生态补偿机制（俞敏和刘帅，2022）。

原则九：多层次完整性补偿。矿产资源的开发因地域不同，特点也各不相同。我国地域广阔，不同地区的生态环境和经济基础有很大的差别，环境污染的程度和治理的重点也有所区别，对资金、技术、政策等方面的需求也不尽相同。矿区资源开采主体对当地居民及政府的补偿，既要考虑政府层面的宏观政策，又要协调居民多种补偿方式的综合运用。

原则十：政府引导与市场调控相结合。矿产资源开发是受市场经济影响的经营活动，如果仅从政府层面进行指导和约束，那么生态补偿的覆盖范围和落实程度将受限。矿产资源作为重要的生产要素，通过开发开采后还需要在市场中经过一系列的程序才能实现其经济价值，并且生态环境的治理也离不开市场经济中资金、设备、技术的支持。为此，通过政府引导和市场调控相结合，在政府管理监督和政策引导下，通过市场的资源配置功能提升生态补偿的效能和范围，建立起多元化、多层面的补偿体系和运作方式，为生态环境治理提供重要保障。

3.1.2 补偿标准

当前生态补偿工作的重点、难点在于补偿标准的设定，补偿额度难以量化，很难形成标准体系。补偿范围难以界定、影响因素多，导致不确定性增强。在矿产资源生态价值的评估上，目前关于矿产资源生态价值评估的研究中有较为完善的内容和方法，一般在进行评估时主要是根据矿区生态环境的破坏程度、矿区环境受到污染的程度和矿区发展机会损失的程度等因素，采取条件价值法、市场价值法等评估方法进行矿区资源生态价值的评估。

基于生态价值研究领域的相关理论，把矿区生态价值损失分为矿产资源开发过程中造成的直接破坏损失、开发和使用过程中造成的间接破坏损失和生态环境恢复费用。其中，开发过程中造成的直接损失主要是开发过程中对资源的消耗、环境的损害，只要有明确的标准和测度方法，通过市场价值法即可直观地对有关损失进行计量；而对矿产资源开发和使用过程中造成的间接损失，是难以通过直观方法进行评估测量的，如资源间接使用价值、矿区生态本身生态涵养量以及对周边区域水土保持的功能等方面的损失、资源选择使用价值损失和资源自身属性的存在价值损失（Cairns，2000）。根据以上定义不难发现，对选择价值和存在价值进行计量的难度较高，目前公认的方法是统一纳入生态服务功能进行价值的计量。生态环境恢复费用计入矿区生态价值损失是由于恢复矿区生态系统功能过程中产生费用，实质上是生态破坏后的经济补偿。通常这部分损失直观且可度量，因此一般采用市场价值法和机会成本法进行核算。不容忽视的还有环境污染的损失，其主要涵盖了大气圈的污染、水圈污染、土地资源污染和“三废”污染等。因此，科学、全面地对生态价值进行评估，是开展矿区生态补偿的重要基础，也是进一步统计明晰地区生态价值水平的重要依据。

根据矿产资源价值的相关理论，其价值评估应符合市场经济规律，具有客观性和准确性，评估过程需要用到以经济学和管理学为主、其他相关学科为辅的研究方法。近年来，国内外学者对矿产资源评估的方法、工具、标准等进行了大量的研究分析，形成了具有可参考的理论体系，为实践提供了重要指导。根据对矿产资源价值评估的有关研究进行梳理，本书认为价值评估理论主要包括三个方面。一是以劳动价值论进行价值评估。在自由竞争条件下，劳动价值的形式可以作为衡量事物价值的客观标准，因此以劳动价值的形式构建理论研究矿产资源这种特殊商品的价值，以形成具有机理的经济规律。二是以效用价值论进行价值评估。矿产资源具有的价值对于进行矿产资源开发的投资者来讲就是其追求的利益，即效用。作为载体的矿产资源带来的经济利益越大，代表矿产资源的价值越大。在效用价值论框架中，矿产资源的价值仅和该资源带给开发者的经济收益有关，和开发的投入成本不相关。例如，假设某类矿产资源在最后的工业使用价值判定中被定为无利用价值，尽管在开采的过程存在人力、设备和技术的投入，但在效用价值论中依旧认为该矿产资源的价值为零。因此，根据效用价值论对矿产资源价值的定义来看，资源的价值在形式上转化为投资者对矿产资源加工使用后的投资收益。矿产资源投资者的收益是矿产资源勘探、开采和加工期间的现金流量，其中现金流量在一定程度上决定了矿产资源的价值。依据效用价值论，可以采用技术经济学的方法，通过分析现金流量，按照折现率来评估矿产资源的价值。使用效用价值论的方法主要是以与矿产资源价值等量的现金流量为核心开展的分析评估方法，突出矿产资源在价值量终端即最终消费者使用中发挥的效用价值，通过技术经济学的有关理论和方法进行评估。三是以货币时间价值论进行的价值评估，突出的是价值在时间维度的变动，以一定标准考量矿产资源价值在不同时间点的增减情况，由于市场的流通性和通货膨胀等因素的影响，货币在不同的时间节点其代表的价值也不相同，简言之就是当前货币实际价值应等同于未来货币的价值加上利息。通过货币时间价值论可以为核算矿产资源的不同时间节点的市价提供理论支撑。

此外，还有一些其他方法，如环境恢复成本核算法、意愿询价法和生态足迹测算法等。矿区生态补偿是基于在矿区开发中，出现了植被破坏、水土流失、环境污染等生态破坏行为。在确定生态补偿具体标准时结合恢复环境需要付出的成本，将生态环境恢复的人力、物力、财力等因素进行货币化计量，对矿区的生态破坏进行成本核算，这便是环境恢复成本核算法。意愿询价是根据公共参与原理，按照自愿选择的原则，需要根据利益双方的意愿来确定补偿标准。生态足迹测算法的实质是一种市场需求，人们需要自然资源(包括矿产资源)来满足日益增长的生产生活需求。由此可以从需求与资源供给两端进行量化，协调考虑经济生产和生态环境的相关关系、变化特征，并制定测量指标进行量化评价，制定出生态补偿标准(Wackernagel and Rees，1996)。

综上所述，生态补偿标准的制定不能单纯考虑矿产资源开发中对生态环境和矿区内主体造成的影响，即仅通过对损失的考量来确定补偿标准，而应以生态环境改善和优化为目标，既要着力治理修复，还要考虑当地生态和经济发展的可持续性，从长久发展的角度出发，将补偿标准确定在一个合理的范围之内。

3.2 空间视角下矿区生态补偿主客体的确定

3.2.1 补偿主体

补偿主体的确认建立在公平公正的原则基础之上，主要按照“谁污染、谁整治，谁破坏、谁恢复，谁受益、谁补偿”的责任原则，本书基于有关理论和研究基础，分别从政府、矿产资源开发企业、环境保护组织三个方面进行矿区生态补偿主体的讨论。

(1)政府。由于矿区生态补偿强调区域特征，因此政府成为其中较为重要的主体，承担保护本区域生态环境的重任，同时进行生态补偿也需要在政府的保障下达到公正公平。在过去一段较长时间里，由于认识不足，我国客观上存在以资源开发促经济增长的模式，使得生态环境问题日益严重。生态现状和国家的建设存在密切关系，因此在划定生态补偿主体时，政府既要对过去资源开发带来的生态环境受损进行补偿，也要对生态补偿进行有效管理与监督(籍婧等，2006)。同时政府也是我国进行生态文明建设的受益者，生态文明建设可以实现我国的绿色发展和美丽中国建设目标。作为宏观层面资源开发的审批者以及生态环保的主要责任主体，政府有必要参与生态资源环境这样一种具有很强外部性的公共产品维护。总结发达国家的相关经验教训，可以得到一些经济发展与生态环境保护的宝贵经验，即经济发展靠市场，生态保护靠政府（Chen at al.，2018）。我国生态文明建设和经济社会发展的阶段特点决定了政府是环境治理和保护的投资主体，尤其是在解决大面积水土流失、生态退化等严重问题中发挥着主导作用。为此政府应当积极拓宽资金来源，利用财政资金撬动金融杠杆，吸纳国际国内金融资本，既促进生态环境治理，又带动经济发展。政府是行为主体，除对生态破坏区域和生态损失主体进行直接补偿外，还要出台具体的生态补偿途径、政策法规，构建生态补偿实施的保障机制，为生态补偿的全过程保驾护航。

（2）矿产资源开发企业。在进行资源开发的过程中，矿产资源开发企业是面向污染治理和环境修复最直接、最及时的行为主体。作为矿产资源开发经营活动实施者，矿产资源开发企业从事的开采、运输、加工销售等经济活动将矿区资源价值直接转化为经济价值，但这些经济活动也容易造成矿区的植被破坏、土地和水资源污染等环境问题，损害当地居民享受优质生态的权益。部分矿产资源开发企业将经济效益放在首位，忽略了生态环境治理的必要性和有限的矿产资源储量，造成过度开采和生态破坏，对当地群众和经济造成难以挽回的影响。因此，矿产资源开发企业必须对其破坏生态的行为负责，将企业的外部不经济内部化；也需要将矿区自然环境与民众所承担的环境成本外部化，进行矿区生态补偿。

（3）环境保护组织。环境保护组织是由政府、民间团体或者其他机构组建的以非营利方式从事环保活动的组织。环境保护组织通过政府机构、社会组织、民间个人的共同参与，积极促进环境保护政策落地生根，对政府出台实施的环保规章制度和政策指引进行解读和推广，宣扬生态文明思想和环境保护、绿色发展理念，并对一些地区的生产经营活动起到一定的监督作用。从组织类型上看，与矿产资源开发相联系的环境保护组织多是具有一定政府职能或辅助性质的非营利组织，从行业和人员管理等方面对矿区生态环境治理施加影响，还有一些是社会层面形成的组织机构，如中国环境文化促进会、中华环境保护基金会等。这些民间组织基于共同的发展目的建立，对生态环境的保护起到至关重要的作用，弥补并有利于纠正市场失灵等问题。

3.2.2 补偿对象

《生态保护补偿条例》明确了生态保护补偿的补偿对象是“按照规定或者约定开展生态保护的单位和个人”，“包括地方各级人民政府、村民委员会、居民委员会、农村集体经济组织及其成员以及其他应当获得补偿的单位和个人”。因此，矿区生态补偿的受偿主体是对矿区生态进行保护与治理的单位和个人，以及在开发中受到影响的单位和个人。

需要看到，受偿主体得到补偿的主要原因在于对受偿客体——自然的修复和保护，以恢复生态平衡，最终实现人与人、人与社会、人与自然环境的和谐发展。所以在构建空间视角下的矿区生态补偿体系时，对自然这一客体要高度重视，不能以牺牲生态环境为代价来谋求发展，而要将其提升到与人和谐共生的主体地位进行考虑。

生态、人口、经济的动态平衡是实现三者共同发展的重要条件，人与自然的关系从早期自然占优、人为改造再到共进和谐经历了长期的变化和探索。在人口有限时，人的生活生产往往处于较低水平且容易受到环境威胁。随着生产力的发展，人类在生产生活中不断强化自身地位和能力，逐渐发展为人类占优势阶段。在该阶段，人类已不满足于让自然屈从于自己，而是立足现有条件充分开发自然生产力，从而产生更多的产品。在这一阶段，人类的开发行为对自然造成了严重的破坏，也遭到了大自然的无情报复。古代丝绸之路上曾十分重要的楼兰古国今天只在新疆罗布泊留下遗址，其消失的原因之一就是人的生产生活扰动了当地自然环境，恶劣的气候使其在公元 7 世纪彻底消失。以史为鉴，人类对自然的开发索取必须科学合理，在享受自然提供资源的同时，更要注重对生态环境的保护（胡仪元，2005）。

强调自然主体在矿区生态补偿中的地位与作用，有利于赋予矿产资源所在空间真正的权利，使被破坏的自然环境能够最大限度保持自我循环、自我维持能力，实现人与自然和谐共处的发展目标。生态补偿是针对修复生态环境所作出努力的补偿（刘瀚博，2021），矿区生态补偿包括以下六个方面的含义：①矿产资源的合法开采造成的环境及生态的破坏，需要利益相关者对被破坏人及后代人进行补偿（张炳淳，2008）。②如果矿产资源开发造成生态环境污染或地面沉降、滑坡、泥石流和崩塌等地质灾害，各利益相关者应当承担环境治理、生态修复的责任。③矿产资源开发活动对周边居民和经济发展造成的机会成本由资源开发者和受益者进行相应的经济补偿。④矿产资源开发造成的影响范围大，持续时间长，在确定生态补偿主体时涉及矿区的居民及组织。这部分主体既承受资源开发带来的负面影响，又作为践行者为可持续发展付出了财力、精力，因此需要在政府的宏观调控下由全社会特别是资源环境受益区域给予相应的补偿。⑤定价不合理带来的前期成本投入损失，由此产生的成本应由其他受益的工业城市进行补偿。⑥对坚持科技创新与技术改进，不断提高运营效率，环境保护投入大且表现突出的企业进行补偿(黄寰，2012)。

3.3　矿区生态补偿的类型与途径

区际生态补偿的类型及其实现途径在笔者《区际生态补偿论》一书中有多种表达方式，在此基础上，本节从空间视角归纳分析矿区生态补偿所涉及的主要类型以及实现途径。

3.3.1　补偿类型

1. 按矿区资源开发涉及的利益主体划分

从不同角度看，各利益主体也不相同。矿区资源开发所涉及的利益主体包括三个方面，即矿产资源、生态环境、可持续发展机会，因此相对来说，也有着对应的三种补偿类型(表 3-1)。

表 3-1　按利益相关主体划分的生态补偿类型

类型	补偿主体	受偿主体	受偿客体	补偿标准
矿产资源补偿	采矿权人和开采者	各级政府	矿产资源	基于矿产资源稀缺程度、资源品位、开采速度而定
生态环境补偿	矿产资源开采者、加工者和消费者	矿区居民与政府	矿区生态环境	基于生态环境的修复成本而定
可持续发展机会补偿	政府、开采者、加工者和消费者	当地政府与矿区居民	当地政府与矿区居民	基于矿产品开发区的经济情况、与资源输入区的关联程度、矿产品的用途而定

(1)矿产资源补偿。矿产资源开发企业在市场经济的影响下，往往会选择储存量大、开采难度小、建设成本低的矿产资源进行开采，但自然界中矿产资源的分布往往是由主要资源、共生资源、伴生资源共同组成的，矿产资源开发活动对与主要资源有紧密联系的其他矿产资源种类也会有影响，因此资源补偿是矿区生态补偿必不可少的要点之一(Wunder et al., 2008)。这既是对矿产资源开发过程中矿区各种自然资源价值成本的体现，也是激励提升矿产资源综合开发利用水平的重要举措。根据生态价值、矿产资源价值等理论，政府可通过税费、权利金等形式的费用，对矿产资源开发者进行征收，而征收的标准可以根据矿区矿产的品级、条件、范围等制定，主要以对矿区各类自然资源的消耗为核心依据，有关费用可用作补

贴相关资源获得费用以及矿产资源综合开发利用的扶持等。从矿产资源开发的角度来看，拥有开采权或实施实际开采活动的乙方应作为自然资源补偿的主体，包括中央与地方的各级政府是受偿主体，资源稀缺程度、资源的品位以及开采速度是影响补偿标准的几项重要因素。

(2)生态环境补偿。区别于矿产资源补偿，因为环境在矿产资源开发过程中遭到破坏而收获一定的补偿，这是生态环境补偿，包括对于生态环境破坏所需的恢复成本以及对矿区未来的维护成本(Xepapadeas，1997)。在矿产资源的整条生产链中，获益者为生态环境补偿主体，根据生态价值理论，补偿主体应以矿区开发及资源利用相关者为主，包括矿区投资、开采、加工、消费等环节的有关群体，受偿主体为矿产资源开发当地的居民以及政府，受偿客体是开采中被破坏及被污染的环境。

(3)可持续发展机会补偿。其定义是指，矿区城市、矿区所在地居民由于生态环境破坏而无法从事可持续发展经济，从而寻找其他经济发展路径所需的资金而给予的补偿。该补偿需要由利益相关者包括政府、矿产资源开发者、资源产品加工者以及最终消费者作为主体进行补偿。作为矿产资源地区的政府及居民，既是上述补偿主体的被补偿对象，同时作为获利者，也是补偿主体。税收减免、实施相应政策、增大技术创新投入以及生态移民都是主要的补偿方式。这样的补偿目标为的是矿区能够实现可持续发展，把其所拥有的资源禀赋优势转化为经济发展优势。要制定科学合理的补偿标准，就要分析具体矿产品开发区情况、矿产资源开发用途、矿产品对于未来消费区域的匹配程度，是否适销等。与此同时，在生态补偿过程中要时刻注意高效性、有序性以及利民性的补偿特点，但这些特点的体现需要一定的措施来确保，一般来说，需要国家制定可执行的政策法规保障生态补偿的合理进行。依据相应的政策法规，成立相应的机构，专门负责监督和检查在矿产资源开发过程中补偿金的赔付及使用情况。

2. 按矿区生态补偿发生的先后顺序划分

根据补偿时间先后顺序和资源开采程序的差别，将矿区生态补偿分成三类，即开采前、开采中和开采后，其中开采前主要以防范为补偿的重点，开采中进行即时补偿，开采后采取修复性的补偿模式(巩芳和胡艺，2014)。开采前的防范补偿是指在矿产资源计划开采前，要对矿产资源开采可能对生态环境、伴生资源等造成的破坏给予充分的评估与预测，采取有力的防范手段，制定防范的安全项目，提前对矿区本体资源、伴生资源、生态环境进行的相关补偿。开采中的即时性补偿主要是针对矿产资源开发过程中影响矿区居民的生产生活和生态安全风险难以预料的实际情况，在出现生态环境毁坏时能及时有效治理，帮助当地政府与矿区居民及时应对和处理出现的相关问题。开采后的修复性补偿分为两部分，一是对目前正在进行的矿产资源开发生态环境进行补偿，二是对历史生态旧账进行生态补偿(表 3-2)。

表 3-2　按时序划分的生态补偿类型

类型		补偿主体	受偿主体	受偿客体	补偿标准
开采前的防范性补偿		采矿权人、开采企业、政府及民间组织	矿区居民与政府	矿山本体资源、伴生或共生资源、生态环境	基于专业部门对资源、环境的评估而定
开采中的即时性补偿		矿山开采者	矿区居民与政府	生态环境	由具体生态环境问题、影响矿区居民生产生活程度而定
开采后的修复性补偿	新账	矿山开采者、矿区政府	矿区居民与政府	生态环境	由修复生态环境的成本而定
	旧账	各级政府与民间组织	矿区居民与政府	生态环境	由修复生态环境的成本而定

3. 按矿区生态补偿的空间尺度划分

矿区生态补偿按照空间尺度可划分为国际补偿和国内补偿。李文华院士主持的中国环境与发展国际合作委员会“中国生态补偿机制与政策研究”项目对生态补偿的类型进行了研究，从空间尺度将生态补偿分为国际补偿与国内补偿(李文华和刘某承，2010)。在考虑矿区的生态补偿时主要是指：跨国资源开发利用造成的生态灾难和损失；国际碳贸易、生态认证以及为保护生物多样性而进行的多边和双边国际协议和条约规定的生态补偿；全球各个国家以及全球各区域之间的市场交易(李文华等，2007)。就国内来说，资源开发补偿、区域间补偿以及生态系统修复补偿等是矿区生态补偿的几个方面(徐素波和王耀东，2022)。

4. 按补偿的频率划分

按补偿的频率，矿区生态补偿可划分为连续补偿、不定期补偿以及一次性补偿。由于各矿产资源开发区的差异以及各地经济水平的差别，生态补偿措施实施的效率也各不相同。连续补偿通常作用于矿区，由于矿区在保护和修复的过程中通常存在着涉及面积大、治理时间长、保护难度大等特点，对具体的生态保护内容，通常采用不定期补偿，究其原因在于补偿资金的筹措需要一定的时间。一次性补偿通常针对生态移民，一些矿产资源开发区域的农牧户居住地或生产用地的生态环境已经被破坏，应用生态移民这一方式安置农牧户，要一次性给予居民足额的移民搬家费用，同时向其分发承包地或者给予其工作岗位，使其生存问题得以妥善解决（张宝文和关锐捷，2011）。

5. 按矿区生态补偿的对象划分

矿区生态补偿若按照补偿对象可划分为矿区生态破坏的受损者、保护矿区生态环境的主体以及减少生态破坏者。因生态破坏而遭受损失的受害者，所获补偿为赔偿性补偿。给予受害者适当的补偿，是在经济社会运行的过程中，经济规律以及伦理原则的必然要求。对于受害者还可根据其受害所处进程的不同进行分类，主要可分为在环境破坏过程中受到的伤害和在环境治理过程中受到的伤害。由于生态环境具有公共物品的属性，如果仅依据市场的运行机制，很有可能产生供不应求的局面，即市场所需的数量无法满足，因而生态保护者所获补偿实质是一种奖励性补偿，生态补偿的机制就是为了提高其积极性。同时，对控制生产量或投入更多资金、技术、设备来减少对生态环境产生负面影响的矿产资源开发者，也应给予相应的补偿，一则弥补其成本，二则有利于鼓励其后续更少对环境扰动。总体而言，矿区生态环境的改善，需要外部注入的资金以及运行管理机制（俞敏和刘帅，2022）。

6. 按补偿的效果划分

根据生态补偿最终呈现的结果，可将矿区生态补偿分为“输血型”生态补偿和“造血型”生态补偿。“输血型”生态补偿主要是通过政府拨款，转移的有关资金直接以货币形式给予受偿者，受偿者再根据实际需求对资金进行调配和使用。受偿者可以按需灵活安排补偿资金是该补偿类型的一个优点，但其也有其两面性，其中，不利的一面在于补偿金的具体使用对象上，补偿金有可能被用于消费性支出或其他转移支出，从而不能作用于受偿者本身。受偿者因上述原因，对补偿资金的利用实际上是比较有限的，无论在数量上还是用途上都是如此。“造血型”补偿则是在对环境污染进行治理的基础上，充分考虑地区经济社会发展战略，以项目等更具有规模性和带动性的方式，在就业、市场等方面为该地区的群众提供支持，发展具有潜力的科技产业、生态产业等，不再是单单投入补偿资金，而是转化为技术支持、智力支持，这样可以达到该地区形成自我发展机制以及自我造血机能，从而不再依赖外部的补偿，增加自身积累转化与发展能力的目的。通常的项目包括以上所说的替代性产业，还有生态环境保护建设项目、能源替代发展项目、对口农民的教育项目、生态移民、发展循环经济建设工业区等。过去的补偿方式通常以政策扶持为主，而如今的“造血型”补偿将重点发展基础设施，包括交通、水利、通信等，发展文化、教育、卫生以提高人口素质，同时开发各自然区域内的旅游功能区建设，即今后将以项目扶持为主。“造血型”生态补偿相比于“输血型”生态补偿来说，缺少了灵活性与方便性，且难以找到适合的投资主体，但对于资源环境承载区的可持续发展更有意义(沈满洪和陆菁，2004)。

本书在已有生态补偿机制上，充分考虑矿区的空间属性，后文将进一步研究典型矿区生态补偿的实施路径和长效机制。

3.3.2 补偿途径

我国进行矿区生态补偿时采取了多种途径，且随着市场的发展，补偿方式与途径也逐步增多。多种途径之间存在相互联系，也是基于其内在的关系形成了生态补偿途径的独特体系(洪尚群等，2001)。

(1) 企业补偿。企业补偿是指矿业企业由于开发利用了矿产资源，对修复生态环境所作出努力的补偿。矿产资源开发活动的直接受益者即为矿业企业，因此对恢复、治理生态环境破坏的成本，矿业企业应当以相对应的补偿资金来弥补。矿业企业应设定特定的生态环境恢复补偿基金，将其作为生产成本中的重要组成部分，这样可以有效地解决生态破坏这一行为的外部性问题。

(2) 政府补偿。国家、人民的利益与矿区生态环境是否能够有效恢复息息相关，因而由政府提供一定的财政补偿是非常必要的，补偿资金用于矿区生态环境破坏修复以及后期的发展维护。过去曾采用粗放型经济发展方式，造成了一些不利影响，因而各地方政府应该设置并安排对应的配套资金，通过“项目支持”来给予资金支持。

(3) 区域补偿。区域补偿主要是指矿产资源消费量较大、较集中的地区(如我国华东、华南等地)，自身矿产资源开发量较少，主要使用在中西部地区开采的矿产资源特别是能源资源，由受惠地区“反哺”矿产资源输出地。

(4) 上下游间产业补偿。化工、电力、建材等下游产业企业，由上游的矿业企业提供原材料，矿产资源在开发开采的过程中容易对矿区所在环境造成破坏，且矿区所在地往往是生态脆弱区，国家制定了一系列生态保护政策，制约矿区开采地的经济发展速度，而下游产业依靠不断供给的资源，其经济发展的速度远超上游，因此产业下游的企业受益更大，应当适宜地“反哺”相对应的产业上游矿区以实现平衡。

(5)社会补偿。矿产资源开发推动了经济社会发展，而矿区自然环境与当地居民受到的负面影响引起了全社会的关注。一些公益组织、履行社会责任的团体或关注生态环保的个人都可能为矿区生态补偿提供多样的支持。

(6)国际补偿(捐赠)。外国政府、各类国际组织以及金融机构构成了国际生态补偿的主体，包括世界银行、联合国环境规划署等一些国际组织以及世界野生动物保护基金会等民间国际组织。这些组织可以通过直接补偿的方式(包括直接捐赠生态环境受损区域、群体等)或者间接补偿方式(包括通过更了解当地资源开发利用情况的其他相关组织)进行补偿。

3.4 矿区生态补偿方式与期限

3.4.1 补偿方式

目前针对矿区的生态补偿，从补偿的内容和方式可分为资金补偿、政策补偿、实物补偿、文化和技术补偿及异地补偿等。

(1)政策补偿。我国当前采取的政策补偿主要通过对不同区域采取符合当地情况的管理模式、政策方针及对需要补偿的区域倾斜和差别待遇等方式，得到国家政策补偿的区域可以在政策允许范围内开展创新性的经济发展模式，并通过政策补偿得到资金支持。这种补偿方式可以为发展相对落后的区域带来经济发展的政策保障，也是较为有力的补偿方式之一。比如，在针对矿山生态环境修复治理时，有关政府部门在确定补偿范围、补偿基础的条件下，以税收政策、产业政策、拨款政策等多种政策补偿的形式给予支持。

(2)资金补偿。资金补偿的形式较为常见，同时也是最能满足补偿需求的方式。资金补偿常见的形式有财政转移支付、补偿金、赠款、减免税收、退税、信用担保贷款(优惠信贷)、财政补贴、贴息和加速折旧等。例如，财政补贴在国际上常用于能源部门，通常采取高税收的方式对直接受害者以及对污染治理起到突出作用的企业进行治理补贴，被收取税收的主体通常是资源开发企业。优惠信贷是促进需要生态补偿区域尝试创新绿色化经济发展模式的一种措施，受补偿区域可以低息借贷发展经济，同时通过该方式得到的贷款可以刺激当地资源享有者关注生态问题。并且，资金方式的补偿还可以通过构建生态专项基金来进行，将政府资金、国债以及社会性资本吸纳等作为资金来源，结合市场化运作和专业化管理实现长期有效的资金补偿。在对资源消费的区域进行生态补偿费用征收的同时，为了生态环境保护与建设的资金得以保证，应该成立特定的专项基金以加强生态环境的恢复与保护。

(3) 实物补偿。在生产活动以及生活必需要素方面对受偿者进行补助，如物质和土地的运用，这些实物补偿具有直接性，能让受偿者在现实中直接可用，提高自身生产能力，改善生活水平，更有利于未来发展。实物补偿在矿区生态补偿中有着积极的意义，如直接对矿区的土地进行修复治理，可直接实现生态环境优化；同时运用资源开发后的生产要素进行资源再利用，可以提高资源利用率（奚恒辉等，2022）。

(4) 文化和技术补偿。科学技术的创新与运用能大大提高资源的开采率及使用效率。为企业提供技术咨询以及技术指导，除了能够提高矿产资源开发中的管理水平，还可以提高技术人员的技术能力。通过提高从业者的文化及技术水平，实现资源开发与经营相关企业的可持续发展。矿业企业的采矿工艺水平与有关人员环保意识得以提高，不仅可以减少对生态环境的破坏，还能够提升生产效率，不断提高矿区经济发展水平。国家及有关部门对文化和技术方面的补偿还可以通过市场化手段进行激励，如通过环保技术研发贷款、研发费用加计扣除等方式给予优惠。

(5) 异地补偿。异地补偿对生态补偿机制是有益补充，属于一种创新举措，是促进生态补偿和经济发展相适应的一种重要方式。一些地区在“三线一单”（即生态保护红线、环境质量底线、资源利用上线和生态环境准入清单）的制定基础上，作为资源环境受益方的区域（一般是跨行政区的优先开发区、重点开发区），为处于生态功能地区、限制或禁止开发地区的政府或群众划出特定区域，以类似于“飞地”的形式，按约定将取得的部分利税（通常是一半）返回原地区，作为支持原地区生态环境保护和建设事业的启动资金（陈丹红，2005）。这种做法有利于资源输出区域形成自我积累形式的补偿投入机制，由单一的“输入式”向“自我发展式”转变，最终将实现经济与环境的协调发展（何彪，2014）。我国最早进行异地补偿的地区是浙江省，做法是源头地区接受保护流域下游所划拨的土地进行异地开发，上游地区作为受损者获得开发区产生的税收，这类异地开发模式中重要的试点城市有浙江磐安县。“5·12”汶川地震后，成都与阿坝于金堂县淮口镇共建成阿工业园区，也是异地产业重建园区。

3.4.2 补偿期限

补偿的期限是由补偿的方式、范围、程度等因素共同决定的。一般来说，单纯以资金和实物形式进行补偿的，其期限相对较短，而以技术、异地等方式为主的补偿，其期限相对较长。有的地区会同时开展两种或多种形式的补偿，其期限也要根据实际需求而定。

由于自然环境条件以及矿区生态属性的差异，不同矿区的生态恢复时间不完全相同，因此矿区生态补偿期限需要根据矿区自身条件的特殊性和生态修复时间的科学评估而确定。如果采取相同时间期限的补偿期，对具有生态环境特殊性的地区是不公平的，如矿区居民原来的经济水平就是很难度量的，简单以统一标准来确定补偿期限并不合理，需要在实践中按“一矿一策”或“一企一策”等做法，与相关利益主体充分沟通来进行安排。

第4章　矿区生态补偿的价值基础与核算

矿产资源是人类社会发展的重要物质基础。矿区生态补偿需要矿区在开采过程中就充分认识到生态环境的保护和资源的开发利用同样重要，在进行矿产资源产品的成本核算时，有效核算所有者权益以及生态补偿所应支付的成本。

4.1　矿区生态环境的价值错位与内生化

伴随着人类进入工业文明时代，矿产资源的深度开发与利用曾推动经济的快速发展。然而在我国，不少矿区位于粮食主产区，其中很多还是生态保护区域脆弱区(张彦英和樊笑英，2011)。在特定地区的某些时刻，保护环境和经济发展产生了一定冲突。如何在保护环境的前提下对矿区进行补偿就显得日益紧迫和重要。

4.1.1　矿产资源的功能与价值

矿区生态环境在矿产资源开采过程中可能呈现持续恶化的状态，主要原因是随着矿产资源的持续开采，破坏面越来越大；如果缺乏有效的治理，再加上环境保护法规不完善、环境保护单位监督不到位，会使矿区群众后期持续受到生态环境破坏(如水质恶化、土地塌陷等)给生产生活带来的不便和危害(王永生和张延东，2008)。因此，矿山企业应在开发之初就将环境保护和修复的成本考虑到矿区资源环境价值中去，而不仅是关心开采资源带来的利益。实际上，矿山企业之所以在开采过程中忽视对环境的破坏，一方面是边开采边修复成本较高，另一方面是保护生态环境会拉长企业获取经济效益的周期，而多数企业希望能够通过资源开发快速获取利润。再加上短时间内，开采资源对环境的破坏不明显，这使企业自觉维护生态的意识淡薄。事实上，矿山企业应该清楚地认识到生态环境的破坏对生态系统是极其严重甚至不可逆的，当破坏达到一定的程度，超过生态系统承受极限时，需要付出的代价更大，往往还伴随地质灾害的发生。这时对环境进行修复，除了要付出大量的资金外，生态环境也难以恢复到原来的状态。

因此，基于矿区资源环境价值评估，建立矿区资源环境的生态补偿机制是十分必要的。

人类社会的发展离不开资源的开发和利用。作为物质基础的矿产资源，和社会的进步与繁荣密切相关，对矿产资源的认识、使用越广泛越深入，矿产资源的重要性就越凸显。随着人类发展对矿产资源的开发利用，其不可再生性导致矿产资源越用越少。早在1931年，美国数理经济学家霍特林就对不可再生资源的耗竭性进行了相关研究。此后，不断有学者对此进行深入研究、补充，相关知识体系逐渐走向成熟。根据文献对矿产资源的耗竭性进行研究发现，在数量上，矿产资源的耗竭存在相对性；在质量上，矿产资源的耗竭存在绝对性（朱燕和王有强，2016）。

根据效用价值理论，矿产资源的开采利用能够使开发者获得直接经济收益，使资源使用者获得效用，因此它具有价值，主要分为使用价值（或行为使用价值）和非使用价值（或情感使用价值）两大类。矿产资源开发优质环境对人类资源利用及生态系统平衡具有使用价值。因此，需要协调矿产资源在经济发展和生态系统中的价值功能，既不能放弃矿产资源对经济社会生产力的支撑，也不能放任无序开采。要想保障矿产资源在开发中的作用，需要平衡资源开发获取经济效益和生态系统保护问题的关系，不能以牺牲任一方为代价，尤其是不能粗放式开采，忽略对生态系统的保护（宋蕾等，2006）。

根据矿产资源环境在不同层面发挥功能的不同，其价值总体上可分为生态价值和生产价值两类。首先，作为生态系统的重要组成，矿产资源环境在自然可持续发展中具有不可替代的作用。在维持生态平衡、保持生态水平中，通过其在自然环境中的组织机制，与其他生态物质和能量（如空气、阳光、水、土壤等）时刻保持着联系和相互影响。这一过程无论有无人类活动，都将通过自然环境本身的机制时刻保持运行，并且生态系统的平衡和服务功能是人类社会活动的必要基础，对生态本身和人类都有着重要意义。其次，生产价值是在生态机制基础之上，为人类经济社会发展提供的直接物质基础。因此，只有承认矿产资源环境具有生产价值，对矿产资源环境的价值评估才具有意义；只有承认矿产资源环境的生态价值，才能从经济和政策上促进生态环境的修复与加强保护工作的进一步落实。

矿产资源的价值是多维度的。首先是经济价值。矿产资源是现代社会运转不可或缺的原料。煤矿、铁矿这种固体矿产资源是现代工业的“粮食”，石油、天然气等能源矿产则是现代工业的“血液”（曾先峰，2014）。其次是社会价值。矿产资源不仅可以用来交换获取巨大的经济利益，还可以在深度加工中获得能够丰富人类生活、促进社会发展的副产品，既是人们生产和生活资料的重要来源，又是文明发展的物质根基。最后是生态价值。矿产资源是自然资源的一部分，是自然生态系统的一部分。千百万年来大自然的平衡是这些物质相互作用的结果，一旦将矿产资源从整体中剥离出来，势必给原有稳定的生态系统带来不同程度的破坏(黄锡生，2006)。

4.1.2　矿区生态与价值错位的根源

通过开发矿产资源能够在短期内收获经济效益，这不仅是开发矿产资源的正效应，也是企业和社会追求的经济效益；而开发矿产资源带来的负效应，却是经过一段时间的积累才能暴露出来。事实上，良好的生态环境是经济效益的基础，破坏生态环境后再来治理和恢复，不仅投入大，而且难以保证生态系统恢复如初。提高人类的生活质量是经济发展的基本目的，而人类优质的生活质量还包括良好的生存和发展环境。以损害生态环境为代价的发展，事实上已经违背了发展的初衷，会遭受大自然报复(王艳和程宏伟，2011)。

矿区生态与价值的错位还体现在矿产资源分布与利用的空间错位上。矿产资源独特的生态系统是天然形成的，地壳内物质散布的不均和成矿地质条件的差异性导致了矿产资源分布的不均衡性。因为地质条件和成矿的差异，我国矿产资源存在显著的地域差异，通常表现在经济较发达的地区，矿产资源储量相对较少；经济欠发达的地区，却往往蕴藏着丰富的矿产资源。我国四大经济区域及各省(自治区、直辖市)的资源结构区别显著。例如，东部地区资源相对贫乏，矿产资源尤其是能源资源严重不足；西部地区的矿产资源却极为丰富，如内蒙古的白云鄂博、甘肃的金昌、四川的攀枝花有著名的伴生矿基地，内蒙古、贵州的煤，广西的铝，云南的锡、磷、铜、铅、锌，甘肃的镍、铜、锌，青海的钾、铝、石棉，陕西的钼，西藏的铬铁矿等资源都极为丰富，新疆的天然气、煤炭远景储量均居全国首位。相对而言，矿产资源分布与其经济收益的空间格局往往是错位的，东部资源少而利用多，能把附加值最高的部分留下来；广大中西部以及东北地区资源多而利用少，输出了资源而容易留下被破坏的生态(程宏伟等，2008)。

因此，必须要彻底转变现有矿区开发模式，转变以往那种重资源开采、轻环境保护的不可持续模式，以生态补偿为切入点，协调矿区可持续发展及产业经济效益共同发展。根据实际情况，矿产资源开采区多位于我国中西部地区，而东部地区通常为资源开发的受益区，因此矿区生态补偿应由东部向中西部转移；同时，国家当前对资源型城市的财政扶持仅侧重于枯竭型城市，而对再生型、成熟型、成长型城市的政策力度有待提高。政府应加大一般性矿产资源区域的转移支出，鼓励并支持矿区资源的开发由初级加工向深度加工产业链延伸；在发展资源经济的同时，注重生态环境保护，实现自然环境的良性循环，最终保持矿区开采实现可持续发展(石小石，2017)。

4.1.3 矿区资源环境价值内生化

从经济学角度来看，生态环境污染和地质环境破坏的现象是一种外部不经济的表现(Bac，1996)。矿区资源环境价值的内生化就是将各种外部不经济，或者说社会成本转化为矿产开发者的内生成本即开发成本，由于矿产资源属于公共产品，即其拥有竞争性，而不具有排他性，所以只有通过政府行为让矿产资源的开发利用有明确的权属，使其社会成本内生化(Drechsler and Wätzold，2001)。矿区资源环境价值内生化的经济手段有很多种，但主要有庇古税和科斯定理两类(魏永春，2002)。

庇古提出在资源开发过程中外部性的问题可以通过政府“看得见的手”进行干预(黄立洪等，2005)。同时，庇古根据税收津贴提出了修正性税，其主要内容有两方面：一方面，政府采用征税的方法提升生产者相关的边际成本(Driscoll and Starik，2004)，另一方面，对在资源开发过程中产生正外部性的企业给予一定的补贴，这些企业可通过补贴继续扩大生产规模，提高社会效用(Hansen，2002)。科斯定理和庇古税均是以减小经济外部性为目标的措施，通过政府干预和调控，尽可能减少个体经营者或组织与整个经济社会在边际成本上的差异，以此促进市场经济个体与经济社会发展目标的一致性(Feng et al.，2014)。不同的是科斯重视产权理论并借助市场的调节机制对问题进行分析。根据科斯第一定理，在没有市场交易成本的情况下，交易的双方只需要在明确各自权利和义务的基础上订立双方认可的价格和数量即可实现双方利益最大化，私人和社会的边际成本无差异(Jack，2009；Jack et al.，2008)。此外，考虑到现实交易中存在费用方面的问题，科斯提出了第二定理，主要主张明晰产权，明确规定资源开发中的责任归属，把外部性问题进行内部化转换，让企业明确自己在开发中应该承担的责任，提高内部资源的使用效率，达到帕累托最优(Andreoni and Levinson，2001；李云燕，2007)。此定理摒弃了通过政府干预资源配置的措施，主要是通过市场这只看不见的手来解决外部性产生的资源开发过程中的生态破坏问题(Gouyon，2016)。

从政府干预的手段和对象上看，科斯定理和庇古税采取不同的方法。庇古税有效实施的前提是政府的产业链甚至整合市场企业的信息都能够完全掌控，以此计量每个企业在收益中应承担的外部成本(蓝虹，2004)。但很明显，对于政府来说，这很难实现。科斯定理则是通过对环境资源产权的明确，利用市场经济价格机制让外部成本自动寻找下游企业或消费者，和市场供需一起对价格产生影响来实现间接的政府干预(Gago and Antolín，2004)。科斯定理聚焦于生产领域，采用明晰产权的方式来衡量环境资源的稀缺性带来的价值(关劲峤，2015)。在此情况下，除了资本、土地、人力等要素，环境也作为一种重要的生产要素被列入有关成本的计算当中。

企业对矿产资源的开发利用建立在利润最大化的基础上，在开发过程中会不断提高开发技术及效率水平。在当前矿产资源开发政策下，矿权可以进行有条件的转让,资源的开采会逐渐倾向于拥有较高开采技术的企业,技术的提升不仅降低了开采成本，提高了收益，对环境的破坏相对较小，后期需要修复的成本也较低，从而促使矿产开发企业积极主动引进及创新技术。随着技术水平的提升,外部边际成本也得以不断下降(Albareda et al.，2007)。从产权出发通过价格机制再到技术创新形成了一个良性的市场过程，在保障经济发展矿产资源供给的基础上，带动了符合绿色发展要求的资源生产和消费理念、方式，缓解了资源和环境压力。以科斯定理为依据，政府制定了开采权许可、水权交易、碳汇市场等措施，形成了系统性的生态环境治理和保护的政策体系(万伦来等，2013)。

4.2　矿区生态补偿的总体核算

“生态系统服务功能”(ecosystem service function)一词最早由霍尔德伦(Holdren)提出，他认为自然界中的各生态要素对生态系统的运行和维持起到不同的服务功能(Baumol and Oates，1971；Finlayson et al.，2001)。随后针对生态系统服务功能的相关研究不断延伸，并逐渐在该领域出现了很多具有代表性的探索成果。但从有关理论和方法的应用来看，生态系统服务功能的划分、效能、评估等方面的研究有待进一步深入，尤其是系统性的理论分析方法和框架还有待完善和构建(Cooper and Osborn，1998)。如果人类要在自然界持续生活繁衍，那么就需要生态系统提供人类生存必要的各类服务，如物质带来的能量、大气带来的氧气等，因此生态系统服务功能的价值体现在人类因生存而产生的对自然资本的依赖性，人类在不断发展中从大自然中获取直接资源产品及间接加工成品等服务（Heal，2000；任勇等，2008）。

4.2.1 矿区生态补偿的核算基础

使用传统的经济学方法对生态系统服务功能进行评价很难得到科学规范的成效，因为使用传统经济学进行价值计量时往往忽略生态系统服务功能的调节和信息等生态功能，其主要关注系统的承载能力和生产能力（Choi et al.，2001）。根据现有关于生态系统服务功能的研究发现，传统经济学忽略的功能所带来的价值更加具有效用和影响力，所以对潜在功能的忽略导致了传统经济学研究资源环境问题难免产生失误。生态系统具备的各项功能存在内部的相关性，同时也相互制约（Whitehead and Blomquist，1991）。以森林系统为例，树木在整个生态系统中的作用非常重要，其生态功能不仅关系森林生态系统功能的维持和运行，而且对树木本身的生产、生活功能也会产生影响。但过度强调和开发森林系统的生产、生活功能，削弱其生态功能，会使森林生态系统整体服务功能减弱，甚至破坏其他服务功能。因此进行生态系统服务功能评价时一定要考虑不同功能之间的关系，使评价更加具体（William et al.，2006）。

森林草原在生态功能上具有独一无二的地位已成为公认事实。森林作为无法替代的再生资源，扮演着重要的角色，根据森林草原独特自然属性的特点，其具有抗污吸污、涵养水源、调节气候、美化环境、保持水土、减小风速、净化空气等作用（Li et al.，2007）。同时，作为自然界生态系统修复的主体自然形态，森林是维持生态多样性和经济发展的重要基础，为支持农业、旅游业、林业、工业和生命科学技术等产业的发展提供了重要资源支持（Croitoru，2007）。草原作为沙漠和森林的过渡地区，同样能够防止水土流失。草原作为地球上植被分布类型最广的生态系统，对当地气候起决定性作用（Holland et al.，1995）。许多野生动物也是依托草原而栖息生存，草原具有净化和防护的作用（Guo et al.，2008）。另外，草原对发展畜牧业有着重要作用，还对其他自然资源有强烈的支撑效果（Jakobsson and Dragun，1996；Cairns，1997）。森林（草原）总价值包括利用价值（V_u）与非利用价值（V_n）两部分。利用价值分为直接利用价值（V_{ud}）和间接利用价值（V_{ui}）；非利用价值分为选择价值（V_{nc}）、存在价值（V_{ne}）和遗产价值（V_{ny}），用公式表示为

$$V = V_{\mathrm{u}} + V_{\mathrm{n}} = V_{\mathrm{ud}} + V_{\mathrm{ui}} + V_{\mathrm{nc}} + V_{\mathrm{ne}} + V_{\mathrm{ny}} \tag{4.1}$$

另外，从生态系统服务功能的属性来看，其生态效益具有公共产品的显著特点，在生态补偿的主体、客体的划分上要符合这一特点，适宜通过退耕(牧)还林(草)等重要形式开展生态补偿。湿地和近岸海域凭借着自身独一无二的生态系统对生物多样性的孕育产生了重要支撑作用，给人类社会带来了丰富多样的生态产品与物质资源(Wali，1999)。例如，在当下人类社会资源出现短缺之际，对海洋中的重要自然资源进行开发，将对经济社会持续发展起到重要的支撑作用。

4.2.2　矿区生态补偿的总体计算公式

根据相关理论，生态损失包括直接、间接的损失以及有关资源环境的修复成本(Costanza et al.，1997)。直接的损失包括不加限制且忽略环境的经济开发、资源开采活动对环境造成的直接破坏，对有限矿产资源的不合理利用等，从生产要素的视角结合市场价值直接地评估、核算(Lee and Han，2002)。间接的损失包括水土流失造成的损失，生态毁坏给子孙后代带来的损失等，此部分应利用市场价值法和机会成本法进行计算(Loomisa et al.，2000；吴文洁和常志风，2011)。生态毁坏损失的计算公式如下：

$$L_1 = L_D + L_I + L_R = \sum_{i=1}^{5} L_{D_i} + \sum_{i=1}^{5} L_{I_i} + \sum_{i=1}^{5} L_{R_i} \qquad (i = 1,2,3,4,5) \tag{4.2}$$

式中，L_1 表示生态损失；1、2、3、4、5 代表耕地、森林、湿地、草地、水这五种生态资源要素；$L_D = \sum_{i=1}^{5} L_{D_i}$ 为直接生态损失；$L_I = \sum_{i=1}^{5} L_{I_i}$ 为间接生态损失；$L_R = \sum_{i=1}^{5} L_{R_i}$ 为生态资源恢复费用。

如今，对于采矿导致的环境污染损失计量问题，由于技术有限，直接获取数据难度大，计算困难。但是能够使用环境修复功能和防止污染的措施对已被污染的地区进行修复和防治，从而达到一个更加良好的环境功能(Wilson and Carpenter，1999)。针对上述问题，我们可以采用恢复成本法，即从治理和防护环境污染的工程费着手计算采矿导致的环境污染损失。环境污染损失为

$$L_2 = L_{\mathrm{A}} + L_{\mathrm{W}} + L_{\mathrm{S}} + L_{\mathrm{N}} \tag{4.3}$$

式中，L_2 为环境污染损失；L_{A} 为大气污染损失；L_{W} 为水污染损失；L_{S} 为土壤污染损失；L_{N} 为噪声污染损失。

发展机会损失指资源开采给当代以及将来人的生存带来威胁，让当地居

民的生活和健康因素受到影响，甚至使原本的生产生活环境遭遇巨大改变，不宜再作为适宜的居住地，当地居民被迫搬迁(Hanley et al.，2003)。对于这种发展机会损失可利用机会成本的方法和市场价值法来进行计算：

$$L_O = \Delta Q \times \Delta I + M \tag{4.4}$$

式中，L_O 为矿产资源开发给当地居民带来的发展机会损失；ΔQ 为资源富集区域的人力资本的变化量；ΔI 为地方居民的收入水平；M 为人体健康损失。

矿产资源种类繁多，对应的矿区发展实际也有所不同。本书根据我国矿产资源开发的总体格局，主要选取了煤矿区、铁矿区、稀土矿区、天然气矿区四类具有代表性的矿区作为对象，在后文中对其生态补偿的基本模式、框架设计与计量模型分别进行分析和阐述，以求进一步明晰矿区生态补偿的理论依据和具体路径。

4.2.3 矿区生态补偿标准的核算方法

我国的矿山生态补偿始于云南昆阳磷矿，当时的生态补偿税为 0.3 元/t，主要是用来恢复采矿区的植物和生态损坏，效果比较好。之后其他地方为了强化相关环境保护和治理工作方面的资金支持，也开始采取相应的管理方法(白永利，2010)。我国多个省份对此进行了探索实践，但不同地区在生态补偿费的使用上有所差异，如广西主要是对水土、农业进行了治理修复，而福建为解决农村住房、饮水等生活问题而采用了生态补偿税(王承武等，2016)。

我国在开展生态建设和环境保护的发展历程中，针对不同资源环境治理和保护而实施的税费、行政收费等措施，在一定程度上也体现出生态补偿的性质。比如 2014 年煤炭资源税从价计征改革，清理并停止了以往针对企业征收的基金费、生态补偿费、经济发展费等杂乱的收费制度以及违规收费行为，在保障矿产资源环境补偿的基础上不增加煤矿企业的经济负担。

2010 年 6 月～2016 年 7 月，对煤炭、铁矿、原油、稀土等开采企业实行从价计征的资源税。多年来我国多次对有关矿产资源税制进行改革和调整，从不同范围、不同品目、不同标准上进行了优化和完善，但从系统的角度看，有关政策和制度的制定较为繁复。为进一步实现全面推广和方便纳税人查阅，《资源税征收管理规程》的发布从制度设计与执行层面切实保障了相关企业与纳税人的利益(王英和张明会，2010)。自 2016 年 7

月起，我国开始全面推行资源税方面的措施方法，采用清理费用条目、从价计征等方式，开启了对各项资源征收资源税，应税产品除了矿产品、盐以外，还包括水资源等。从 12 个重点税目看，仅在首个征期内，铁、金、铝、铅锌、镍、石灰石、磷、氯化钾、硫酸钾、海盐等 10 个税目的税费征收额度下降，降幅为 5%～48%，形成了良好的社会效益与经济价值。

上述各种政策方针对于限制自然资源开发所带来的资源和环境破坏，在收集资金方面取得了积极效果，但是还存在着很多不足。首先，收费的项目较多，没有进行规范的整理和协调，不少项目没有明确的法律规定，使得公众对资源补偿税没有足够的认识，也影响了其权威性，没有充分达到预期的效益。另外，科学性不强，缺乏科学规划，没有根据已有的数据来确定基础的收费标准，并且收费金额较少，导致整个开发过程的激励效果不足。同时，运用的经济形式比较单一，只有税收这一种形式，此外，在税收的基础上，它的征收力度也同样不够，主体税收不够，缺乏前瞻性（张晶和司雪侠，2020）。由于资源和环境的问题是多方面的，现行的《中华人民共和国矿产资源法》只是表明了开采资源要缴纳税金，并没有明确规定如何协调矿产开采对资源和环境带来的毁坏，这也是需要改进的地方。设矿产资源销售收入为 R ，将矿产资源开发生态补偿标准设为

$$生态补偿标准=\frac{生态补偿总额}{矿产资源销售收入} \tag{4.5}$$

具体来看，生态补偿标准制定可从以下两方面考虑。

（1）以重置成本为依据确定矿区生态补偿征收标准。矿产资源开发区的生态补偿机制得以构建的重要一环是：计算与确定补偿标准与规格（靳乐山，2021）。损失补偿法、成本重置法是常用的生态补偿标准确定方法，尤其对于新开发和正在开发的矿区。损失补偿法指所设立的矿区环境治理恢复基金以资源开发造成的环境价值损失为衡量依据。然而，对环境价值的理解较为抽象，难以量化，对其衡量一直是科研难题，目前还没有找出一个科学合理的方法。因此，现有的文献认为效益替代法同样是有效的计量方法，能够弥补损失补偿法的缺陷。效益替代法的主要思路是依据生态环境价值损失来替代矿区开发中破坏环境造成的经济损失；总体计量思路为，根据经济损失衡量环境价值，将经济损失的计量通过矿区农业、工业以及服务业的直接损失来计算，同时将环境破坏造成人民生活水平的降低也包含在内。对于三大产业效益损失的计量一般采用市场价值法，即以市场的标准来衡量定价，对于人民生活水平下降等指标的测量采用人力资本法。

损失补偿法在本质上体现的是模拟分析生态资源环境开发的趋势，有着成本高、测算难以及个体异等特点，因此重置成本法经常被用来替代损失补偿法，重置过程中的矿区环境治理恢复所需补偿以受损环境恢复到原有环境质量所需成本为依据，即这个倒推过程所需要的成本。目前，我国生态环境资源损耗尚未纳入国民经济核算体系，且现有的技术标准还不足以确定科学评价生态环境资源损失的标准，对环境破坏难以进行货币化衡量，难以精确测算的另一个原因还在于矿区开发过程中所涉及的影响范围广泛。因而矿产环境恢复治理基金的征收原则和标准应以重置成本法为依据，相对其他方法来说可行性以及可操作性更强(关钊等，2022)。

(2)因地制宜确定治理恢复基金。治理恢复基金的提取对象是矿山企业，矿山环境治理恢复基金制度要求一定行政区域内从事矿产资源开采的采矿企业，应当专门设立相关基金账户以及会计科目，并为治理工作专门提取一定比例资金，在所得税前列支(张维宸，2011)。已存入保证金的矿业公司在一定时间内符合条件的，必须申请接受治理项目并退还保证金；如逾期未申报，保证金将存入基金账户。新成立的矿业公司在治理融资制度下退出(刘向敏和余振国，2022)。除了考虑企业的销售收入外，比例、提取系数和区域调整系数都是需要考虑的因素。治理成本包括地质环境保护、矿区土地恢复以及生态环境保护和治理的投入。通过核算，确定治理恢复基金，由公司存入专门账户，并在专门账户中记账，矿业公司不能拦截挪用(柴政红，2020)。

4.3 资源税改革对矿区生态补偿的影响——以煤炭资源税为例

我国内陆地区的煤炭资源十分丰富，但其资源开采的方式曾比较传统，导致了资源的浪费并严重破坏了生态环境，不利于这些地区的可持续发展。除此之外，低效率的开采可能造成土壤污染和地下水污染，特别是在露天矿地区，挖掘开采会对地表植被环境造成严重破坏，同时还会产生粉尘等其他污染。2020 年，煤炭消费量约占我国全部能源消费的 56.8%，2019 年煤炭总产量达到 38.5 亿 t。财政部、国家税务总局等部门联合发布了我国对煤炭资源进行税制改革的决定，主要是由于当时的一些企业为了从煤炭开采中获取利润，采用了低效率的开采工艺，在开采过程中忽视了环境问题。煤炭资源税实行的是量入为出，不能反映煤炭的实际产量和价格与市场的关系，而财政收入不足，使地方政府没有足够的资金来恢复矿区环境。随着中央政府对生态补偿的重视，矿山生态环境保护在未来可能面临新的变化。

2014 年，我国实行了从价计征的煤炭资源税，使税制改革成为平衡可持续发展和生态补偿关系的重要途径。此次煤炭资源税改革的特点主要体现在两个方面：一是提升了煤炭资源税的相关税率，二是促进企业采取对资源开发利用效率有显著提升的开采方式(如对资源枯竭期矿井采用充填置换等方式进行开采，可对资源税进行一定程度的减征)。煤炭资源税的改革和实施，对进一步推动我国矿区环境治理、城市群可持续发展和产业低碳化发展产生了重要影响。首先，煤炭资源税改革在一定程度上可以降低 CO_2、SO_2 以及工业烟、粉尘等污染物的排放，带来的环境效益明显提升(Cameron，1988)；其次，煤炭资源税通过合理的税率从价计征可以减缓资源储备的开采活动，加快资源型经济向环境友好型经济转型，促进资源型城市的可持续发展；最后，煤炭资源税可能对高耗能行业或能源行业产生约束限制，但是一定程度上煤炭资源税改革会对技术创新产生积极影响。例如，煤炭资源税虽然会通过限制燃煤机组抑制火力发电的规模，但是可能有利于提高清洁能源发电的技术水平，扩大清洁能源的发电规模。

资源开采反映了经济发展与消费能力，但过度开采矿区资源会对生态环境产生十分严重的不良影响(Kosoy et al.，2007)。采矿造成的重金属污染严重危害了农作物生长，采矿引发的矿坝崩塌给人类健康与生活带来了恶劣的影响，特别是开采之后的尾矿还会产生环境污染物，损坏物种多样性(Unger，1999；Tacconi，2000)。生态补偿作为修复环境和可持续发展的重要工具，其目的在于平衡资源与发展的关系(Johst et al.，2002)。就这一角度而言，适当增加煤炭资源税税率其实就是实施生态补偿的一种手段，相关研究也表明，适度加收煤炭资源税有利于提高税收收入与净福利收益。由此来看，2014 年的煤炭资源税改革有利于矿区生态补偿、有利于促进矿区可持续发展。基于此，本节将借助双重差分(differences-in-differences，DID)模型评估煤炭资源税改革带来的生态效益以及其对生态补偿的影响。

4.3.1　实验设计

就煤炭资源税改革而言，煤炭资源税是资源税的一种，本书将西部 12 个省份作为煤炭资源税改革的实验组。相关研究也佐证了本书选取西部 12 个省份作为实验组的可行性，杨建和彭曦(2013)提出，资源税改革增加了我国西部省份的财政收入，因此这些省份有动力与资本来发展能源产业；于新疆地区而言，杨兴(2012)研究发现，煤炭资源税的地区内部分配比例不均可能不利于当地的资源补偿与环境保护；高玺玺(2011)研究发现，贵州省资源税的税基设置过窄、税率过低，这可能不利于资源税对节约利用资源和保护环境的调节；李晓红和牛达文(2016)通过研究分析提出，煤炭资源税的改革实施有力地促进了内蒙古煤炭开采过程中的生态保护意识，对矿区环境治理效能有较明显提升作用，并带动了煤炭资源的综合利用水平。煤炭资源由过去从量计征改为从价计征，也进一步释放了煤炭产能的潜力。为此，本书以西部地区 12 个省份为分析对象，考虑到西藏自治区相关数据很难获取，故此将内蒙古、重庆、四川、贵州、云南、陕西、甘肃、青海、宁夏、新疆和广西 11 个省份作为实验组，其余 19 个省份作为对照组。

从有关政策落地实施的具体时间上来看，2014 年 10 月《关于实施煤炭资源税改革的通知》发布，部分省份的政策发布时间也集中在 2014 年 12 月～2015 年 2 月，因此本节将 2015 年作为政策实施的节点。

4.3.2 政策效果评估

政策改革可以看作是对经济和财政的外部影响，DID 模型是一种能减轻政策变动所带来的内生性问题的统计方法(Turner et al.，2000)。这里选择 DID 模型来评估煤炭资源税改革对环境保护产生的影响，并由此进一步讨论煤炭资源税改革是否会对矿区生态补偿产生影响。具体模型如下：

$$\begin{aligned} y_{it} = \beta_0 + \beta_1 \text{Treat}_i + \beta_2 \text{Reform}_t + \beta_3 \text{Treat}_i \times \text{Reform}_t \\ + \lambda X_{it} + \varepsilon_{it} + \gamma_i + \mu_t \end{aligned} \tag{4.6}$$

式中，y 为被解释变量；i 代表省份；t 代表年份；Treat 和 Reform 均为虚拟变量。当省份 i 属于试验组，则 $\text{Treat}_i=1$，否则 $\text{Treat}_i=0$；当时间虚拟变量 $t \geqslant 2015$，则 $\text{Reform}_t=1$，否则 $\text{Reform}_t=0$。β 和 λ 均为需要测量的系数；μ 和 γ 则代表地区和时间固定影响因子；ε_{it} 为随机误差项；X_{it} 代表不同时间或时点位置上各项指标的情况，其作为控制变量，包括人均 GDP、人口自然增长率、人均专利数、城镇化率、第三产业增加值占 GDP 比例、第二产业增加值占 GDP 比例、高等学校在校学生数、开放度等指标。

本书中重庆、青海、四川、内蒙古、云南、贵州、陕西、甘肃、新疆、宁夏和广西作为实验组，其他 19 个省份为对照组。为更好进行实证检验，本书将政策实施时间设定在 2015 年。考虑到工业粉尘和二氧化硫是造成环境和大气污染的主要物质，这类污染物通常来自资源开采活动和工业生产过程，故选择工业粉尘和二氧化硫总排放量的平均值作为被解释变量。这里从经济、城市、产业、创新和教育等层面选取 7 个控制变量，选择人均 GDP 衡量经济层，城市层面选择城镇化率、对外开放程度以及人口自然增长率，其中城镇化率是城镇人口与总人口的比值，对外开放程度为经营单位所在地进出口总额与 GDP 的比值，创新层面使用人均专利授权数衡量，即专利授权数与总人口的比值，产业层面选择第二产业增加值占 GDP 比例和第三产业增加值占 GDP 比例进行衡量，在教育层面选择了高等学校在校学生数进行衡量，各种变量的定义和衡量方法统计如表 4-1 所示。相关的数据来源主要是《中国环境统计年鉴》《中国统计年鉴》等，个别数据通过有关地区官方网站公布的数据进行补充。

表 4-1　变量设定

变量属性	变量名称	变量符号	代理变量
被解释变量	空气污染物排放	Dust and Sulfurper	工业粉尘和二氧化硫总排放量与总人口的比值
解释变量	地区虚拟变量	$Treat_i$	试验组：$Treat_i$=1；控制组：$Treat_i$=0
	时间虚拟变量	$Reform_t$	2009～2015 年：$Reform_t$=0；2016～2018 年：$Reform_t$=1
控制变量	人均 GDP	GDPper	人均 GDP 取对数
	城镇化率	Urbanization	城镇人口总数与总人口的比值
	人均专利授权数	Patentper	专利授权总数与人口的比值
	第二产业增加值占 GDP 比例	SecStructure	第二产业增加值占 GDP 比例
	第三产业增加值占 GDP 比例	ThiStructure	第三产业增加值占 GDP 比例
	人口自然增长率	Growth	出生率与死亡率的差值
	高等学校在校学生数	CollegeUniversity	高等学校在校学生数
	对外开放程度	Open	经营单位所在地进出口总额与 GDP 的比值

DID 模型估计结果如表 4-2 所示。模型 1 和模型 2 都使用了工业粉尘和二氧化硫总排放量作为被解释变量，模型 1 使用了 5 个控制变量，模型 2 使用了全部的控制变量。模型 1 的所有变量均通过了显著性检验，模型 2 仅城镇化率未通过显著性检验，两个模型中的交互项 $Treat_i$*$Reform_t$ 是本书的核心变量，均通过了 1%的显著性检验。由表 4-2 可知，交互项的系数均为负，即煤炭资源税改革能够显著降低废气中粉尘和二氧化硫的排放量。

并且通过加入控制变量可知，人均 GDP 和第二产业增加值占 GDP 比例增加会加剧污染物排放，由模型 2 可知人口增长率增加也会导致污染物排放增加，这主要是人口增加而导致需求增加，进而导致污染加剧。相反地，就创新层面和教育人文层面来看，创新能力越强或者接受高等教育的人越多，污染物排放量越少。在模型 2 中增加了人口自然增长率、对外开放程度和城镇化率这三个控制变量，其中城镇化率未通过显著性检验，说明城镇化程度对环境保护的影响较小。

表 4-2 DID 模型估计结果

变量	模型 1	模型 2
$Treat_i$*$Reform_t$	−1.075***	−0.965***
	(0.335)	(0.330)
GDPper	1.910***	2.215***
	(0.297)	(0.461)
Patentper	−0.059***	−0.052***
	(0.012)	(0.012)
SecStructure	3.627***	3.290**
	(1.307)	(1.354)
ThiStructure	−5.650***	−4.690***
	(0.822)	(1.091)
CollegeUniversity	−1.487***	−1.415***
	(0.223)	(0.236)
Growth		0.064*
		(0.037)
Open		−0.904*
		(0.495)
Urbanization		0.136
		(2.145)
Cons	−0.156***	−19.250***
	(0.032)	(4.217)

注：括号内数据为标准误差；***、**和*分别表示通过 1%、5%和 10%的显著性检验。后同。

为保证估计结果的稳健性，本书从更改政策时间节点、更换实验组与对照组两个角度进行分析。首先，实证分析环节将政策实施时间设定为 2010 年和 2011 年，实证结果如表 4-3 所示，模型 3 对应的政策实施时间是 2010 年，模型 4 对应的政策实施时间是 2011 年。这两个模型中衡量政策效应的回归系数($Treat_i*Reform_t$)并未通过显著性检验，这表明时间节点选定为 2015 年既符合现实条件又具备统计意义。其次，实证分析环节依据胡焕庸线重新划定了实验组与对照组，将胡焕庸线以东(含经过)的省份作为实验组，将胡焕庸线以西的其余省份作为对照组，采用 DID 模型计算结果如表 4-3 所示。模型 5 与模型 6 的区别在于是否加入了控制变量，衡量政策效应的回归系数($Treat_i*Reform_t$)依然没有通过显著性检验，这间接验证了本书选定内蒙古、重庆、四川、贵州、云南、陕西、甘肃、青海、宁夏、新疆和广西为实验组既符合政策要求，又具备统计意义。

表 4-3　稳健性检验结果

变量	模型 3	模型 4	模型 5	模型 6
$Treat_i*Reform_t$	−0.355	−0.362	−0.538	−0.469
	(0.403)	(0.336)	(0.397)	(0.314)
GDPper	1.952***	1.811***	—	2.348***
	(0.564)	(0.602)	—	(0.497)
Patentper	−0.047***	−0.046***	—	−0.041***
	(0.013)	(0.013)	—	(0.011)
SecStructure	3.310**	3.305**	—	3.404***
	(1.420)	(1.416)	—	(1.162)
ThiStructure	−7.004***	−7.083***	—	−3.326***
	(1.092)	(1.124)	—	(0.960)
CollegeUniversity	−1.705***	−1.689***	—	−1.483***
	(0.247)	(0.245)	—	(0.199)
Growth	0.033	0.034	—	0.090**
	(0.037)	(0.038)	—	(0.040)
Open	0.331	0.356	—	−0.714*
	(0.422)	(0.419)	—	(0.425)
Urbanization	−1.820	−1.437	—	−1.844
	(2.326)	(2.403)	—	(1.996)
Cons	−14.401***	−13.305**	1.835***	−20.450***
	(4.877)	(5.228)	(0.081)	(4.571)

4.3.3 结论与启示

1. 主要结论

随着我国经济发展从高速逐渐向中低速发展转变，更加关注发展的高质量。《中华人民共和国国民经济和社会发展第十四个五年规划和 2035 年远景目标纲要》指出："坚持绿水青山就是金山银山理念，坚持尊重自然、顺应自然、保护自然，坚持节约优先、保护优先、自然恢复为主，实施可持续发展战略，完善生态文明领域统筹协调机制，构建生态文明体系，推动经济社会发展全面绿色转型，建设美丽中国"。从有关政策实施和环境治理效果的分析可以得出，煤炭资源生态补偿机制的制定和实施，对推动环境保护和生态系统服务功能的优化具有明显的促进作用。《中华人民共和国国民经济和社会发展第十四个五年规划和 2035 年远景目标纲要》也明确指出鼓励受益地区和保护地区通过资金补偿、产业扶持等多种形式开展横向生态补偿。完善市场化多元化生态补偿，鼓励各类社会资本参与生态保护修复。由于一些矿区仍然面临较为严峻的生态保护问题，因此政府需要进一步积极推进矿区生态修复，着力保护当地居民的合理合法权益。

当前，矿区的生态威胁主要来自采矿活动以及尾矿造成的环境污染。资源开采量能从侧面反映一个地区和国家的经济发展和消费能力，煤炭资源丰富的地区已经享受到煤炭资源价格上涨带来的好处，但如今也面临着煤炭资源开采带来的一些问题，矸石就是其中之一。矸石的堆放占据了土地资源，而且还有自燃的风险，其自燃过程中产生的温室气体是导致气候变化的重要原因之一。我国部分地区是以露天形式进行矿产开采活动，这种开采容易导致地表水和地下水资源遭受污染，排放的工业粉尘导致大气污染并对人体健康产生危害。地下开采活动则会产生地下空洞，存在地面塌陷和水渗透等潜在风险。尾矿中残留的重金属持续影响土壤，并通过渗透和堆积作用污染土壤和水资源。综上，对煤炭开采活动造成的种种隐患，需要详细划分领域，明确治理目标，有针对性地实行矿区工业活动整治和生态环境修复。

广义的波特假说提到，经济增长与生态存在一定的联系，并且该假说指出，设计完善的环境规制将促进创新和地区的可持续性发展，故恰当合理的环境规制能在环境保护、技术创新、促进企业可持续发展方面产生积极作用（Van de Berg et al.，2003）。作为灵活政策中的一种方式，税制改革能有效平衡政府与企业有关发展和环境保护的关系，采用从价计征的煤炭资源税、清除不合理的收费项目，有利于减轻企业负担。同时允许各省份根据本地的实际情况设置相应税率，税率的设置范围为 2%～10%，以灵活调整方式最终实现有效的环境保护目的。本书以我国西部 11 个省份为研究对象，利用双重差分模型进行回归分析，并找出煤炭资源税改革是否对环境保护，特别是矿区的生态补偿有积极作用。通过以上实证检验得出以下结论。

(1) 煤炭资源税改革能降低污染物排放。通过实证结果可知，从某些方面来看，煤炭资源税改革对西部省份二氧化硫及工业粉尘排放量降低有积极作用，能间接促进企业特别是煤炭企业的绿色技术创新，并且最终能有效降低工业活动带来的影响。

(2) 新兴产业的发展能为生态保护带来积极影响。西部地理及自然环境为当地企业实施绿色转型和技术升级带来阻碍。从统计数据能看到，第二产业增加值仍然占据当地 GDP 较大比例。由实证结果可知，第二产业发展会加剧环境污染，但第三产业会在一定程度上对环境保护产生积极作用。自带环境友好属性的清洁能源以及新兴第三产业在未来很长时间内会成为发展主流，因此为了实现可持续发展和生态补偿，当地政府及有关部门有必要积极推进这类产业发展。

(3) 对外开放程度越大，越鼓励创新，越有助于环境保护。对外开放能加速中国绿色技术创新和发展，并且通过实证检验可得知，对外开放程度越大，越能有效地降低二氧化硫和粉尘排放。那么由此可以得出结论，对外开放程度越大，越能对环境保护产生积极作用。

(4) 创新加速生态补偿目标实现。本书利用高校在校学生数以及专利授权数来代表创新意识和创新能力，并且结果显示这些指标均通过显著性检验，说明能对环境保护产生正面影响。

2. 政策启示

在新时代，绿色发展是我国经济高质量发展实现的关键，它提倡人与自然和谐共生的理念，而能更好实现可持续发展的另外一条路径就是发展环境友好型的工业企业。我国西部地区经济发展仍以第二产业为主，生态环境保护还存在一些不足，需要投入更多精力、资金以实现当地的生态保护和补偿目标。基于实证结果及西部 11 个省份的实际情况，本书提出以下政策建议。

(1) 调整税率，形成有效的税收计划。当地政府需要针对实际情况调整税率，积极开展当地生态补偿活动，同时政府要根据改革内容对当地企业进行清费减税以减轻企业负担，提高企业参与环境保护和生态补偿的积极性。由于企业特别是以资源开采为主的企业对环境造成的影响最大，因此对这类矿产资源丰富的地区来说，政府应当选择更高的税率，以激励企业对生产系统和生产设备进行升级，实现产量增加、利用率增加、效率增加、污染减少、能源消耗减少；对资源储量相对较少的地区而言，政府要采取较低的税率。政府要对资源储量和开采底线有严格的管理，实时调整税率。通过采取不同的税率，政府不仅能对采矿活动形成控制，还能获得实现生态补偿的专项资金。

(2) 明确生态补偿范围，构建生态补偿方式和补偿标准。不同种类的资源，分布的地区有所不同，故政府制定的生态补偿政策要因地制宜。举例来说，西北地区气候干旱，过度的人类活动极易造成荒漠化。存在荒漠化风险或已经发生荒漠化的地区则需要将更多精力投入荒漠化治理，培育及种植耐干旱植物，加强土壤的水土保持能力。从政府角度来看，制定一个全面且系统化的针对生态补偿的标准是非常重要且非常迫切的，这个标准能帮助政府在执行公务和制定当地发展计划时避免失误。完善的标准和明确的补偿清单将有利于提高当地的生态补偿效率，有利于提高用于生态补偿的资金比例并提升煤炭资源税的生态补偿功能。

(3) 充分考虑更多资源种类。本书针对煤炭资源税改革的研究仅涉及煤炭这类课税对象，煤炭资源税改革正式实施至今已有相当长的时间，未来应在继续加速推进煤炭资源税改革实施的基础上，扩大资源税的改革范围。我国已经成为世界上的煤炭资源进口大国，在未来的资源税改革中，需要充分考虑进口煤炭的课税标准。在未来的资源税改革中需要充分考虑对这类资源的管理，以实现资源政策范围的扩大和丰富，实现系统、全面的资源管理，最终实现资源政策的环境管理作用，并发挥资源税等环境资源管理政策在环境保护和生态补偿方面的示范效应。

(4) 公众监督和政府监管并举，强化环境规制。政府参与的缺失往往会造成政府和企业间的信息不对称问题。政府要加强与企业的信息互通和交流，在制定政策的过程中，政府需要充分考虑企业的发展问题，同时加强舆论监督，提升政府政策制定的透明度。强调绿色发展的理念，从一方面讲，能帮助当地居民和企业建立环境保护意识，从另一方面讲，有助于政府政策措施的制定和实施。同时，当地政府需要升级政策管理系统，明确责任义务，将生态补偿任务准确合理地安排到各部门，并将生态补偿实现情况纳入绩效考核。另外，政府要鼓励社会公众参与环境保护活动，而政府也要听取群众声音，实现全社会合作的生态补偿。政府需要正视煤炭资源税改革的环境保护作用，灵活制定税收政策，协调环境保护和生态补偿政策，清理缺乏政策依据的收费项目，公开税收资金流向，确保资金用到生态补偿项目上。

(5) 鼓励新兴产业发展，吸引各类投资。由实证结果得知，煤炭资源税改革能对降低环境污染产生正面影响，而创新程度和高等教育也能降低污染物的排放，因此当地政府要出台鼓励和支持创新项目和教育的各类措施。为了弥补企业发展动力不足的问题，政府要根据发展实际，抓住发展中的主要矛盾，鼓励企业和高校创新，为当地第三产业中的新兴企业发展提供帮助，特别是在降低环境污染方面的技术创新和专利发明，制定当地专利保护制度，加强信心，为部门、企业、高校等提供坚定支持。针对西部地区服务业发展困难问题，政府要勇于吸引投资，提供专项资金支持；同时也要鼓励当地重工业进行转型升级，鼓励高耗能、高污染的企业向新能源、高精尖装备设施加工行业转型。

第 5 章　煤矿区生态补偿

煤炭资源在人类发展史上是最为重要的矿产资源之一，改革开放以来，煤炭资源对我国经济的迅速发展起到了重要的支撑作用，是我国能源战略中的重要组成部分。伴随天然气、水能、太阳能等一系列清洁能源的广泛使用，我国经济发展中煤炭资源的消费量有所降低。但就目前而言，综合我国总体能源储量和开发实际情况，以及经济社会发展的现实需求，我国的能源安全还离不开煤炭等传统能源矿产的开发利用。相对发达国家和地区而言，我国部分地区的经济发展对煤炭资源开采和利用仍具有较大的依赖性，能源转型发展还有待进一步加强。绿色发展目标的提出对我国能源结构调整提出了更高的要求，“去煤化”进程将进一步加快，其他清洁能源、可再生能源的替代性也将加速提升，但这是一个较长期的进程，需要在兼顾经济效益和生态效益的前提下进行能源结构的变革。因此，煤炭资源能否可持续利用，煤矿区能否可持续发展是关系国民经济运行的重要问题。

5.1　我国煤矿区概述

5.1.1　我国煤矿资源开发利用现状

煤炭长期在我国的能源结构中占有相当大的比例。改革开放以来，我国的煤炭工业取得了跨越式的发展。煤炭产量于 1991 年超越美国，成为全世界第一大煤炭生产国。虽然我国当前经济增长速度减缓并经历着结构转型升级，但对能源消费的需求仍然在不断上升。根据《BP 世界能源统计年鉴 2021》可知，2020 年中国能源消费量占全球能源消费量的 26.1%。

从煤炭资源开采方面来看，随着我国工业化进程不断加快，煤炭资源开采的方式、效率、技术水平等都有了显著提高，构建了多种类型、多种开采方式的工艺体系。尤其是近年来对煤炭资源开发生态性、安全性等逐渐重视，我国煤炭资源开发已基本实现了现代化工业的革新，采煤、掘进等流程的机械化程度处于全球领先水平。但同时，仍然有部分小型煤矿企业的采煤机械化率不足 40%，生产方式需要提升。

1. 煤炭资源总量

随着勘探技术的不断提升，我国已探明煤炭资源也在不断增加。根据 2020 年自然资源部矿产资源保护监督司公布的数据，全国煤炭资源储量为 1622.88 亿 t，煤炭产量占世界煤炭总产量的 35%以上，能源消费结构中煤炭占 56.8%。

2. 煤炭资源分布

我国煤炭资源丰富，但分布极不均衡，总体呈“南多北少，西多东少”的局面。据有关数据，新疆、内蒙古、陕西、山西、河南、宁夏、甘肃、贵州八个煤炭资源富集省份的煤炭资源总量占全国总量的九成以上。

3. 煤炭资源开发布局

我国共分布着 14 个大型煤炭基地，分别是陕北、神东、晋北、晋中、晋东、蒙东、冀中、鲁西、两淮、河南、云贵、黄陇、宁东和新疆，共 102 个矿区。随着“十三五”以来我国煤炭工业结构的优化，我国煤炭开采的产量分布也在不断发生变化。近年来，东北、华东、西南等重点产煤地区产量不断下降，主要是因为国家淘汰落后产能，对区域经济发展提出新需求，煤炭产量的增速也在进一步放缓。通过产能减量置换、优质产能集中等一系列措施，我国煤炭资源开采的集中度不断提升，晋陕蒙地区成为我国重要的煤炭生产区，占全国煤炭产量总量的 70%以上。2021 年，山西、内蒙古、陕西、新疆、贵州、安徽等地原煤产量共计 35.4 亿 t，占全国原煤总产量的 85.8%①。

本书基于我国近年来主要煤炭资源开发基地的实际分布，结合煤矿区在开发效益、资源潜力以及经济发展等方面的具体特征，针对国内 14 个大型煤炭生产基地开展评价分析，综合分析其产能建设、环境容量、技术水平等方面的具体情况。其中，蒙东、云贵基地产量分别控制在 5 亿 t、2.5 亿 t；冀中、鲁西、河南、两淮基地分别控制在 0.6 亿 t、1.2 亿 t、1.2 亿 t、1.3 亿 t；晋北、晋中、晋东基地合计控制在 9 亿 t；神东基地控制在 9 亿 t；陕北、黄陇基地合计控制在 6.4 亿 t；新疆控制在 3 亿 t；

①数据来源于《2021 煤炭行业发展年度报告》。

宁东基地控制在 0.8 亿 t。

除大型煤炭基地外，中小煤矿逐步退出。在煤炭开发过程中，部分地区煤炭资源枯竭，产量供应不足，如北京、吉林、江苏，正逐步关闭退出现有煤矿。福建、江西、湖北、湖南、广西、重庆、四川等省份均有煤炭资源分布，但储藏量较小，且水文地质条件复杂，开采难度以及开采成本相对较大，应逐步缩小开采规模。青海是我国重要的水源地，也是我国打造的生态环境保护示范区，应更加科学评估煤矿开采条件，充分结合经济和生态效益，从全周期的角度对煤矿区生产经营进行综合评估。

4. 我国煤炭开发潜力

新、蒙、晋、陕、贵、宁、甘是今后煤炭开发的首选之地，煤炭储能主要位于这些地区。从资源总量和分布情况来看，我国煤炭资源开发潜力巨大。根据有关统计数据，2021 年我国原煤产量超过 40 亿 t，其中接近三成分布在山西；其次是内蒙古，该区产量约 10.4 亿 t，约占全国总产能的 25%；排名第三的是陕西，产量约 7 亿 t，占比约 17%(图 5-1)。

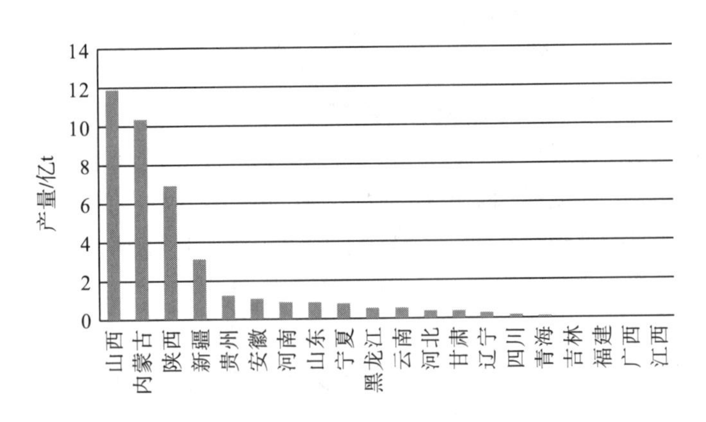

图 5-1 2021 年我国部分省份煤炭产量分布

数据来源：各地区统计公报。

5.1.2 煤矿区资源开发相关政策要求

国家“十四五”规划明确提出对煤炭资源进行集中开采、综合利用的发展要求，也进一步明确了修复治理煤矿区环境以推动实现可持续发展的目标。2021 年，工业和信息化部发布的《“十四五”工业绿色发展规划》明确指出我国处于推进绿色低碳转型的重要时期，我国煤炭资源开发利用存在的问题以及进一步加快我国能源生产、消费结构调整的重要措施。同年，中国煤炭工业协会也响应国家号召，提出了关于煤炭工业的“十四五”相关意见，对“十三五”期间产生的各种问题提出解决办法，对应出台《煤炭工业“十四五”高质量发展指导意见》，对产业结构优化发展情况进行了总结，并指出新时期我国煤炭工业发展面临的多方面挑战和内生性问题。近年来，我国煤炭资源枯竭型城市数量不断增加，据有关统计，全国 69 个典型资源枯竭型城市中，以煤炭资源开发为主要产业的城市占了近一半，从阜新到鹤岗，一批因煤而兴的城市正在逐渐走向因煤而衰，资源环境恶化的影响从经济方面不断向社会各方面延伸。为此，中央和地方有关部门出台了一系列针对煤炭资源开发的管理和转型发展政策，从生态、环境等方面着力优化煤炭资源开发模式和方式。

随着绿色矿山及废弃矿山治理相关政策的推进，煤炭矿区土地及环境得到逐步改善，但还存在修复管理不到位、恢复治理资金不足、生态补偿机制的管理体系不规范、补偿方式单一等现实问题(熊国锦，2022)。

因此，建立一个完善、科学的生态补偿机制是我们当前必须尽快推动的事情，如何实现煤炭矿区经济与生态和谐统一的发展，需要整个社会进一步的努力。

5.1.3　煤矿区资源开发存在的生态问题

我国是煤炭大国，煤炭储量丰富，煤炭资源的开采和利用推动了经济发展。这种长期、大范围的开采也伴随着一些问题，其中生态问题是不可忽视的一部分，直接影响煤炭开采地居民的农业生产和正常生活。科学认识生态破坏与保护之间的关系，加强对开采地生态环境的管理保护力度，逐步恢复矿区生态，已经成为当前社会的共识。本节对矿区生态问题中涉及的环境问题、社会问题、技术问题等进行重点分析和一一考察。

煤矿开采中可能出现的主要环境问题包括四个方面。①土地资源破坏。煤炭开采给土地带来的损害分为以下三种情况。首先，露天采煤必须刨开表层土壤并深入土壤层才可采煤，因此直接引起土壤挖损伤害。其次，地下开采形成采空区，上覆岩层的应力不再均衡，使土地凹陷或塌方。最后，采煤产生的表层土壤和碎石如堆放于矿区，会占压土地。②植被破坏，水土流失。煤矿区的矿石堆放、矿区开山建路、工业厂房的建设、地面坍塌等会造成植被破坏。在生态系统中，植物为第一生产者，植物遭到大面积的损坏会使开采地及其附近地区的生态平衡被打破，生态系统功能将遭到更严重的破坏，不仅造成生态环境损失，甚至直接导致自然灾害或者影响居民的健康。③水质破坏，污染严重。煤矿开采会产生很多废水、矿水，这些金属含量超标的水如不妥善处理会从土壤渗透进入地下，随地下河流进入周边居民的饮用水源。煤矿开采会产生很多废弃矿渣，矿渣在雨水天气被冲刷，如未及时处置会造成废水直接排出矿区。这种金属含量超标、悬浮物超标、颗粒物超标甚至含有有毒物质的废水，会对周边植被、动物以及居民造成难以估量的危害。④大气污染。煤矿开采通常在地下或者矿山内部，容易释放有害气体如一氧化碳等，不同山体结构碰撞可能释放二氧化硫等有毒气体，造成难以控制的大气污染，影响矿区植物的正常生长与附近生活区居民的身体健康。

煤炭开采过程也会导致一些社会问题。①过高的社会成本。煤炭的开采是一种资源消耗性行为，经济与产量直接挂钩，且经常存在供不应求的现象，产量有多少就能消耗多少，导致有些开采者不顾及社会成本，只追求经济效益。②地区经济来源比例失衡。通常一个地方拥有煤矿资源，就会出现开矿工人群体，而大部分煤矿都处在较为偏远的地区，人口较少，这就产生一个现象：该地区大部分人口都依靠采矿、开矿获取经济收入，居民收入结构和区域经济结构单一，不利于地区经济的良性发展。③市场调节效果弱。市场对于流通性、交易性强的产品具有较好的调节作用，但煤矿属于资源消耗的特殊产品，不仅受市场调节的作用，还与当地需求、政策等有关，难以对煤矿产品价格进行严格掌控，因此市场便不能很好地发挥其调控作用。

煤矿开采同时涉及很多技术问题。①开采技术遇到瓶颈，有关工艺和机械技术水平对煤炭资源开采的效率有着重要影响，尤其是对于矸石等废弃物，矸石的大量堆积不仅需要场地，还会增加运输费，容易引发地表岩层塌陷。②矿井煤层气治理防护技术如不到位，会导致煤炭开发过程中大量瓦斯涌出，污染环境，且存在安全隐患。如果对煤炭开发过程中的噪声控制力度不足，还会影响工人及居民的身心健康。煤炭地下气化技术低，井下工程投资大，增加了工人的开采难度。③开采后续环境治理技术不够先进，对于生产、防尘产生的煤泥水、废水，净化处理不充分，很大一部分是受处理技术水平限制，这种情况不仅浪费水资源，而且排出的污水也会污染其他水资源。

针对煤矿开采中的生态问题，需要进行更为细致的研究，将理论和实际相结合，以解决煤矿开采中的生态问题。

5.1.4 煤矿区生态补偿的案例分析

1. 徐州市贾汪区潘安湖国家湿地公园案例

就煤矿区开采的转型修复而言，徐州市贾汪区潘安湖国家湿地公园是转型修复的成功案例之一。贾汪区自 1882 年便开始开采煤炭，为百年矿区，鼎盛时期全区有大小煤矿 250 处。也正因为多年来大范围、高强度的开采活动，贾汪区自然环境和地形地质条件遭到严重改变，曾造成了多处塌陷以及相关事故，对当地土地环境和生态环境的破坏非常严重。其中，最严重的位置是现今潘安湖国家湿地公园所在地，由于靠近湖泊，塌陷表现最为明显，塌陷面积为 1.74 万亩（1 亩≈666.67m^2），形成的积水区域超过 3600 亩。潘安湖修复前，区域内坑塘遍布，荒草丛生，村庄沉陷，房屋开裂，村民的生产生活都受到了严重影响。

2010 年，江苏省以贾汪区为示范区，着重考虑潘安湖国家湿地公园的生态建设，对这些煤矿开采产生的环境损害遗留现象开展综合性的治理工作。其中，针对潘安湖区域修复实施前期工程，通过两期重要工程的实施，项目投入资金达到 27 亿元，对整体的塌陷和沉积进行平复。在建设过程中，贾汪区全面淘汰“五小”落后产能，有 50 余家生产规模小、生产水平落后、污染排放超标的水泥、炼钢等工业企业被依法强制关停，同时还积极推进对环境污染“老”“难”问题的大力整治，对山林、大气、江河等区域进行了针对性的治理工程。2012 年 10 月，潘安湖国家湿地公园建成开园，修复后的潘安湖天蓝水清山绿，成为当地吸引游客的一大亮点，每年可吸引游客超过 400 万人次，带动当地居民开办农家乐、民宿，参与景区建设，有效推动了当地经济发展，明显提高了当地居民收入。转型成功的潘安湖国家湿地公园，获得国家 AAAA 级景区、国家生态旅游示范基地等称号，从重点矿区污染地区到生态转型发展样本，贾汪区探索实践了一条绿色发展的道路，也为全国其他矿产资源枯竭地区的发展树立了榜样。

2. 河南省平顶山市煤矿案例

河南省平顶山市是一座典型的因煤炭资源开发而发展起来的资源型城市，作为中华人民共和国成立以来第一座自主勘探、设计、建设的大型煤矿资源基地，在我国矿产资源发展进程中有着重要的意义。平顶山市煤炭资源经济在我国区域经济乃至全国经济发展中的地位和作用十分重要。平顶山、禹州、汝州三大煤田总面积将近 1 万 km^2，区域含煤面积约占 1/3，煤量丰富，煤种齐全，曾经是我国重要的煤炭生产基地，产出品销往全国各地。

随着平顶山市经济社会发展不同阶段的特点变化，产业结构转变、经济增长放缓、社会发展聚焦点从经济转向了生态保护，生态问题逐渐暴露在大众的视野中。尤其是平顶山煤矿长期开采导致的环境问题，如地面变形、瓦斯突出、塌陷、水土流失等问题日益严重，生态环境破坏引发了更多的问题和困难，制约了城市空间协调发展。平顶山煤矿区总塌陷面积为134.86km^2，市区内塌陷面积占62.7%，严重影响矿区居民的生活。为了改变这种状况，平顶山市进入21世纪以来，大力实施矿区生态修复工程，持续推进资源优势向产业优势转变，推进以能源、原材料为主的工业结构向多元化新型工业体系转变，推进煤矿城市向区域性功能城市转变，着力改变以煤炭资源为主的城市形象，将山水园林、特色文化等作为城市发展的重要元素(阳结华等，2011)。如今，平顶山市大力发展旅游业，打造了“佛山汤”“尧山-中原大佛”等多个旅游点。据有关数据，2021年平顶山市共接待游客超过4200万人次，旅游总收入达300.3亿元，年末共有A级以上旅游景区60处，其中4A级以上旅游景区15处。

5.2 煤矿区生态补偿的基本模式与框架设计

5.2.1 煤矿区生态补偿的实施对象

(1)煤炭生产企业具有恢复责任。根据“谁开发、谁保护，谁污染、谁治理，谁破坏、谁恢复”原则，落实主体责任制度，煤炭开发企业需承担该地区恢复责任，包括该地区生态恢复以及其他相关生态补偿。政府承担的主要义务包括：保障生态环境恢复与治理所需资金的正常投入，积极主动参与恢复治理和加强对生态环境保护的监管。

(2)政府具有恢复责任。在计划经济时代，由于环保观念缺失和技术落后，一些地区的资源开发遗留了许多生态环境问题。伴随着经济体制改革与国有企事业单位的重组，一些当时开发项目的责任主体已经难以确定，这时需要由政府接手，承担恢复责任。有关部门应针对存在的问题成立具有针对性的专项恢复治理小组。通过专项工作探讨废弃煤矿开采区的生态治理方案以及后续具体工作的实施推进。

(3)补偿责任主体。根据生态补偿有关理论，煤矿区开展生态补偿的责任主体是从开发方、受益者的角度进行划分，根据不同层面、不同范围，补偿责任主体具体可包括组织资源开采的相关企业、各级政府、煤炭资源输入地区、作为煤炭资源使用主体的企业和消费者(李丽英，2008)。

5.2.2　煤矿区生态补偿的类型与途径

1. 煤矿区生态补偿类型

(1)生态补偿费。在推进可持续发展的进程中，担负环境保护规划、监督职责的政府机关可以针对那些对环境造成破坏的事业主体征收相关费用，并将这些收入纳入专用的账户以用于后期的生态环境恢复，该部分费用即被称为生态补偿费。直接通过一定标准进行费用征收的方式，是早期我国在生态补偿方面的主要举措之一。我国煤矿生态补偿费的征收工作始于 20 世纪 80 年代，1990 年大多数地区都已开展此项征收工作，广西、福建、陕西、贵州等地均陆续进行。生态补偿费的征收对象主要聚焦在煤炭资源的开发—利用—生产—加工—运输过程中对生态环境造成直接影响的组织和个人。补偿费的具体征收方式主要有两种：一种是根据相关的行业政策和开发依据，由煤炭生产企业将生态补偿费计入总的生产成本，自行承担生态补偿费用；另一种是由主管相关事务的地方行政机关，如环保部门、税务部门等通过事业性收费、税费等形式针对企业按照一定标准、一定范围征收生态补偿费用，并将其纳入相应的矿区治理基金，用于生态治理与修复。

(2)矿山环境治理恢复基金制度。该基金制度在矿山环境治理中的应用充分体现了依托灵活方式和市场化手段的生态补偿模式。和资源税等形式不同，该制度以基金的方式向企业自身筹集矿区环境治理的资金，在满足有关政策和矿区建设实际需求的前提下，企业按照矿产资源开发全过程中应开展的环境治理方案，包括植被恢复、土地复垦、塌陷治理等，计算相关资金需求并预设矿区治理费用，通过按年、按产量方式进行一定比例的摊销，费用可计入有关生产成本并在税前列支。有关预设资金按照专门基金账户进行管理和支用，专门用于矿区环境治理。基金的收取、支用情况和矿区环境治理工程项目执行一一对应，并根据有关部门规划公示披露，保障矿山环境治理恢复基金的正常运行。

2. 煤矿区生态补偿途径

煤矿区生态补偿的途径主要包括以下几种。

途径一：开发者补偿。煤矿区开发者是矿区生态补偿中典型的补偿主体，同时开发者也是矿产资源开发最直接的受益者。针对以开发者为主体的生态补偿资金可通过税费、行政收费等多种方式征收，一般主要用于煤矿区环境污染治理，促进煤矿区开发者将环境治理行为的外部性内部化，其费用可计入生产成本中。

途径二：国家补偿。拥有良好的生态环境，不仅有利于矿区当地的居民，对于国家的整体利益也有直接帮助。因此，有关部门应重点关注煤矿区生态环境的修复与保护，针对历史遗留的环境问题给予当地一定数量的财政拨款，或以“专项基金”形式给予生态修复区财政支持。除了资金支持外，也应该有拨款或者专项资金等其他形式的资金支持，并应建立对应的监管制度和体系。

途径三：区际补偿。区际补偿，即着眼于不同区域之间的补偿机制。该机制的实行主要是因为煤炭资源开发区域和消费区域存在地域差别，结合我国不同地区经济发展水平和对煤炭资源的实际消耗，主要是由需求地区向生产地区补偿。如山西省将开采的煤炭资源转运至外地，伴随着当地煤炭资源的开采，山西矿区的生态环境不可避免地受到一定损害，而受益于煤炭资源供给而实现经济快速发展的地区应该对矿区进行“反哺”。

途径五：上下游企业之间的补偿。我国煤炭资源主要利用在电力、冶金、化工等能耗大的行业中，这些下游行业企业同时也受益于煤炭资源的开发，并且在市场经济的影响下对一些矿区过度开采、环境破坏的行为也起到了一定“推波助澜”的作用。为此受益的下游产业应当“反哺”煤炭企业。

途径六：自我补偿。自我补偿算是一种鼓励性方式，煤炭资源所在地的地方政府为鼓励更多的人参与生态环境恢复行动，通过奖励、优惠等方式对参与或从事矿区环境保护、治理、修复的个人或单位进行补偿，这是一种较为直接的补偿方式，可以鼓励更多的人加入，共同推动生态环境恢复（黄润源，2010）。

因煤矿区生态环境恢复治理急需资金支持，目前的补偿方式主要是资金补偿。从长远发展的角度来看，一时的资金补偿只能解当下的燃眉之急，因此需要及时更新方法观念，将教育和技术形式的帮补作为“造血型”补偿，更加强调当地自主的发展特性，从而形成适合发展实际的环境保护与补偿机制。此外，国家和煤炭生产企业补偿作为我国矿区生态环境恢复补偿的两种主要形式，扮演着关键的角色。同时，自我补偿方式作为辅助补偿机制的一种方式，对实施区域补偿和下游产业对上游产业补偿也发挥着重要的作用（程琳琳等，2019）。

5.2.3　煤矿区生态补偿的方式

(1) 实行“谁破坏、谁补偿”。该补偿方式强调补偿和破坏主体的同一性，一个主体为了经济发展而损害了生态环境，就有责任对其进行修复、治理和补偿。补偿的具体方式和标准要和经济发展实际结合起来，不能一味地开展原地补偿，否则可能造成区域经济发展的矛盾，可允许到生态区进行修复治理补偿。但这并不意味着只要进行了赔偿，资源开发过程中出现的环境破坏就能被视为理所当然。资源开发主体在进行经济活动的同时应该尽量把损害降到最低。这就要求生态补偿要在矿区开采项目实施前进行谋划，投资方、建设方在资金、技术等方面做好充分准备，做好补偿安排和预算。在编制投资总额时做好预先规划，在其中包含适当比例的补偿费用。

(2) 自行补偿和委托补偿。自行补偿的主要特点是矿区开采方既是环境破坏和污染的行为主体，同时也自行承担环境治理和修复的责任，是“谁破坏、谁补偿”最直观的体现，在明确环境污染破坏主体的前提下，追究其造成生态破坏与损失的责任，同时履行补偿义务，支付生态修复所需的补偿投资或成本。同时，在补偿的具体机制上采取相对灵活的方式，既可以由生态环境的破坏者对相关区域直接进行修复补偿，也可以委托第三方机构推进生态修复工作。比如，针对修建高铁造成的环境破坏，可委托专门机构进行生态修复补偿工作，也可以由投资方、建设方缴纳补偿金用于有关单位代替他们进行专门的异地修复补偿(魏延军等，2017)。

(3) 等量补偿和加倍补偿。从生态系统服务功能价值的角度看，针对可量化的环境污染或破坏的情况，可采取等量补偿的方式开展生态补偿。比如，某个矿区开发导致 100 棵树木或者 10 亩林地被损坏污染，那就通过在指定的其他区域种植 100 棵树木或培植 10 亩林地进行等额的补偿。但生态系统服务价值难以进行全面、精确的评估和核算，尤其是污染破坏严重的区域，其对水源、地质、气候等方面的潜在影响难以估量，那就需要适当地增加补偿来从总体上弥补生态系统服务价值。一般来说，当生态环境破坏为一般程度时可以实行等量补偿，但对生态环境破坏相对比较严重的区域，应当实行加倍补偿。

(4) 治理补偿。对于一些在时间上、空间上存在的难以彻底解决的环境破坏问题(如河流中各种污染物的排放)，企业或者专门性的组织难以通过自身的力量就地进行长期的治理和修复，此时可以通过向专门机构缴纳一定的费用用于环境治理，提高生态补偿的效益(刘应元和丁玉梅，2012)。

5.3 煤矿区生态补偿的计量模型

5.3.1 煤矿区生态补偿标准的确定

煤矿区生态补偿标准要关注生态环境恢复的成本以及对资源开发造成损失的补偿，要综合煤矿区经济实力和开发者或相关利益者的经济水平综合考量。该标准的设立从理论上讲应低于生态价值，大于或等于机会成本或恢复治理成本。煤矿区补偿费用主要包括补偿环境污染造成的经济损失和后期修复的成本费用两部分(李丽英，2008)。

1. 生态补偿下限

生态补偿下限通常由环境治理成本的最低标准决定，并且通过一定的手段开展生态修复不能以降低当地生产生活水平为代价。因此，总体来说，环境治理费用、居民生产生活补偿费用等都属于生态修复治理补偿范畴。结合煤矿区实际来说，环境治理的主要成本包括矿区植被修复、塌陷地治理等，而植被修复和塌陷地治理也分别包含了各个阶段、各种设备、各方人力的具体成本费用。不同煤矿区由于其地形地貌、土层坡度等存在差异，其工程费用也各不相同。生态修复费用还包括购买植物费用和人工费用，如相关植被的购买、场地维护管理费用等。

煤矸石治理费用(如堆放、运输和处理等费用)和废水治理费用是主要的环境污染治理费用支出。此外，煤矿区废水的处理也是一项重要的内容，对当地居民、牲畜用水造成的缺水以及水源污染的损失都要计入废水治理费用。居民生产生活损失补偿主要包括矿区开采活动对当地居民造成生命财产损失的补偿，如房屋损失、疾病损失、死亡损失等，应相应地对其房屋拆迁、医疗及误工等进行补偿。

2. 生态补偿上限

生态修复治理成本仅是生态补偿的最低限度，从长远来说，生态补偿还应该包括生态环境方面的损失。因此，结合有关生态系统服务价值理论，除了要考虑成本下限以外，生态补偿的标准还应当从生态系统服务价值方面来考虑其上限，生态环境损失总量是各项环境要素损失的总和，计算公式如下：

$$V=\sum_{i=1}^{m_1}A_i+\sum_{i=1}^{m_2}B_i+\sum_{i=1}^{m_3}C_i \tag{5.1}$$

式中，V 为环境要素损失的总和；A_i 为生态修复治理成本的第 i 项费用；B_i 为生态环境污染的第 i 项损失；C_i 为生态破坏的第 i 项损失；m_1 为生态修复治理的项目数；m_2 为环境污染损失的项目数；m_3 为生态破坏损失的项目数。

以煤炭开采活动中的生态补偿下限为例，煤炭开采造成的生态损害一般有两种，分别是矿区居民损失和环境污染损失。因此，可建立基于居民损失补偿、环境污染损失补偿以及生态破坏的生态补偿标准模型计量：

$$\mathrm{EC}=\mathrm{ED}+\mathrm{EN}+\mathrm{ER} \tag{5.2}$$

式中，ED 为生态破坏损失补偿；EN 为环境污染损失补偿；ER 为居民损失补偿；EC 为生态补偿(王承武和朱英，2014)。

5.3.2　煤矿区资源生态价值计量

资源生态价值的计量应以被占用或损失的生态资源恢复的成本为主要依据，主要包括水、土壤、植被等方面，各种资源价值总和即为生态破坏损失补偿(ED)，具体应包括煤炭资源开采对地形地质产生裂缝和沉陷等造成的土地损失 ED_S、对地下水资源价值造成的损失 ED_W、矿区矸石堆积和转场形成的土地使用价值损失 ED_L、矿区建设和开采活动对草场植被等造成的损失 ED_V。具体公式如下：

$$\mathrm{ED}=\mathrm{ED}_S+\mathrm{ED}_W+\mathrm{ED}_L+\mathrm{ED}_V \tag{5.3}$$

$$\mathrm{ED}_S=Q_1\times S \tag{5.4}$$

$$\mathrm{ED}_W=Q_2\times W \tag{5.5}$$

$$\mathrm{ED}_L=Q_3\times L \tag{5.6}$$

$$\mathrm{ED}_V=Q_4\times V \tag{5.7}$$

式中，Q_1 为每单位面积沉陷恢复标准；S 为地表沉陷面积；Q_2 为每单位平均水价；W 为水资源破坏量；Q_3 为每单位水土流失治理费用；L 为水土流失面积；Q_4 为每单位植被恢复标准；V 为植被破坏面积(李斯佳等，2019)。

5.3.3　煤矿区资源开发环境污染损失计量

煤矿区在建设开采过程中产生的一些污染物如果向环境排放，会对生态环境造成破坏，处理这些污染物也会付出一定的成本(McCarthy et al.,

2003)。环境污染损失补偿(EN)难以从污染损失的角度进行准确评估，为此可考虑环境污染治理的成本，通过国家有关规章制度进行计量。煤矿区环境污染的种类有许多，主要有水污染、大气污染、固废污染等，其他比如噪声污染、光污染等难以计量的种类可暂且忽略。根据官方明确的污染物收费种类和标准，本书主要以水环境污染补偿(EN_W)、大气污染补偿(EN_A)和固体废弃物污染补偿(EN_S)作为计量因素，收费标准为：废水排污费收费额每一污染当量0.7元，废气排污费每单位0.6元，其他固体废弃物排污费也有各自的标准，形成环境污染损失补偿用公式表述如下：

$$EN = EN_W + EN_A + EN_S \tag{5.8}$$

$$EN_W = 0.7 \times Q_5 \tag{5.9}$$

$$EN_A = 0.6 \times Q_6 \tag{5.10}$$

$$EN_S = S \times Q_7 \tag{5.11}$$

式中，Q_5为生化需氧量、化学需氧量、氨等污染物的污染当量之和；Q_6为烟尘、二氧化硫、氮氧化物等污染物的污染当量之和；Q_7为每单位固体废弃物排放征收标准；S为各固体废弃物排放量。

针对煤矿区遭受破坏的生态环境进行恢复的补偿机制，是一种基于经济杠杆对煤炭资源开发进行调整的建设活动，是基于科斯定理和生态系统服务价值理论的经济社会发展对生态环境外部性影响内部化的有力机制(McDonald and Patterson，2004)。这种机制不仅能够为当下生态环境保护、治理和修复提供经济支撑，还可以对生态环境的后期恢复治理工作起到较大的促进作用，从而切实保障煤矿区资源、人口、经济与环境相互协调发展(李霞和崔涛，2019)。

第6章 铁矿区生态补偿

历经多年发展，中国已成为世界排名前列的钢铁生产大国。钢铁行业的发展支撑了我国的城镇化和工业化，但同时也对铁矿区的生态环境造成了很大影响。铁矿作为一种不可再生资源，其开发利用具备很高的经济价值，为此，需要促进铁矿区的绿色发展，实现铁矿石资源的可持续开发。伴随我国经济发展进入新阶段，应对钢铁生产与发展出台新的政策，促使我国建设绿色铁矿区举措进一步落实。因此，研究铁矿区的生态补偿对我国建立整体全面的矿区生态补偿体系至关重要，本章立足于我国铁矿区开发利用的现状，研究铁矿区生态补偿的模式和框架，提出了我国铁矿区生态补偿标准的计量方法。

6.1 我国铁矿区概述

6.1.1 我国铁矿区资源开发利用现状

1. 铁矿储量丰富，潜力巨大

我国铁矿资源储量丰富，分布范围十分广泛。据《中国矿产资源报告2021》，截至2020年底，我国发现各类矿产多达173种，数量发现较多的是能源矿、金属矿和非金属矿，分别为13种、59种和95种。2020年铁矿资金投入为2.48亿元，同比增长10.7%，钻探工作量完成20万m，同比增长17.6%。2020年新发现全国各地矿产地96处，新发现各类型矿产的数量较平均，大型、中型和小型矿产分别为29处、36处和31处。新发现矿产地数量排名前五位的矿种分别是：金(7处)、地热(7处)、铜(6处)、陶瓷土(5处)、水泥用灰岩(5处)。2020年，铁矿石储量达108.78亿t，新增铁矿石资源量0.99亿t。2020年，铁矿石产量为8.7亿t，较上年增长3.7%，表观消费量(国内产量与净进口总量)为14.2亿t(标矿)。

2. 铁矿基础储量区域分布明显

从分布来看，我国铁矿资源分布相较其他矿产资源较为集中，环渤海地区、西南地区的储量较大，而其他地区的储量相对较少，这也基本决定了我国铁矿石集中开发的主要格局。具体来看，四川省的铁矿石储量为18.89亿t，居于全国第一位，占全国总储量的17.37%；排在第二位的是辽宁省，铁矿石储量为13.81亿t，占全国总储量的12.70%；排名第三至第七位的分别是：山西，占比为10.58%；安徽，占比为9.97%；山东，占比为7.23%；内蒙古，占比为5.63%；新疆，占比为3.35%；其他省份共同占比为26.38%，铁矿石储量总共为28.7亿t。四川、辽宁、山西、安徽作为全国铁矿石储量排名前四的省份，其储量加起来占全国总储量的50.62%。我国铁矿石储量主要分布如表6-1所示。

表6-1 2020年中国铁矿石储量及分布

地区	储量/亿t	占比/%
辽宁	13.81	12.70
河北	7.40	6.80
四川	18.89	17.37
内蒙古	6.12	5.63
山西	11.51	10.58
山东	7.86	7.23
安徽	10.85	9.97
新疆	3.64	3.35
其他	28.7	26.38

注：因四舍五入，占比总和不为100%。
数据来源：《中国矿产资源报告2021》。

3. 铁矿石产量稳中有降

近年来，我国铁矿石产量呈现波动变化的状态。如图6-1所示，2016年我国铁矿石原矿产量为12.8亿t，2017年产量为12.3亿t。2016～2020年的产量呈先下降后上升的趋势，2018年为拐点，2020年我国铁矿石原矿产量为8.7亿t。经过多年的积累，我国形成多个集中式的铁矿资源开发基地，主要集中在华东和华北地区，其中产量在1000万t以上的省份有北京、辽宁、吉林、内蒙古、河北、河南、山东、山西、湖北、四川、安徽、新疆、福建、广东、云南等15个，其中河北、辽宁、四川、内蒙古、山东5个省份的产量就达到了10亿t以上，占全国总量近八成。

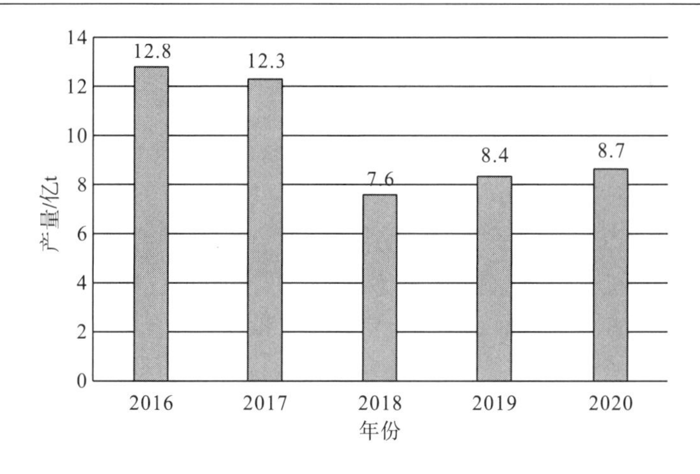

图6-1　2016～2020年我国铁矿石原矿产量

6.1.2　铁矿区资源开发相关政策要求

国家高度重视铁矿资源开发与铁矿区建设，相继颁发了一系列政策文件指引铁矿区绿色建设，2005～2009年国家关于矿山保护出台了相应政策文件，涉及铁矿规划、铁矿资源、铁矿保护等多方面，明确了铁矿资源开发的战略方针和改革措施，初步提出我国要构建高效集约、生态环保的铁矿资源开发格局。到2010年，我国逐步推进矿产的节能减排并发布若干文件，加快整个铁矿行业随经济发展而转型，尤其重视铁矿区的产业调整方面。自煤炭资源税改革后，财政部和国家税务总局于2015年5月起对铁矿资源税进行改革。为进一步改善铁矿资源的营商环境与压缩口岸通关时长，海关总署于2018年对铁矿石进口进一步做出了具体要求。2019年以来，铁矿和整个矿产行业的改革重点主要集中在产权分配、产权管理，对采矿过程涉及的权利变动做出更为细致的法律界定，完善自然资源的产权管理。工业和信息化部、科学技术部、自然资源部在2021年12月发布了《“十四五”原材料工业发展规划》，对我国铁矿石的市场运行趋势做出了预判。2022年，国家发展改革委等十二部门联合发布《促进工业经济平稳增长的若干政策》，明确提到铁矿的经济增长应该保证在什么范围，明确相关的铁矿高能耗行业，对高能耗企业做出具体的限定和规范，同时对我国主要高耗能的重大项目单独划分特别规定，加快工业矿产改革向“十四五”未来国家发展大方向靠拢。

6.1.3 我国铁矿区资源开发存在的生态问题

铁矿区资源开采的生产活动将使生态系统发生变化从而影响生态环境。同时，有害的污染物可能在矿石开采、运输及加工过程中被排放出来，并通过多种途径对生态环境造成污染。

(1)大气污染。空气污染：在铁矿石开采过程中，钻孔、爆破等活动会产生大量的粉尘，同时地下也会衍生出有毒的气体(梁冰等，2005)。矿石物理粉碎、煅烧及矿石、废石运输过程中与空气直接接触产生烟尘，这些都会造成严重的空气污染(张鑫迪，2022)。尘暴威胁：废石堆在被风化后会变成细粒物质，自燃释放有害气体以及粉尘等。在干燥的气候条件下，这些物质与大风作用易发生尘暴(徐君等，2015)。

(2)水源污染。铁矿开发过程中对地下蓄水层产生了破坏，地下水、地表水所含重金属和有害元素渗透到周边水域，可能对水文地质和水文环境造成不利的影响，甚至破坏整个水系。已经开发的铁矿，被运输到各地时，可能发生渗漏、淋雨或者从运输工具上掉落等情况，从而污染水源。开发的铁矿资源需要进行脱水处理等操作，这些操作会产生一些含药剂以及其他一些有害物，矿区的水源可能被含药剂及含有害物的尾矿水污染(张鑫迪，2022)。铁矿废水的排放和涉水作业对河流的影响明显，不仅会影响流域水质，还会对河床造成破坏，尾矿堆积、植被遭受破坏还会进一步造成沙土淤积等情况。

(3)地表污染。矿石开发，尤其是露天开采易造成大片的土地被破坏，同时开采会造成地面沉降，尤其是不均匀的沉降，在损失土地资源的同时造成地表建筑物和其他设施的损坏。已经开发的铁矿运输到各地时，可能发生渗漏、淋雨或者从运输工具上掉落等情况，从而对土壤环境造成污染。同时，相关材料的堆积还会占用大量的土地，对原有生态系统平衡有不利的影响。

(4)对动植物群落的影响。矿产开发及加工、运输会破坏泥土覆盖层，进而影响土壤水、地表水等，同时产生噪声污染、大气层污染，这都会对森林、草原、水资源等动植物赖以生存的环境造成影响(康新立等，2011)。例如，江西省吉安县油田镇，当地拥有丰富的矿产资源，尤其以铁矿资源著称。为发挥本地优势，以资源开发带动地方产业经济发展，吉安县在过去曾以招商引资为抓手，聚焦于铁矿资源的开采。由于资源的大规模开采，当地地下水与土地资源遭到了严重破坏，且短时间内难以修复。

6.1.4 铁矿区生态补偿的案例分析

1. 北京市首云铁矿案例

首云铁矿位于北京密云区巨各庄镇，面积约为 25000m^2，始建于 1959 年，曾作为密云区发展支柱性产业，是我国具有代表性的采选联合铁矿区。经过多年的开发建设，首云铁矿经历了从地面开采到井下开采的过程，产出了超过 3000 万 t 的铁矿石，为经济发展提供了重要保障。但同时，长期开采和环境治理滞后也为矿区以及周边区域带来了严峻的资源环境问题，巨大的露天矿坑以及排土场等急需进行治理。2004 年以来，首云铁矿由露天开采转为深部开采，同时在有关部门的指导下开展了矿区水土保持、植被恢复等环保治理措施。首云铁矿采取分区治理、因地制宜的手段，重点针对排土场、尾矿库、开采区开展地貌地形、植被草场的恢复工作，并编制有关规划，从发展的角度对矿区环境恢复和景观打造进行规划实施。首云铁矿充分利用原有山体、水体，结合环境修复治理，因地制宜地打造公园式景观，通过实施专业生态工程，大力改善长期开采和堆积对土壤和岩体造成的破坏，增强土壤肥力以达到植物自然生长要求。通过十余年的治理，首云铁矿一改过去乱石堆积、水土松散、尘土飞扬的旧貌，虽然矿区已停产，但一座环境优美、植被丰富的国家矿山公园呈现在人们眼前，是我国铁矿区开展环境修复治理和发展生态经济的代表性探索实践。

2. 四川省广元市朝天区民主硫铁矿案例

四川省广元市朝天区民主硫铁矿位于广元市朝天区李家镇民主村，该矿主要的生态污染问题包括遗留废弃物和废渣污染周边环境、压占损毁土地。朝天区共有 103 个矿山(含矿井涌水 21 个)需治理，其中，非煤矿山为 90 个，煤矿山为 13 个。民主硫铁矿于 2019 年被纳入长江干支流沿岸 10km 历史遗留矿山生态修复项目，主要修复内容包括通过覆土回填、弃渣堆残余建筑物拆除、土地平整以及修建生产道路和水利设施等措施，以及恢复植被。项目实施后，土地损毁及矿区周边环境污染问题得到全面解决，矿区生态系统功能得到大幅度恢复改善，耕地面积新增 14.03 亩。

在绿色发展思路指引下，朝天区坚持“谁破坏、谁治理”的原则，严格督促矿区企业履行环境保护责任，对正在进行开采活动的矿区提出了一系列可量化的治理标准，从生产工艺、技术水平、排放控制等方面进行监督和评估，凡是不符合生态要求或有潜在生态威胁的矿区均为重点核查对象。即将投入开采或尾矿退出的矿区都要经过有关部门环保评估和环保措施审批后才能开展相应的经营活动，确保环保治理达到预期效果，矿山生态环境恢复涵养水源、保持水土、调节气候和净化大气的功能。

在项目实施前，朝天区聘请地质环境专家对地区特点、修复治理方法进行指导，按照“宜农则农、宜建则建、宜林则林、宜景则景”原则，在对露天矿山进行生态修复的同时兼顾土地的开发整理，对矿区土地进行综合开发利用，充分考虑地区自然禀赋和市场经济条件，兼顾土地资源利用和环境治理修复。同时基于矿区长远发展考虑，朝天区在旅游开发、业态选择、灾害防治等方面实施部门联动，实现建设与治理并行，生态与产业双收。

6.2 铁矿区生态补偿基本模式与框架设计

矿产资源开发作为我国经济活动的重要形式，为产业经济的健康发展提供了可靠支撑。但众所周知，矿产资源开发往往产生以下几方面的问题：对不可再生资源的消耗、生态破坏、环境污染、地质灾害等。针对铁矿区资源环境可持续发展的现实需求，积极开展生态补偿机制的整体设计和探索实践十分重要。

生态补偿机制是统筹协调破坏和保护环境双方主体利益的一种制度安排。针对开发过程中的环境破坏问题，向矿产资源开发方与受益方收取生态恢复所需要的费用。通过建立相关补偿机制，使资源开采及使用过程与商品再生产过程相联系，从而能够从总体上调节和管理整个经济社会的生产活动。与此同时，生态补偿机制的建立也有助于树立全民生态环保意识。因此，生态补偿机制的关键在于生态修复由谁来补偿、又补偿给谁、如何补偿且补偿多少的问题，即明确生态修复进程中的补偿主体、补偿对象、补偿方式和补偿标准。通过确立具体的补偿原则，建立健全保障措施（唐倩等，2020）。

6.2.1 铁矿区生态补偿的实施范围与对象

铁矿区生态补偿的对象主要有两方面：一是对矿区生态环境功能丧失的补偿，二是对开展矿区生态环境保护、治理和修复的一方进行补偿。因此，其补偿的实施一方面是对生态环境破坏后引起的负外部行为进行补偿，使生态系统功能恢复到开发前的平衡状态，解决历史遗留问题；另一方面是对恢复、保持和加强生态环境功能等行为进行补偿。

铁矿区的生态补偿根据补偿对象有所不同，可以区分为对生态环境的补偿和对人的补偿。前者是指对遭到环境和生态系统破坏的补偿，后者是指补偿在环境保护过程中的利益损失者，包含因为矿产开采而利益受损的人或组织。

6.2.2 铁矿区生态补偿的途径

补偿者可以直接向被补偿者提供补偿，但由于时空阻碍，往往是以资金的方式通过政府部门或其他组织进行间接性的补偿。根据性质的不同，铁矿区的补偿主体主要由以下四类组成：一是以政府机关为代表的职能部门，包括民政、财政、生态环境等部门；二是金融事业单位；三是民间组织、环保社团和民间基金会等；四是政府部门与事业单位或民间组织的联合体。随着补偿活动的深入开展与种类多样性，会有更多种类较为复杂的补偿主体出现(张鹏等，2019)。在正常情形下，一个团体或地方有许多补偿路径可供选择，这些补偿路径直接地或间接地产生关联，共同构成了补偿路径系统。一个地方(群体)的补偿系统既包括内部补偿途径，也包括外部补偿途径。同理，从国家层面来说，一个国家的补偿系统也分为国内和国外两条途径(洪尚群等，2001)。

根据补偿者性质的分类，国外补偿主体也主要有四类，包括外国政府部门、金融事业单位、民间组织和有关国际联合组织。我国作为世界制造业大国，许多国家或地区在我国建厂，这虽然有利于我国经济增长，但也在一定程度上对我国的生态环境造成了破坏。因此，近年来，我国一些地区和部门不仅收到了国内补偿机构的间接补偿，也收到了一些官方国际团体和民间国际团体(如亚洲银行、世界自然基金会等)的直接补偿。随着全球对生态环境保护的共识逐渐加强，国际社会对我国生态改进和环境保护的努力加大了补偿力度。

补偿的总体原则为“谁污染，谁受益，谁补偿”，因而在实际开发的过程中，铁矿石企业作为主要的受益主体，应当主动承担自身应履行的生态环境补偿义务(朱姣燕，2016)，对开发造成的生态破坏和居民生活成本的增加，进行一定程度的补偿。

同时，因资源开发得以发展的相关地区作为受益主体，也理应成为生态补偿的主体。在有关政策的指导下，可通过对资源开采地区的环境治理修复进行补偿，也可以按照国家有关税制和费用制度进行缴纳。

6.2.3 铁矿区生态补偿的方式

(1)政策补偿。现行的政策补偿方式主要分为分区管理、差别待遇和政策倾斜，即中央政府将权力下放到各省级政府，各省级政府再对下级政府的权力进行补偿，在发展机会方面给予政策与资金的支持。被补偿的地方政府可在上级部门划定的权限范围内，在政策的优先权、优惠性等方面制订相关的计划并加以实施。在促进相关经济主体成长后，收取一定资金。事实说明，制度和政策资源的补偿是极为有效的，尤其是在资金匮乏、经济相当脆弱的情况下。治理废弃铁矿山就可以有针对性地采用这种方式，以政策规范为抓手，根据恢复区域的现实状况划分出治理区域的优先顺序，将资金优先划拨给相关地区，或针对资源型城市的可持续发展产业给予一定程度的税收优惠政策等。

(2)资金补偿。通常情况下，资金补偿是补偿机制中最为常见的一种手段，也是解决补偿需求最直接快捷的一种方式，其中最常用的资金补偿方式包括资产转移支付、赠款、退税、减免税收、财政补贴、加速折旧以及信用担保的贷款(优惠信贷)等。借鉴国际上通常的做法，针对能够主动对环境进行修复与保护的有关责任主体，为之提供相应的奖励补偿资金，同时资金一般来自针对那些环境破坏活动所征收的税收。具体来说就是对污染严重以及开发方式简单粗暴，不利于可持续发展的企业征收较高税收，并将该部分收入用于对直接受害者和治理污染企业的补贴；同时针对环境保护及恢复行为提供低息贷款，促进借贷人有效规划，提高行为的生态效率，起到激励的作用。此外，国家可以通过多种方式建立生态补偿专项资金，如通过发行国债、公益性捐赠收集等建立专项资金。这样，从企业征收的生态补偿费成为专项资金的一部分，确保环保经费的专款专用。同时，也可抽取国家的部分土地收益等作为生态补偿基金。

(3)实物补偿。补偿者利用物品、劳动力和土壤等来满足被补偿者一些生产生活要素的需求。实物补偿主要是通过重要物资的补偿来实现对受偿者生产生活的直接帮助，提高物资使用效率和受偿者的基本能力，如铁矿石企业以专家咨询为着力点进行的矿区土地修复防治。此外还包括国家专门针对生态保护建设的有关项目，如草地修复、湿地保护、水土保持、有机农业援助、工业治污补偿等。同时针对补偿项目提供相应的资金，并给予贷款、税收等方面的优惠。

6.3 铁矿区生态补偿的计量方法

6.3.1 铁矿区生态补偿标准的确定

矿产资源开采是经济活动作用于生态环境的过程，在进行补偿时应同时兼顾经济补偿以及生态补偿，从而使自然再生产和经济再生产活动形成一个整体(Mitchell and Carson，1989；冯艳芬等，2009)。我国矿产资源开采补偿税费主要包括矿产资源税、矿产资源补偿费，以及主要作为经济补偿手段的采矿权使用费和探矿权使用费。矿山环境恢复治理基金是矿产资源开采的生态补偿基金的主要获取路径(刘祥鑫等，2018)。

6.3.2 铁矿区资源开发生态价值计量

铁矿石资源是工业化以来人类经济社会发展所需的一种重要矿产资源。伴随工业化的加快，社会对铁矿石资源的需求量剧增，开发强度也逐渐变大。铁矿石资源的生态价值很大程度来自开采过程中的负外部性(Muñiz and Galindo，2005)。反映在矿区开采中，资源的开采破坏了生态环境，同时影响了矿区居民的日常生活甚至身体健康。因此，对于生态环境破坏后的生态补偿应从利益受损方的角度出发进行补偿(张霄阳等，2016)。

例如，从居民角度来讲，耕地一般是铁矿区居民的主要经济来源，居民最关注的问题往往是耕地面积减少以及产量降低等一系列问题。因此，衡量铁矿区资源开发造成的生态价值损失，就应考虑耕地产出减少的损失。

我国对耕地的保护力度不断提升，既是因为耕地是农民获得经济来源的基础，也是因为耕地直接影响我国粮食供给安全(Odum H T and Odum E P，2000)。耕地的经济产出功能主要由耕地数量、耕地质量和市场价格共同决定，因此可以结合耕地面积(单位：亩)、耕地单位面积产量和粮食市场价格这三个可量化指标的具体数额进行评估，得到耕地经济产出功能计算模型：

$$\mathrm{VC} = O_1 \times (A_1 - A_2) \times P_1 + (O_1 - O_2) \times P_1 + O_1 \times (P_1 - P_2) \tag{6.1}$$

式中，VC 表示耕地经济产出补偿费用；A_1 表示铁矿开采前耕地面积；A_2 表示铁矿开采后耕地面积；O_1 表示铁矿开采前农作物年均亩产量；O_2 表示铁矿开采后农作物年均亩产量；P_1 表示铁矿开采前农作物价格；P_2 表示铁矿开采后农作物价格。

第 7 章　稀土矿区生态补偿

稀土作为一种不可再生资源，其开发利用可以产生很高的经济价值。尤其当前新能源产业发展迅速，其对稀土材料的需求急剧增加，带动矿产经济持续上涨。但同时，稀土矿开发也面临诸多的挑战，如何实现绿色矿山建设，做到稀土矿产资源的可持续发展，需要政府、企业和当地居民的长期共同努力，要深刻把握生态文明的思想方针，领会“绿水青山就是金山银山”的发展理念，将理念落实到行动，更加合理地利用稀土资源，建设绿色稀土产业链。

7.1　我国稀土矿区概述

7.1.1　我国稀土矿区开采与利用的现状

稀土有“工业维生素”之称，稀土材料具有独特的磁、光、电等性质，被广泛应用于石油化工、高新材料、电子信息、国防军工、能源交通和冶金机械等行业。目前，稀土是各个国家改造传统产业、发展高科技产业和提升先进技术的重要战略性矿产资源。我国幅员辽阔，地形地貌丰富，为稀土资源成矿提供了良好的地质条件，稀土矿种类齐全，储量丰富。从已探明稀土矿来看，我国有 20 多个省份发现了具有开采价值的稀土矿床、矿点，且储量和种类大都属于优质。从稀土矿资源集聚程度来看，内蒙古、四川、江西、广东等拥有较为集中的稀土矿分布。此外在山东、湖南、辽宁、新疆等省份也发现了具有开采价值的稀土矿山。从稀土资源种类来看，不同地区稀土资源类型有一定的差异，一是北方最大的稀土资源地——内蒙古拥有较为丰富的氟碳铈矿和独居石类型的稀土资源；二是南方江、浙、粤等地的稀土矿山，主要是离子吸附型稀土矿、海滨砂矿伴生独居石矿等。

据统计，2021 年我国稀土产量为 16.8 万 t，居世界首位，相比 2020 年产量增长高达 20%，约占全球市场份额的 60%(图 7-1)。除此之外，我国已经查明的稀土资源种类也比较齐全，能满足现有科技及工业发展需要。从稀土产品的进出口情况来看，自从 20 世纪 90 年代开始，我国的稀土出口量就不断上升，现在已经成为世界上稀土出口最多的国家。我国稀土开采供给量和国际稀土需求量同时上升，这一时期我国稀土出口量达到历史最高点(将近 6 万 t)。近年来虽然我国稀土出口量逐渐下降，但仍远超世界其他国家，据海关总署报告，2021 年我国稀土出口总量达 4.892 万 t，同比增长 38%。

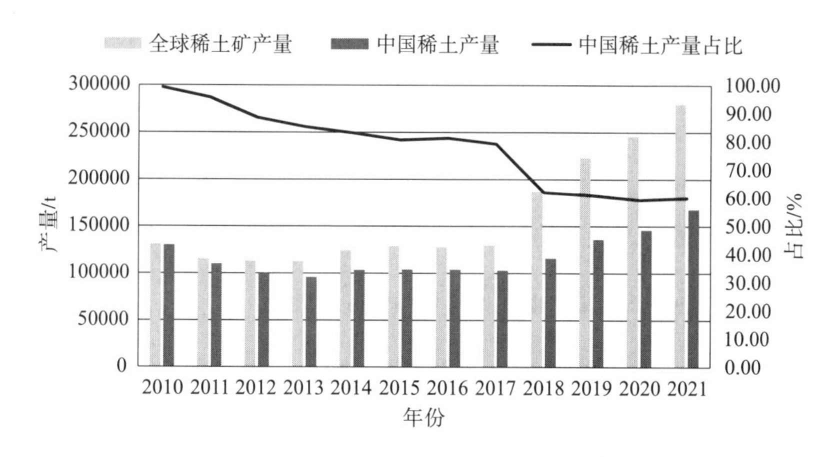

图 7-1　2010～2021 年全球和中国稀土产量变化图

根据我国已探明的稀土矿分布情况来看：内蒙古是我国最大的稀土资源地，拥有国内最大的稀土综合矿。作为全球稀土资源大国，我国稀土产业发展态势较好，但同时也需要提升资源综合利用率，减少废水、废气、废渣的排放。我国特有的中重稀土矿就是离子吸附型稀土矿，在 20 世纪 70～90 年代，离子吸附型稀土矿基本是运用池浸生产技术进行生产。到 21 世纪初，出现了新的生产技术，即原地浸矿生产，原地浸矿生产的资源利用率达到 70%，2014 年以来我国稀土资源开采普遍采用了这种技术工艺，提升了资源利用效率。

7.1.2　稀土矿区资源开发相关政策要求

我国稀土资源有着储量大、分布广、种类全的优势，并且随着工业化发展进程不断加快，我国已建立了稀土开采和加工的完整产业体系，稀土的产量、出口量和消费量在全球排名都靠前，总量变化甚至使世界稀土市场波动。稀土矿业对我国经济发展有着重要的促进作用，但同时稀土矿业生产难免对矿区的水资源(包括地表水和地下水)产生污染，损毁当地的作物和植被，破坏土壤酸碱平衡，影响后续土地种植，一些以此为生的农民生活受到影响；其次，曾有采矿点存在采富弃贫、采易弃难的行为，而生态环境相关的恢复与治理工作开展又较缓慢。国家不断出台了稀土资源监管、使用、保护方面的政策，不断提高对稀土行业发展的重视程度。2022年3月，《工业和信息化部、自然资源部关于下达2022年第一批稀土开采、冶炼分离总量控制指标的通知》对稀土资源的各项开采和冶炼制定了详细的数据指标，并下达至各级政府资源监管部门，明确稀土资源的合理利用和降低不合理开采对环境的影响。

目前，关于稀土矿的生态保护和补偿法律体系还有待完善，各项政策的紧密性、连接性有待增强。其次，这些政策的明细化还不足，理论和实践之间需要更好地衔接起来，对补偿和受偿主体、补偿的范围、资金来源以及补偿过程的细节还缺乏明确的要求和指导，需要开展进一步的探索实践。

7.1.3 稀土矿区资源开发存在的生态问题

(1)资源利用率仍有待提高，存在浪费现象。在深部开采机械化方面，我国稀土企业还有所欠缺，在过去较长一段时间里大部分采用露采方法，这种方法除了存在采矿率低、规模小、压矿、采富弃贫等问题，还会引发更多资源浪费的情况。例如：四川冕宁牦牛坪矿山在过去较长一段时间里资源开采无序且混乱，加之落后的选矿工艺、设备，以及稀土资源及伴随的有用组分综合利用率水平偏低，导致对资源的开采未达到充分利用水平。为减少成本，牦牛坪矿山将以萤石为代表的具有回收利用价值的矿物资源直接排放到大自然，这不仅对当地的资源开发造成了极大的影响与破坏，还对国家与行业的整体利益造成了损害。开采行为对生态环境也会造成一定程度的破坏，如稀土生产过程中要排放大量的废气、废水和废渣，“三废”中含氟、硫、氯、氮等元素，若处理不恰当，会使生态和环境被严重污染。

(2)稀土矿资源和其他矿物资源不同，由于地质条件、伴生矿种等方面的特点，其在开采、分级等过程中的技术和工艺需求不同，所需投入的资金和环保措施也要有针对性。如缺乏科学有效的办法措施，不仅会降低资源利用效率，还会对环境造成一定的影响，如土壤酸化、植被腐蚀、河流污染等，对当地群众生产生活造成影响。尤其是离子吸附型重稀土矿，其在浸润过程中会产生大量对环境有害的物质，其中稀土氧化物和含酸尾矿砂产生比达 1∶2000，甚至还具有放射性，对人体健康和生态环境造成威胁。一些轻稀土矿由于存在硫等伴生元素，在冶炼分离过程中会产生大量有毒气体和废水，如不处理直接排放将导致环境破坏。

(3) 稀土矿企业自身局限，缺乏可持续发展理念。有些地区的稀土矿企业存在技术工艺水平不高、管理水平较低的问题。尤其在稀土市场发展的大背景下，稀土材料应用越来越广泛，市场对于稀土材料的需求不断增加，因此个别开采企业片面追求经济效益，而对生态环境和地方绿色发展投入不足。

(4) 稀土矿区资源生态补偿机制不健全。良好的稀土资源机制有利于合理开采和利用稀土资源，同时好的机制可以保证当地生态环境处于合理状态、防止过度开采或乱采滥采导致环境污染，但目前对于稀土资源的开采保护机制还未完善，与之相关的政策落实得也不够彻底。例如，稀土税费用途与生态补偿脱节问题，税费没有完全做到专款专用。此外，也有企业认为自己缴付了一定比率的税费，企业的开采责任以及对环境的保护责任会由政府分担，从而忽视自身在整个稀土开采中应负的责任和承担的义务(许礼刚，2019)。

7.1.4 稀土矿区生态补偿的案例分析

1. 内蒙古白云鄂博稀土矿生态补偿案例

内蒙古白云鄂博稀土矿生态补偿的主要目的是保护内蒙古草原生态环境，减少稀土矿开采对环境的影响，同时促进当地经济的发展。为了实现这一目标，当地政府采取了多种措施，包括支付生态补偿金、实施草原生态恢复工程、建设绿色矿山等。在生态补偿金支付方面，内蒙古白云鄂博稀土矿企业每年向当地政府支付生态补偿金，用于保护当地生态环境和草原资源。

在草原生态恢复工程方面，内蒙古白云鄂博实施了大规模的草原生态恢复工程，包括植树造林、草原改良、土地复垦等。这些工程的实施不仅可以提高当地生态环境的质量，还能改善当地人民的生活条件。在绿色矿山建设方面，内蒙古白云鄂博实施了一系列绿色矿山建设措施，包括尾矿处理、矿区生态建设、环保设施建设等，以最大限度减少稀土矿开采对环境的负面影响。

内蒙古白云鄂博稀土矿生态补偿案例有三个特点。第一，强调生态保护。内蒙古白云鄂博稀土矿生态补偿的主要目的是保护内蒙古草原生态环境，减少稀土矿开采对环境的影响。为实现这一目标，当地采取了多种生态保护措施，包括支付生态补偿金、实施草原生态恢复工程、建设绿色矿山等。第二，注重当地经济发展。内蒙古白云鄂博稀土矿生态补偿虽然以生态保护为主要目标，但同样关注当地经济的发展。在生态补偿金的支付方面，矿企向当地政府支付的生态补偿金不仅可以用于生态保护，还可以用于促进当地经济的发展。第三，全面实施措施。内蒙古白云鄂博稀土矿生态补偿不仅在生态补偿金支付方面下了功夫，还实施了草原生态恢复工程和绿色矿山建设等多项措施。这些措施的全面实施，能够最大限度减少稀土矿开采对环境的影响，同时保护生态环境和生物多样性。

2. 四川冕宁牦牛坪稀土矿生态补偿案例

四川冕宁牦牛坪稀土矿是位于我国西部的一大稀土矿资源基地，其矿床的矿石结构类型特殊，易于开采。这导致整个矿山的前期开采工作混乱，乱采滥采现象严重，其中无证开采、非法开采、非法处理等现象在整个矿区随处可见，不仅对矿山本身造成破坏，还对当地的水资源、土地资源、生态环境带来严重的影响。矿山环境被破坏后，当地灾害频发，泥石流、特大降雨等给居民生活和生产带来很大冲击。经过一系列的生态补偿措施，实施专项整治和绿色矿山建设，如今的牦牛坪稀土矿已经成为国家级绿色矿山，整体面貌焕然一新。一是整合矿产企业，实现“一座矿山一个矿权”的整合目标，结束私人开采乱象，牦牛坪稀土矿区开始实行科学开采制度；二是通过专家全面鉴定已经造成的环境问题并实施针对性治理方案，总计投入近 5 亿元分别对 6 条主河道进行灾害治理，对 23 处灾害点实行定点维护，对 26 处矿渣堆积处进行搬运和后期处理，以及对周围土地进行绿化和植被恢复等，牦牛坪的生态隐患问题逐步得到了解决；三是持续实施绿色矿山建设，通过季度监测和建立废水处理系统，现在已经实现了“双碳达标”“废水零排放”。四川冕宁牦牛坪稀土矿生态修复工作已经重塑了整个稀土矿区的新面貌，体现了绿色与可持续发展理念。

3. 江西赣州寻乌县废弃稀土矿山生态补偿案例

江西省稀土资源非常丰富，其中赣州拥有“稀土王国”的称号。但由于长期的无序开采，赣州的原始地貌发生了翻天覆地的变化，寻乌县的废弃稀土矿山就是一个矿山肆意开采的负面典型。寻乌县曾拥有丰富的稀土资源，已探明稀土储量达 50 万 t，整个地区的稀土开采从 20 世纪 70 年代末就已经开始，但当时的开采方式落后，人们的环境保护意识淡薄，造成了持久的生态问题，土地被污染、植被被破坏、耕地被淹没等使曾经的资源“绿地”成为“沙漠”。我国大力推动矿区生态保护、生态修复工程以来，寻乌县积极践行绿色生态理念，对废弃矿山实行修复治理。寻乌县通过四个方面的措施，达到环境问题治理以及环境绿色提升的目的：一是政策指引，当地政府专门制定了针对寻乌矿区修复的项目实施方案，以保障整个矿区改善工作有章有序；二是多部门联合治理，矿区修复涉及山、水、土、耕、植被等多个相关管理部门的任务，通过联合治理达到改善同步推进；三是加大资金投入，整个废旧矿区改善共计投入 9 亿元，资金来源有中央专项补助、地方项目资金和企业投资，对废旧矿区改善努力做到全方位、多角度；四是统一考核标准，矿山之前的开采没有做到合理化、合规化，废弃物处理到后期排污都处于混乱状态，通过制定严格的修复考核指标，对矿区治理设定标准，有助于矿区治理后期的维护。现在寻乌县稀土矿区已经重现了绿地，单位面积水土流失量降低 90%，植被覆盖率由 10.2%增至 95%，成活率达 95%以上，山洪等灾害得到有效控制，矿区生态逐渐恢复至破坏前的水平。近年来，寻乌县还围绕矿山遗迹开展文旅项目，实现年经营收入超 1000 万元，成为全国山水林田湖草沙一体化保护和系统治理试点的示范样板。

7.2　稀土矿区生态补偿基本模式与框架设计

7.2.1　稀土矿区生态补偿的实施范围与对象

稀土矿区生态补偿机制的实施范围应涵盖受益者、权利主体和责任主体，这三方利益主体可具体体现为本地居民、采矿企业和当地政府。

从矿区的生态补偿对象来说，通常认为稀土开采企业是主要的环境破坏者，是对当地的生态环境影响最大的一方，但如果从专业性角度考虑整个矿区的开采过程，稀土开采企业却是整个生态环境最大的参与者和环境保护的实施者。矿企如果开始就将生态保护理念落实在整个开采过程中，其实际作用远比后期人为恢复要有效得多。如果片面认为矿山企业就是只谋取私有利益和经济效益，将企业与政府甚至当地居民三者对立，那么企业与政府在生态保护上就缺乏良好合作，导致无法正确对待环境问题。正确构建稀土矿区生态补偿机制，需要考虑适当的政企合作、正向激励、政策补贴等，并采取相应措施和具体落实方案。当地政府在稀土资源矿区生态补偿中应当发挥作为政策发布者、行为监督者的重要作用，但在实际中往往面临平衡经济和环境的难题。地方政府的财政效益与官员的切身利益通常有直接或者间接的联系，如财政指标、经济指标等都或多或少影响该年度最终绩效奖励，因此在构建稀土矿区生态补偿机制时，应适当考虑地方政府的经济效益及相应的政策保障。同时，对于当地居民来说，矿产资源的开采直接关系自身的生活，对稀土矿的开采、加工等流程都会给当地居民生产生活带来一定的影响，尤其是随着生态保护意识的不断提升，群众对矿区的关注不断加强，会对矿企和当地政府施加直接的压力，当地居民的主人翁意识在整个机制中起到促进作用，将环境与利益联系起来，提出相应激励政策以及普及关于矿区开采相关知识，都会对整个资源补偿机制的制定产生正面影响(朱权和张修志，2013)。

7.2.2 稀土矿区生态补偿的类型与途径

从稀土矿区生态补偿类型区分，人们可以将补偿涉及的利益主体从环境科学角度进行划分，通常分为稀土资源、生态环境和可持续发展机会。这三个利益主体是与矿区生态息息相关的，尤其影响矿区绿色发展的未来走向，因此整个补偿类型可以分为稀土资源补偿、生态环境补偿和可持续发展机会补偿三个方面。这三个方面分别涉及不同的补偿主体、客体、标准等，预期相对的补偿方案可以对已经造成的损失或潜在损失进行补偿，具体如表 7-1 所示。

表 7-1 按利益相关主体划分的生态补偿类型

类型内容	补偿主体	受偿主体	补偿客体	补偿标准
稀土资源补偿	采矿权人和开采者	各级政府(中央与地方)	稀土资源	基于稀土资源稀缺程度、资源品位、开采速度而定
生态环境补偿	稀土资源开采者、加工者和消费者	矿区居民与政府	矿区生态环境	基于生态环境的修复成本而定
可持续发展机会补偿	中央政府、开采者、加工者和消费者	当地政府与矿区居民	当地政府与矿区居民	基于矿产品开发区的经济情况、与资源输入区的关联程度、矿产品的用途而定

此外，稀土矿区的生态补偿方式有直接和间接两种，补偿的对象和产生的作用也不相同。其中，直接补偿是指资源受益者对资源开发过程中受到损失的主体的补贴方式；间接补偿是指资源开发进程中使生态系统受到损坏的开发者与政府相关部门的补贴方式。

7.2.3 稀土矿区生态补偿的方式与期限

稀土矿区生态补偿的方式类型较为丰富，可概括为以下四种。

(1)政策补偿。基本和其他矿区政策补偿方式一致，也是通过中央和地方政府对开展有利于矿区生态环境保护、治理和修复工作的一方进行补偿，其一般是通过政策性资金、税收优惠等方式开展。政策性补偿往往还会配合其他一些发展性政策实施，如发展环保产业、吸引环保相关投资、引入先进的环保技术等。

(2) 资金补偿。通过给予当地居民预测收成同等价值的资金补偿其可能遭受的损失，包括以货币补偿、贴息贷款、给予土地复垦费、植被恢复费等方式来满足矿区居民的基本经济生活要求，保证矿区居民基本生活水平。这种方法的弊端是一旦资源开发殆尽，这种补偿对矿区居民的帮助也会逐渐消失，难以作为一种长期有效的机制实现当地经济可持续增长。

(3) 实物补偿。通过给予稀土矿区资源开发生态恢复与保护经营者与其预测收成相等价值的实物来弥补居民的损失，包括给予生产工具、消费资料、生产资源、粮食补助等。实物补偿在实现与资金补偿同等补偿效果的同时还可以避免出现矿区居民将补偿费挪作他用的现象。实物补偿的缺点同资金补偿相同，受矿产资源开发情况的影响，无法形成长期有效的机制，以保证当地经济持续增长。另外，实物补偿的实施成本较资金成本也有所增加，政府可根据实际情况选择应用。

(4) 文化和技术补偿。相当多的稀土矿区居民所处地理位置偏僻、生活配套设施不够完善，导致其文化水平较低，生存和发展能力较差。因此，政府可以通过教育宣传、提供技术咨询和指导、完善教育配套设施、提供各种技术培训等方式进行文化和技术投资，提高当地居民的知识文化水平与生产技术水平。通过建立可持续发展的长期有效机制，提高当地居民的知识水平、生活技能，促使他们采用先进的作业技术，改良落后的生产方式，从而还可以带动当地区域经济与科技创新能力。除此之外，通过提升居民环保意识，减少生态环境的破坏，实现可持续发展，对生态保护和资源开发起到事半功倍的效果。这种方法需要政府投入大量的人力与财力，在实施上可以通过宏观调控、申请区域补偿政策、争取中央转移支付等手段确保方案长期有效进行。

总之，稀土矿区生态补偿应根据当地情况选择最合适的一种或几种方式组合使用。政府应以实现矿区经济可持续发展为目标，采用“授之以渔”的补偿方案，在保护和恢复矿区生态环境的同时给予当地经济发展更多的帮助，换“输血式”补偿为“造血式”补偿。

由于自然环境以及矿区生态属性存在差异，因此矿区的生态恢复时间不一定完全相同。稀土矿区生态补偿期限的长度应根据矿区生态修复时间科学确定，同时相关部门也需要根据实际情况划定补偿标准。

7.3　稀土矿区生态补偿的计量模型

7.3.1　稀土矿区生态补偿标准的确定

稀土矿区生态补偿时应以稀土开发所在矿区进行生态维护和恢复的成本为最低标准，通过利用由生态补偿机制得到的补偿资金使受到破坏的水土环境和植被存活条件得到恢复，同时保障开发区域的居民维持正常的生活状态。

稀土矿区生态补偿中考虑到对生态环境因素等方面造成的损失进行生态补偿，可以定义为稀土矿区资源开发补偿的最高标准(Plantinga et al.，2001)。其中，生态环境因素的损失主要是采矿过程中引起的环境污染和生态损坏的经济损失。为此，稀土矿区生态补偿主要指矿区环境修复以及矿区生态系统服务价值的补偿，既包括矿区开采对生态价值造成的损失，也包括矿区生态治理所需的成本(Plottu E and Plottu B，2007)。综合来看可通过下式表示：

$$V = \sum_{i=1}^{m_1} A_i + \sum_{i=1}^{m_2} B_i + \sum_{i=1}^{m_3} C_i \tag{7.1}$$

式中，V 为环境影响总费用；A_i 为生态修复成本的第 i 项成本；B_i 为生态环境污染损失中的第 i 项损失；C_i 为生态破坏损失中的第 i 项损失；m_1 为生态修复治理的项目数；m_2 为生态环境污染损失的项目数；m_3 为生态破坏损失的项目数。

以上述生态补偿最低标准为实例，构建稀土资源开发生态补偿的补偿下限计量模型。考虑稀土资源在开采过程中生态破坏、环境污染和居民损失等因素，建立稀土资源开发生态补偿标准模型的补偿公式：

$$\mathrm{EC} = \mathrm{ED} + \mathrm{EN} + \mathrm{ER} \tag{7.2}$$

式中，EC 为生态补偿；ED 为生态破坏损失补偿；EN 为环境污染损失补偿；ER 为居民损失补偿。

7.3.2　稀土矿区资源开发生态价值计量

稀土矿区资源开发生态价值的计量主要以各类生态系统服务功能要素为依据，从生态资源价值损失展开计量，通过其恢复的成本进行核算，主要包括地表土壤损耗补偿(ED_S)、水资源破坏损耗补偿(ED_W)、水土流失损耗补偿（ED_L）和植被破坏损耗补偿（ED_V）。一些稀土矿区用池浸法或地井法开采，即用溶液(如氯化钠溶液)就地浸出稀土矿，造成地表土壤损坏，地表土壤损耗补偿就是对损坏土地的使用价值进行的补偿(Reiser and Shechter，1999)。水资源破坏损耗补偿指对水资源价值的补偿，此处所指水资源主要是稀土开采过程中被破坏的地下水资源。水土流失补偿则是针对矿区开发对土地和植被的环境影响，包括对地质地形的破坏，以及地表裸露等引发的水土流失进行的补偿。植被破坏损耗补偿是指矿区生产经营活动中对占用或破坏植被进行的补偿(景邀颖和王承武，2017)。用公式表述如下：

$$ED = ED_S + ED_W + ED_L + ED_V \tag{7.3}$$

$$ED_S = Q_1 \times S \tag{7.4}$$

$$ED_W = Q_2 \times W \tag{7.5}$$

$$ED_L = Q_3 \times L \tag{7.6}$$

$$ED_V = Q_4 \times V \tag{7.7}$$

式中，Q_1 为每单位面积土壤恢复标准；S 为土壤损耗面积；Q_2 为每单位水价；W 为水资源破坏量；Q_3 为每单位水土流失治理费用；L 为水土流失面积；Q_4 为每单位植被恢复标准；V 为植被破坏面积。

7.3.3　稀土矿区资源开发环境污染损失计量

稀土矿区资源开发造成的环境污染同样可以根据国家有关排污费征收标准进行计量，可计量的环境污染排放按照其治理成本进行核算。从污染物的种类来看，稀土矿资源开发的环境污染主要包括大气污染、水污染以及固废污染，稀土矿自身特点以及开采工艺上的特殊性，使其污染物种类较多且许多污染物对环境影响较大。比如，湿化冶炼中产生的大量废水含有氨、氯等离子，这些物质可能对水体造成严重影响。稀土矿区排放的大气污染物包含硫化物、氟化物以及颗粒物等，对大气环境具有严重威胁。此外还有熔渣甚至铁钍渣等固体废弃物，其放射性危害相当明显，需要专业性的治理。综合来看，稀土资源开发环境污染计量主要从水环境污染补偿（EN_W）、大气污染补偿（EN_A）和固体废弃物污染补偿（EN_S）三个方面进行核算，根据有关具体污染物的费用征收标准，形成稀土矿区环境污染损失公式：

$$EN = EN_W + EN_A + EN_S \tag{7.8}$$

$$\mathrm{EN}_W = 0.7 \times Q_5 \tag{7.9}$$

$$\mathrm{EN}_A = 0.6 \times Q_6 \tag{7.10}$$

$$\mathrm{EN}_S = S \times Q_7 \tag{7.11}$$

式中，Q_5为硫酸根、氯离子、铵离子等水污染物的污染当量之和；Q_6为氟化物等大气污染物当量总和；S为不同种类固体废弃物排放征收标准；Q_7为各种固体废弃物排放量。

第8章　天然气矿区生态补偿

天然气[1]属于能源体系中的一大板块，对我国发展绿色低碳能源的目标有不可替代的作用。随着天然气在生产生活领域应用的不断扩大，天然气资源开发和利用在我国经济社会发展中占据着重要地位。党的二十大报告强调“推动能源清洁低碳高效利用”，天然气作为支柱性的清洁能源，应更好地协调其勘探开采权责，发挥其独特的能源作用，促进国民经济高质量发展。近年来，国内一直在积极探索天然气矿区生态补偿机制，但从效果反馈来看，还不足以支撑绿色矿区的全面转型。其中，针对补偿政策涉及的补偿相关方的定位和利益区分，尚且没有明确的法律支撑，同时生态补偿的资金从哪里来、用到哪里、怎么用以及补偿标准都存在争议（滕文标，2022）。其次，天然气矿区补偿政策的落实难以执行统一标准，根据各地情况不同而采取不同的措施，并且措施实施者之间会有利益冲突，导致政策的实际落实情况与预期发生明显偏差。同时，天然气的开发具有复杂性，对当地的影响不仅体现在能源的利用方面，还体现在生产、生活多方面，因此构建一个合理的、全面的天然气生态补偿机制存在诸多挑战和困难。针对这些问题，我们在建设矿区生态补偿机制的同时，也要积极开展天然气生态补偿的实践，使二者有机地结合起来，推进生态环境保护。

8.1　我国天然气矿区资源开发现状分析

8.1.1　天然气矿区资源开发现状

我国能源长久以来的特征是“富煤、贫油、少气”，多年来主要依靠煤矿能源，但近些年我国清洁能源占比逐步提高，其他能源消费占比有所下降，能源消费结构更趋合理，2020年我国煤炭消费比例降至57%以内。作为我国重要清洁能源的天然气的消费尽管占比不大，但其所占比例一直在上升。2020年，天然气占国内能源消费总量的比例为8.40%（图8-1）。

①本章所指的天然气包括常规天然气和非常规天然气（主要为致密气、页岩气和煤层气）。

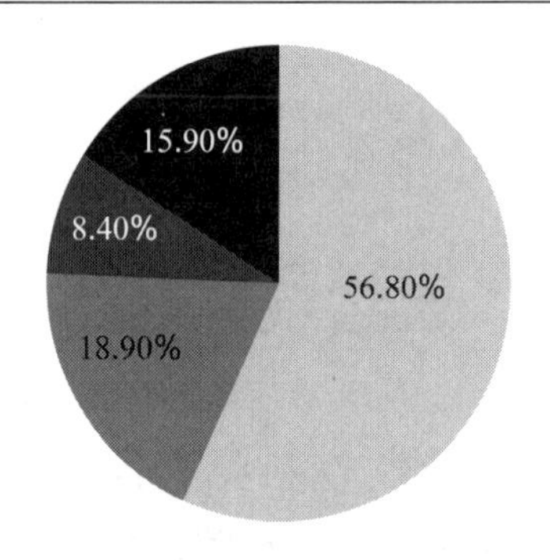

图 8-1 2020 年中国能源消费结构
资料来源：《2021 中国统计年鉴》。

在改革开放背景下，我国加强了对天然气的开发利用，尤其是工业领域的天然气使用发展迅速，全国储量与产量都有大幅增长(图 8-2)。据《中国能源大数据报告(2020)》，我国油气资源总量丰富，天然气地质探明储量达 2665.78 亿 m^3，同比增长 5%。全国天然气产量最高的为西北地区，其次是西南地区，两者的天然气产量都占到全国总产量的 1/3 以上。在进口方面，由于我国对于天然气的需求较大，整体数量保持稳定增长，其中 2021 年中国液态天然气进口量同比增长 17.6%，但总体价格逐渐趋于稳定。从产量上看，近年来我国天然气产量持续上升，2021 年我国天然气产量超过 2000 亿 m^3。

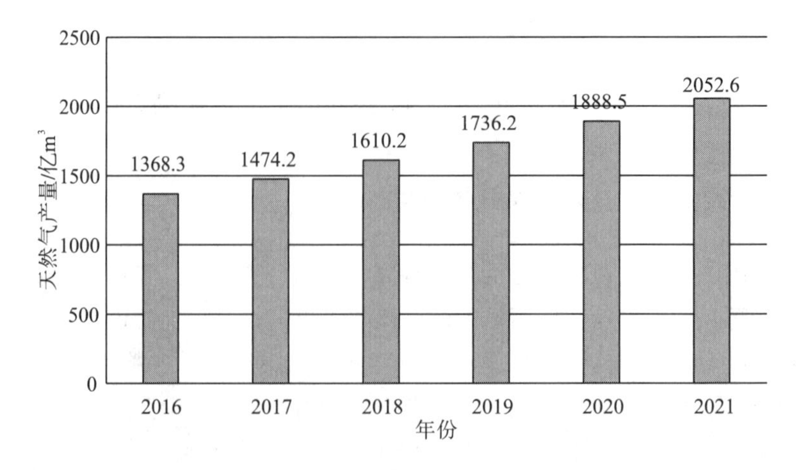

图 8-2 2016～2021 年我国天然气产量
数据来源：国家统计局。

近年来，我国的天然气工业得到快速发展，但是天然气资源对产地经济发展的促进作用并不明显，一些天然气资源矿区的经济落后于其他地区。在这种情况下，生态保护法律法规以及补偿制度就显得尤为重要，有关部门应严格遵守生态补偿的基本原则，对受益地区收取收益基金，将其用于补偿天然气矿区资源开发的生态破坏地区，让受益地区保证受损地区的生态系统服务价值不受损失(范雅君等，2011)。例如，四川省为西部大省，同时为天然气矿产资源的主要储存基地，承受了资源开采带来的较大生态环境压力，相对而言收益又较小，需要实现油气企业与地方共建共享。

在天然气产量逐步增加的同时，需要注意天然气开发中可能出现的生态环境遭到破坏的情况。本章结合我国天然气资源开发利用的实际情况，对天然气矿区生态补偿有关内容开展分析和研究，对促进天然气矿区人和自然和谐相处、加速推动绿色发展具有积极意义，且对国内同类资源开发补偿也有一定的借鉴意义。

8.1.2　天然气矿区资源开发相关政策要求

2015 年，中共中央、国务院印发了《生态文明体制改革总体方案》，该方案作为新时代我国生态文明建设的战略指导，明确了要组建对天然气等自然资源权属问题进行统一管理的有关机构，并负责自然资源开发相关的出让管理事务等。该方案虽然没有直接提出天然气矿区生态补偿的内容，但也引起了天然气行业对矿区生态补偿的关注。近年来国内外能源发展形势多变，尤其针对清洁能源领域的科技开采和创新利用备受关注，我国天然气能源领域在产业开发、技术水平、配套设施等方面也有了长足发展。但就目前来看，我国天然气供需矛盾仍然存在。为了缓解这一矛盾，近年来我国发布了一系列与天然气矿区相关的战略措施与政策文件，分别从天然气开发利用战略、稳定供应机制、所有制改革等方面进行了探索实践，明确了非常规天然气开发利用的重要性以及相关战略措施，对其产业规模扩大有明显的刺激作用与政策引导作用。这些政策措施激励了天然气行业进行技术升级，减少了传统开采的时间和成本，促进了天然气行业企业扩大开采，行业资金投入增加产出效果明显。

8.1.3　天然气矿区存在的生态环境问题

1. 天然气矿区地质地形复杂，资源开发和环境治理难度较大

我国有四大天然气矿区：一是四川矿区，二是柴达木盆地矿区，三是

陕北矿区，四是塔里木盆地矿区。这些矿区地质结构复杂，都存在地层压力大、资源埋藏深、污染伴生物等实际情况，这些现实条件不仅增加了天然气开采的总体难度，还增加了天然气矿区环境污染治理的压力。

2. 天然气矿区深度开发易对地质、土壤造成直接性破坏

埋藏深是天然气资源的主要特点之一，其埋藏深度一般在500～6000m。我国天然气开采的最大深度已经超过6000m，需要通过钻井活动将天然气资源从地下引到地面。天然气开发不可避免地要动用大型设备，在地面上需要搭建井架和铺设井场，大型设备设施和建筑物会占用土地资源，对植被造成一定的破坏。除此以外，在钻井过程中需要使用钻井液，钻井液如处理不当，其中含有的重金属、油类、聚合物等物质渗入地表土壤会造成严重的环境污染，导致土壤质量恶化，使土壤丧失种植能力(刘洋等，2021)。

3. 天然气矿区资源开发过程中对地下水体的影响

在开采天然气钻井过程中产生的废钻井液如果未处理好，不仅会泄漏到土壤中，还会通过钻井活动产生的浅层地表的裂缝漏失，从而污染浅层地表水。这些浅层地表水往往直接参与日常生活用水的循环。也就是说，废钻井液污染的浅层地表水可能直接影响当地群众的生活以及身体健康，并且废钻井液在地表流动甚至向下泄漏还会影响农作物生长以及更深层的地下水资源。钻井所形成的井眼也会对表面和深层的土壤和岩体造成影响，破坏原本的岩层、土层结构，使地层遭受破坏进而影响地下水平衡，导致大量水资源漏失，破坏地下水的循环，浅层地下水也会因此枯竭。在天然气开采过程中为了提高产量，常用到的压裂改造活动也可能对地层造成负面影响，如把有害的压裂液压入地层。

4. 天然气矿区资源开发中天然气的释放对大气质量的影响

为保证钻井活动正常运行，需要对没有经济开发价值的非目的层位的气层进行释放，这部分气层释放的气体会直接对大气质量产生影响。同时，地下环境多变且难以预测，处置稍有不当(如钻井液压力不足时)，会发生井喷，钻井液、天然气以及其他地层物质会直接喷涌到地面甚至几十米的高空，对周边环境和动植物造成直接危害，且随着大气流动，污染范围不断扩大。比如，2003年重庆罗家寨发生的特大井喷事故，大量较高浓度的硫化氢气体释放到空气中，造成9.3万人受灾，6.5万余人被迫疏散，243人遇难。

8.1.4　天然气矿区生态补偿的案例分析

1. 苏里格气田修复开发案例

苏里格气田在鄂尔多斯市境内，其勘探面积达到 6×10^4km^2，天然气总资源量近 5×10^{12}m^3。苏里格气田属低渗、低压、低丰度气田，储层非均质性强，埋藏较深，单井控制储量少，是开采难度较大的低渗透气田。苏里格气田所在地具有人口密度低、土壤贫瘠以及降水量少等特点，过去开发利用过程中曾存在经营粗放的情况，不合理的开采以及大规模不节制地对资源进行开发造成植被破坏、水体污染、土壤污染等问题，直接导致当地生态系统被破坏。

因此目前在对苏里格气田进行开采的过程中，积极对所造成的危害适时地进行修复，改进创新了有关的生态修复技术，如钻井渡浆池无害化处理、固液分离、钻井岩屑资源化再利用等技术。苏里格气田还进行了管理方面的革新，形成了“苏里格模式”，探索了“5+1”合作开发路径，不仅降低了油气田开发建设成本和质量，同时也形成了一套气田开发的环保措施。在经济效益方面，改善并保护了气田的生态环境以及周边居民的居住环境；在社会效益方面，利用创新技术对荒漠进行治理，符合国家生态文明发展的理念，促进社会的和谐发展；在环境效益方面，防止了地表水污染、大气污染、生态系统退化可能带来的食品安全问题，还有废弃钻井液等难降解污染物的占地问题与安全隐患，为苏里格气田及其所在地区的可持续发展起到了重要的作用。

2. 普光气田修复开发案例

普光气田位于四川达州市，地处长江中上游，属于水源保护区，于 2009 年成功投产，气田开采面积为 1118km^2，资源量为 891.6km^3，累计探明地质储量为 4157 亿 m^3。截至 2022 年，普光气田累计生产天然气超 1000 亿 m^3，累计减排温室气体 1.34 亿 t 二氧化碳当量。普光气田是我国首个成功投运的特大型海相高含硫气田，具有高酸、高压以及巨深的特点，因此勘探以及开发的难度都很大，开发产生的二氧化硫、硫化氢浓度较高，如果不进行技术改进以及生态修复，气田所处区域会在短短几年内变成荒山秃岭。

为修复气田开发带来的生态环境破坏，普光气田每年都会在气田所在地开展生态调查，监测包含环境质量、物种多样性在内的各类指标 80 余项并进行评估分析，调研攻克减少硫排放的新技术、新工艺，系统化管理能源体系建设运行，培养天然气领域的高端人才，承担起有关社会责任，支持拆迁居民的安置工作。普光气田自投产至2021年，投资超59亿元用于生态修复以及节能减排，拆除了40余座固废池，并处理了超过20万m^3开发产生的固体废弃物。除此以外，对于占用的土地，普光气田已全部完成了生态修复。普光气田在天然气供应上为长江经济带的经济发展提供了活力；在生态修复以及节能减排上的成功不仅改善了区域的生态环境，而且为建设美丽中国做出了贡献。同时，普光气田还在技术攻关突破、安全生产、人才培养、经济带动等方面为其他地区气田的开发利用起到了示范作用，2018年达州市获批建设国家天然气综合开发利用示范区，为全面推进我国矿区绿色发展提供了重要基础。

8.2 天然气矿区生态补偿基本模式与框架设计

矿产资源是人类社会经济发展的物质基础。人类在资源开发的同时需对其在生态方面造成的损害进行补偿，也就是说，要建立生态环境自我修复机制以及生态资源再生补偿机制。天然气矿区同样必须坚持“谁利用、谁补偿，谁损害、谁付费”的原则，建立科学、公平、合理、有效的生态补偿机制。

从组织框架上来看，天然气矿区生态补偿架构主要包含补偿政策、补偿计量、补偿征收、补偿流通等有关专门机构，全面针对生态补偿的主体、客体、征收流通等重要环节的具体问题，从政策框架到工作流程全方位保障天然气生态补偿的顺利运行(图8-3)。

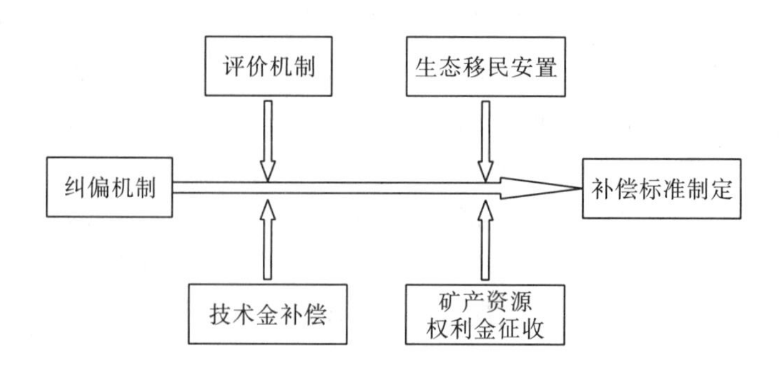

图8-3 天然气矿区生态补偿框架模式

此组织体系的难点在于如何确定生态补偿标准，明确的生态补偿标准是有效执行的基础。根据“谁开发、谁保护，谁破坏、谁补偿”的原则，对天然气开发造成的污染损失和环境破坏进行相应补偿的主体应是天然气的相关开发企业。

关于天然气矿区生态补偿的问题，可以从破坏和受益的角度进行分析。一方面是天然气矿区的活动对生态环境造成的破坏，包括水环境、植被环境、土壤环境等；另一方面，天然气矿区也会给当地经济发展和群众利益带来一定程度的损失。为此，天然气矿区生态补偿的受偿主体主要包括当地政府和居民，具体的征收机构和管理部门根据国家和地区行政管理体系而定。

对于天然气资源生态补偿费用的征收管理，本章认为应采取所在地辖区管理的方式。天然气资源开发所在地应设立生态环境修复执法部门，由该部门负责气田环境的修复、企业项目的审批，以及信息采集中心的建立等工作，且其可直接管理相关资金的运营，如根据生态环境修复相关项目对企业划拨资金。为确保资金使用的效果与效率的提升，其生态修复和生态治理项目的最终成果验收工作由省级环保部门共同负责，并提交相关报告。此外，天然气矿区生态环境修复执法部门有权委托第三方对生态环境治理修复的成果进行复核，复核的结果直接报送上级部门并进行通报，责令不合格责任人进一步投入和整改，直至合格。

除此之外，政府在生态补偿政策的制定与实施中应始终处于领导地位，使矿区生态补偿有据可依。政府应协调好各部门与组织间的关系，同时加强法律规章的监管，确保天然气生态补偿的实际效果。

8.2.1　天然气矿区生态补偿的实施范围与对象

天然气矿区生态补偿的实施范围是与其生态环境损害有关的各经济主体，从利益相关者的角度看，主要为受益者。在天然气资源开发过程中，首先受益的是天然气资源开发企业、运输企业等，其次是天然气的使用者，最后是天然气的终端消费者。所以，承担天然气矿区生态补偿费用的主体应为天然气资源的开发者、运输者、消费者等受益于资源利用效益的群体。天然气产业链庞大，终端消费人群难以统计和管理，为此可通过价格转嫁原理，政府对产业链前端的开发者征收补偿费用，开发者通过价格机制将部分费用转嫁给下游企业，由使用者和终端消费者间接承担补偿费用。

天然气矿区生态补偿的对象是指在天然气资源开发过程中对当地生

态环境资源造成破坏的因素：一方面是指对生态环境修复治理的相关成本，而这些成本的载体即开展生态保护行为的载体，可以是政府有关环保部门、专门开展环境保护的社会组织，甚至是对环境造成破坏的企业本身；二是天然气矿区在开发过程中对当地政府和群众造成的损失，以及给环境治理带来的经济损失和机会成本等，应对其受损的利益进行补偿。天然气矿区生态补偿的费用主要用于环境的修复和有关损失的补偿。生态补偿资金应坚持专款专用原则，将除必要的管理费用之外的资金全部投入生态环境治理以及对当地居民的损失补偿。

8.2.2 天然气矿区生态补偿途径

1. 发挥政府宏观调控作用

天然气作为我国最重要的矿产资源之一，其矿区生态补偿机制的建立需以我国矿产资源开发政策为基础，充分发挥政府的宏观调控作用。我国从 20 世纪 80 年代中期开始对矿产资源征收资源税，并于 90 年代开始征收资源补偿费。尽管我国已经出台了相关政策，但生态补偿目前仍是一个新兴事物。由于生态环境保护具有经济外部性，政府在其建设中需要发挥宏观调控的作用，充分发挥法律手段、经济手段和必要的行政手段的作用，构建天然气矿区生态补偿机制。首先，坚持市场的决定性作用，积极推动天然气资源型产品价格市场化改革，建成符合我国社会主义市场经济体制的天然气产品价格形成机制。其次，发挥市场的调节作用，构建市场交易机制，促使天然气矿区生态补偿主体和受偿主体能够进行交易。针对天然气矿区的开发程度，设置不同的补偿方式。对于老矿区而言，历史遗留问题较多，生态修复治理的成本高，主要依靠政府投入资金。新矿区的补偿资金应事先规划，并进行过程管理，天然气矿区开发企业应负责开发过程中的生态保护和事后的环境修复工作（孙即才，2019）。

2. 国家政策法规的大力支持

随着社会的经济发展，清洁能源需求日益增长，据国际能源署预测，天然气预计将在 2030 年成为世界第二大能源，其使用占比将在 2040 年与石油基本持平。

尽管我国生态补偿工作已开展多年，多个地区也分别制定了本地相关管理办法，但目前我国尚缺乏生态补偿的相关法律法规。颁布多年的《中华人民共和国矿产资源法》也仅对矿产资源开发做出了征收资源税和资源补偿税的规定，没有明文规定目前急需实行的生态补偿方法和措施。因此，天然气矿区生态补偿的当务之急是实现有法可依，以法律的形式确定矿区生态补偿的标准、范围、方式和对象等，使生态补偿的工作能够落实。具体而言，应该在已有的《中华人民共和国矿产资源法》和相关政策法规的基础上，紧密结合我国天然气矿区的实际，建立多面统筹、落地可行的法律法规体系。其次是要加强环境执法工作，为矿区生态补偿提供可靠保障，将天然气生态补偿机制纳入法治管理轨道。2019 年、2020 年我国相继出台了矿业权、矿产资源管理改革等政策文件，明确提出了油气资源探矿权出让试点等政策。《“十四五”现代能源体系规划》提出，要放开油气上游的勘探开采市场，“全面实施矿业权竞争性出让”，以及“生态环境分区管控”等要求，为具体的天然气生态补偿政策制定及实行提供方向、打下基础。

3. 社会公众的积极参与建设

天然气矿区生态补偿涉及多方利益主体，因此在制定相关补偿措施时，有必要听取多方意见，让社会公众积极参与生态补偿机制的建设。同时，要重点关注天然气矿区附近居民的意见，考虑居民的生产、生活和发展需求。积极开展宣传工作，让更多的社会公众了解和支持天然气矿区生态补偿，激发他们的热情，从而投身于矿区生态环境的保护工作（黄自英等，2015）。

8.2.3　天然气矿区生态补偿的方式

1. 基于绿色 GDP 的生态环境资源经济核算机制

传统国民经济核算主要从经济产品价值出发，从经济产值规模、增速等方面对经济发展进行计算评估，并没有将环境和资源的损失计入，忽略了生态系统发展的实际情况。绿色 GDP 指在进行核算时将生态环境损失纳入减值部分，将自然资源和环境保护取得的成效纳入增值部分，从而客观真实地反映了经济和社会的发展状况（余雷鸣等，2022）。构建与绿色 GDP 相适应的资源环境核算体系，有利于提高人民的环保意识，让政府和社会公众主动参与生态补偿机制的构建，从而推动天然气矿区的生态补偿工作（隋春花和赵丽，2010）。

2. 构建支撑有力、管理规范的中央财政转移支付制度

中央财政转移支付是中央政府支持地方建设、协调全国经济发展水平的重要宏观调控手段，对地方经济发展、财政能力、社会保障等方面具有重要意义。天然气作为我国重要的清洁能源，在我国能源生产和消费结构中具有非常重要的地位，天然气资源开发利用产业链主要由国有企业开展运营，是地方和国家经济的重要支撑。针对天然气矿区尤其是大型矿区生态补偿开展中央转移支付，将有力支持天然气矿区环境修复治理和生态经济效益的进一步实现，是天然气资源绿色开发的重要资金来源。

3. 探索实施绿色税收政策

绿色税收是以保护环境为目的，对自然环境资源实现可持续发展而设立的绿色税制，是我国为建设美丽中国进行的新型税制改革实践。绿色税收以环境治理外部性内部化为目的，对与生态环境有关的经营活动制定适当的税种税目，增强以税收促进天然气矿区生态补偿的调控力度。绿色税收政策主要包含生态差别税收和生态环境补偿税两种，生态差别税收是根据纳税人对资源环境的影响制定不同税率标准的税收，生态环境补偿税则是以保护生态环境为目的而征收的税(余雷鸣等，2022)。

4. 建立矿区生态环境建设的融资机制

生态建设项目具有收益低、风险高、建设周期长的特点，需要庞大的资金作为支撑，因此资金短缺将阻碍矿区资源开发生态建设的推进。天然气矿区生态环境建设的资金来源除了政府补贴和企业补偿，还需要进行相应资本融资(生态融资)。天然气矿区在进行生态补偿时，还应关注生态融资的重要性，将部分资金用于生态融资的启动，通过市场金融杠杆扩大生态金融资产的规模。

8.3 天然气矿区生态补偿的计量模型

天然气矿区生态补偿是对天然气开发过程中损减的矿区生态环境功能，以及矿区因资源开采而丧失发展机会等的损失进行补偿。生态破坏与环境污染是天然气矿区生态环境损失的两种主要表现，生态破坏主要表现为土地沙漠化、草地退化、森林资源匮乏、水资源紧缺、生物多样性减弱等多个方面，主要是在勘探、钻井等气田工程建设初期造成的。据生态价

值理论，生态系统服务功能的损耗和环境治理成本均是生态环境损失的主要构成，机会成本和市场价值是核算生态补偿标准的重要手段。其中，天然气矿区开发对自然资源和环境造成的直接损失可以通过市场价值法计算(Stenger et al.，2009)。间接损失可以从使用价值、选择价值等方面进行分类，包括天然气矿产资源开发会影响植被的水土保持功能，天然气资源开发利用对后代能源资源选择造成的损失等。由此可以得出，天然气矿区生态补偿也应当从矿区的生态环境直接损失和间接损失出发，分别计量环境污染损失和生态系统价值损失两个方面，环境污染损失一般可通过国家有关标准进行核算，生态系统价值种类繁多，难以一一计量，所以主要以耕地、森林、湿地、草地和水等主要生态资源作为生态系统价值损失的核算指标。天然气矿区生态补偿计量公式如下：

$$EC = EC_1 + EC_2 \tag{8.1}$$

式中，EC 表示生态损失；EC_1 表示生态系统价值损失；EC_2 表示环境污染损失。

8.3.1　天然气矿区生态补偿标准的确定

生态补偿的标准是根据对损失程度的衡量而定的，开发者或受益者作为补偿主体应为其对资源环境造成的各种损失而付出相应的代价(Sara and Scherr，2002)。相对其他矿产资源领域，天然气矿区涉及的利益关系比较明确，生态补偿收费主体、受益对象也相对明确，这些因素使得在对天然气矿区进行补偿时，其交易成本比其他领域低，交易体系也容易建立，但确定最合适的生态补偿标准以达成补偿目标是一个必须解决的难题(Senbel et al.，2003)。生态系统本身极其复杂，对其产生的影响具有滞后性，因此在制定生态补偿标准时应具有前瞻性。

本章在综合考虑一些补偿主体经济承受能力的前提下，结合国内外相关研究成果，制定了天然气矿区的生态补偿标准。

8.3.2　天然气矿区资源开发生态系统价值损失计量

天然气矿区资源开发生态系统价值损失计量公式如下：

$$EC_1 = \sum_{i=1}^{n} EL_i \tag{8.2}$$

式中，EC_1 表示系统价值损失；n 是自然资源的数量；EL_i 表示第 i 种自然资源的损失。

天然气矿区资源生态系统价值的损失主要分为直接损失、间接损失和生态修复费用三大类。直接损失衡量的是矿区开发活动对土地、水源、植被等造成的直接破坏。间接损失体现的是对矿区生态资源功能的影响。对于可计量的生态损失，我们一般采用市场价值法、机会成本法来计算，对于一些缺乏参考意义的资源市场价格，可以通过估算资源使用者放弃使用该资源的机会成本来衡量(Wackernagel and Rees，1996)。对于类似水资源这样既有市场价格又有生态资源功能的生态损失，需要交叉使用市场价值法和机会成本法计算(Van Wilgen et al.，1996)。综上所述，耕地、森林、湿地、草地和水资源都属于天然气开发的生态系统价值损失计量，可通过以下公式表述：

$$\mathrm{EC} = \sum_{i=1}^{n} \mathrm{EL}_i = \sum_{i=1}^{n} (\mathrm{ELD}_i + \mathrm{ELI}_i + \mathrm{ELR}_i) \tag{8.3}$$

式中，i 表示某种资源，如水、森林、耕地、湿地和草地等；ELD_i 表示天然气矿区第 i 种资源的直接生态损失费用，ELI_i 表示天然气矿区第 i 种资源的间接生态损失费用，ELR_i 表示天然气矿区第 i 种资源的间接生态修复费用。

8.3.3 天然气矿区资源开发环境污染损失计量

受环境及技术等的限制，天然气开发活动造成的环境污染和破坏的损失很难进行客观计量。比如，工厂的建立对城市景观的破坏，很难定量计算。但同时，对于部分影响，矿区企业能够通过自觉行为进行规避，从而恢复和替代原有的环境功能。比如在工厂附近开展绿化，使用环保设备减少污染排放等。因此，环境污染的计量可以用建设防护、治理设施及措施花费的成本来进行等价换算，并根据其特点通过工程费用来计量。

天然气矿区的环境污染损失主要有大气污染、水污染、土壤污染、固体废弃物污染损失，因此治理这些污染产生的治理费用和维护成本可以用于衡量污染造成的损失。因此，天然气矿区资源开发环境污染损失为大气污染、水污染、固体废弃物污染损失和土地污染的防治费用(刘洋，2019)。计算公式如下：

$$\mathrm{EC}_2 = L_\mathrm{A} + L_\mathrm{W} + L_\mathrm{S} + L_\mathrm{E} \tag{8.4}$$

式中，L_A 表示天然气开采产生的大气污染损失；L_W 表示天然气开采产生水污染损失；L_S 表示天然气开采产生的固体废弃物污染损失；L_E 表示天然气开采产生的土壤污染损失。

第 9 章　资源型城市生态补偿与转型发展

资源型城市是矿区在城市维度的体现，有些资源型城市甚至可以被看作是一个“大矿区”，其矿产资源开发产业链要比一般矿区长得多，生境也更加复杂。本章通过对我国资源型城市的现状进行梳理，结合国内外研究成果，提出了资源型城市的生态补偿思路和补偿模式，并通过研究资源型城市的经济差异，阐述资源型城市面临困境的原因和发展思路，从而侧面支持资源型城市建立生态补偿机制的必要性。

9.1　资源型城市的生态补偿

我国现有 170 余种矿产资源，包括能源矿产、金属矿产、非金属矿产和水气矿产。依托资源开发，资源型城市的经济水平得以提升，但单一的经济发展模式往往带来能源损耗和环境破坏，尤其是随着资源能耗水平不断上升，资源开采规模不断扩大，环境问题日益突出。针对这种资源型城市发展带来的问题，国务院于 2013 年 11 月颁发《全国资源型城市可持续发展规划(2013—2020 年)》，以全国 262 个资源型城市为对象，对资源型城市内涵进行定义，对资源型城市发展方向进行统筹。

9.1.1　资源型城市生态补偿的主要思路

依据本地资源储量，区域内的各类资源开发、加工、产业生产程度，可对资源型城市进行定位。资源型城市的经济发展在很大程度上都是资源相关产业带动的，居民生活水平提升、生活质量提高、生活条件改善等都依赖资源的损耗。资源本身具有不可逆性和有限性的特点，如果长期过度开采和使用，会对资源型城市的发展造成严重影响，甚至会使地区面临资源环境恶化、资源枯竭等现象。我国资源型城市众多，在推动经济社会发展中有着非常突出的历史贡献，因此对资源型城市的规划和有序开展生态补偿是我们需要考虑的问题。

对资源型城市进行生态补偿刻不容缓，但相对矿区而言，资源型城市开展生态补偿的框架构建、机制建设等更为复杂。从历史发展的角度来看，资源型城市往往是与区域内一个或多个矿区相伴发展，其城市功能、发展规模、发展潜力都和矿产资源开采息息相关。我国对资源型城市生态补偿的探索实践相对滞后，主要有利益关系错综复杂、机制规范不完善、责任主体有待落实等多方面的原因。

生态破坏的根源在于经济因素。对于资源型城市，由于资源开发有巨大的利益，生态保护工作常常遇到挑战。从环境经济学角度来分析，生态环境保护产生的正外部性和环境破坏产生的负外部性没有达成统一内化，从而导致社会成本和私人成本不相等(Brunnermeier and Cohen，2003)。因此，资源型城市生态补偿应该是建立在实现生态环境外部性的内部转化，调节私人成本和社会成本的差异，协调自然资源受益者、破坏者与生态环境保护者、治理者之间利益的目的上，同时以经济手段为主要形式进行相关环境补偿政策制定和政策落实。生态补偿的实质是对资源进行重新配置，资源型城市生态补偿也应当遵循“谁开发、谁保护，谁受益、谁补偿，谁污染、谁治理，谁破坏、谁修复”的基本原则，以提高资源型城市自然环境承载力、支撑资源型城市绿色发展为目的，根据生态系统服务价值、生态补偿成本计量等理论和方法，综合运用政策和市场手段，建立符合实际的生态补偿机制，依靠生态补偿对资源型城市能源优化重组、产业转型升级和环境的恢复治理。

9.1.2 资源型城市生态补偿模式研究

生态补偿要求因地而异，为了保障不同地方都有良好的生态补偿效果，需要制定因地制宜的补偿方法。在生态补偿操作与环境建设时，针对资源型城市，从系统内部角度出发，其生态补偿以补偿过程中的各相关利益方为主，包括地方政府、居民、矿产资源开发企业等。根据补偿主体和补偿实施的方式路径的不同，资源型城市主要有以下三种生态补偿模式。

(1)三方合作治理模式。由地方政府、资源开发企业和所在地居民三方合作开展治理，三方治理的重要前提是中央政府的指导，中央政府在各方面都具有明显的优势，如对资金的把控、政策的制定、信息技术的供应等。中央政府对方案的实施和协调监督在地方大型生态补偿项目中均彰显出重要的引导作用、激励作用、约束作用、协同作用，如补偿政策的制定、补偿承诺的敲定、补偿资金的把控、对失信企业与未合理管制的地方政府的惩罚等。如果没有中央政府对地方政府在补偿资金、方式等方面的指导、约束和监督，地方政府在绩效考核、行政实施，矿业企业在产业政策、信贷、优惠税收、许可证等方面会难以协调，生态补偿具体实施的效果将受到影响。完善的中央政府引导下的补偿模式，会推动矿产资源开采企业、地方政府和所在地居民三方在生态补偿中开展长久的理性合作。

(2) 地方政府和企业合作治理的模式。在生态环境治理上应当理清“新账”和“旧账”，采取分而治之的方式开展生态补偿，这样才能有效避免纠纷。生态“新账”和“旧账”的治理都要先确定好资源环境修复的责任主体和范围，结合不同历史进程中政策制度的具体实施情况和资源环境开发主体，分别开展生态补偿。生态“旧账”由地方政府进行修复治理，建立废矿区生态修复治理基金，基金的主要来源是国家和地方政府的财政拨款。生态“新账”主要由采矿企业负责治理，按照国家对矿产资源开发税制改革、机制管理的实际要求，通过缴纳相应的税费、补偿费等，也可通过委托的形式让有关环境治理部门或者专门的治理组织进行修复治理，修复治理的效果由专业机构进行评估并作为生态补偿的主要依据。

(3) 企业自身组织恢复治理的模式。大型矿产资源开发企业与当地城市发展联系紧密，重视自身荣誉的企业适合采用自行组织修复治理模式。该模式的具体实施原理如下：为保证生态矿产资源开采企业自觉履行环境修复义务，建立生态修复基金，由开发企业自行组织环境的修复与治理，无条件且自觉地接受社会监督以及政府指定的专业评估部门的检验评估。

以上几种生态补偿模式既相互独立又相互联系。从可行性方面看，对资源型城市的生态补偿应优先考虑地方政府和企业合作治理模式，尤其是在环境污染严重、亟待开展重大治理时，应以政府实施为主，以政府指导和要求企业自行开展环境治理为补充。生态“旧账”与生态“新账”分别治理的模式有助于企业和政府的明确分工，尤其是在居民生态保护意识、经济实力薄弱的实际情况下，该补偿模式在有效分配和生态补偿金使用方面对保证生态治理成果有重大的意义(王月英，2020)。

9.1.3　资源型城市经济差异与影响因素

本节以全国 23 个资源型城市为基本单元，进一步分析不同资源型城市经济发展差异和影响因素，为资源型城市转型发展模式分析提供基础。

1. 研究方法说明

基尼系数是从总体上衡量国家或地区经济差异不均等程度的相对量统计指标，基尼系数越小，表示经济差异越小；基尼系数越大，则表示经济差异也越大。其计算公式如下：

$$G = 1 - \sum_{i=1}^{n} P_i \times \left(2\sum_{k=1}^{i} W_k - W_i \right) \tag{9.1}$$

式中，G 为基尼系数；i 为研究城市人均 GDP 由低到高的序号；W 是每个城市人均 GDP 与全部城市人均 GDP 的比值；P_i 是每个城市人口与全部人口的比值；n 是城市数量；k 是第 1 个城市到第 n 个城市的序号。计算基尼系数时，先将城市人均 GDP 由低到高进行排序。

泰尔指数可以用于衡量地区间的收入差距。根据算法的不同，泰尔指数有泰尔指数 T 和泰尔指数 L 之分，泰尔指数 T 以 GDP 比例加权计算，泰尔指数 L 以人口比例加权计算。泰尔指数 T 越大，表示区域内经济差异越大。泰尔指数 T 的计算公式为

$$T = \sum_{i=1}^{n} y_i \ln \frac{y_i}{p_i} \tag{9.2}$$

式中，n 是研究城市数量；y_i 是 i 地区 GDP 占整个区域 GDP 的比例；p_i 是 i 地区人口占研究城市总和的比例。泰尔指数 T 可以分解为群组差异和群组间差异，其公式为

$$T = \sum_{j} y_j \times \left(\sum_{i} \frac{Y_{ji}}{Y_j} \times \ln \frac{Y_{ji}/Y_j}{P_{ji}/P_j} \right) + \sum_{j} \left(y_j \times \ln \frac{y_j}{p_j} \right) \tag{9.3}$$

式中，y_j 是 j 地带人均 GDP 与全部城市 GDP 的比值；Y_{ji} 是 j 地带 i 城市的人均 GDP；Y_j 是 j 地带人均 GDP；P_{ji} 是位于 j 地带的 i 城市的人口数量；P_j 是 j 地带人口的总和；p_j 是 j 地带人口与总人口的比值。

测度经济差异的指标包括人均 GDP、人均国民收入和人均消费水平等，不同指标的选择以及对选取指标的不同处理方法，可能导致不同的结论。综合数据收集、指标信息反映等因素，本书采用人均 GDP 衡量资源型城市经济差异。以资源型城市为基本研究单元，对于资源型城市的界定，依据国家发展改革委宏观经济研究院确定的动态原则和发生学原则。基本研究单元的选取以全国资源型城市为基础；同时，由于资源型城市在资源开发之后，交通等配套设施总能很快地建立起来，因此本书研究单元的选取不包括在资源开发之前就已发展比较成熟，资源的开发只是加快了城市发展的那一类城市，如大同、邯郸，而侧重选取因资源而生并逐渐发展起来的资源型城市。

以我国 23 个资源型城市为研究对象，如表 9-1 所示。选取 2007～2019 年 23 个资源型城市的市区年均人口、市区人均 GDP。原始数据来自历年

中国城市统计年鉴以及部分城市的国民经济与社会发展统计公报，部分年份数据根据增长率推算获得，部分市区年均人口由当年年末人口数和上年年末人口数计算获得，同时为消除价格变动对研究结果的影响，将各年人均 GDP 转化为 2007 年不变价。

表 9-1　资源型城市分布状况

	石油城市	钢铁城市	有色冶金城市	煤炭城市
东部地区	东营	—	—	枣庄
西部地区	克拉玛依	攀枝花	白银、金昌	—
东北地区	大庆、盘锦	鞍山、本溪	—	鸡西、鹤岗、双鸭山、七台河、阜新
中部地区	—	马鞍山	铜陵	阳泉、朔州、淮南、淮北、鹤壁、平顶山

2. 资源型城市人均 GDP 的基尼系数和泰尔指数演变

根据以上公式计算出 2007～2019 年资源型城市人均 GDP 的基尼系数和泰尔指数如图 9-1 所示，基尼系数和泰尔指数测度的经济差异在这一段时间走势基本一致，总体上表现出波动性的减小趋势。2007～2011 年，基尼系数和泰尔指数都呈现出的趋势反映出资源型城市经济差异缩小。2013～2016 年，基尼系数和泰尔指数呈下降趋势，并在 2016 年达到最低值，资源型城市经济差异在这一时间段缩小。2016～2019 年，基尼系数和泰尔指数呈倒“U”形变化，2017 年资源型城市经济差异稍微扩大，但是从 2018 年开始又趋于减小。

图 9-1　资源型城市人均 GDP 基尼系数和泰尔指数

3. 资源型城市经济差异的区域尺度分解

从表 9-2 可以看出，就区域的分解而言，资源型城市经济差异主要是区域内差异引起的。区域内资源型城市经济差异对总差异的贡献率始终保持在 80%以上，2007 年为最高，达到 88.04%，此后区域内差异呈现下降的趋势，到 2019 年达到最低的 82.87%，但依然是资源型城市经济差异的主要来源。就区域对区域内差异的作用来看，东北地区的贡献最大，最高年份 2007 年达到 41%，而最低年份 2019 年也高于 35%。其次是东部地区，东部地区对经济差异的贡献率基本维持在 20%。贡献率最小的是西部地区和中部地区，中部地区对经济差异的贡献率维持在 10%～11%，而西部地区对经济差异的贡献则呈现出波动下降的趋势。相对于区域内差异对总体差异的影响，四大区域间差异的贡献率比较小，其贡献率均值为 14.32%。同时，区域间差异对总体差异的贡献率呈现逐年上升的趋势，由 2007 年的 11.96%增加到 2019 年的 17.13%，这也反映出位于不同区域的资源型城市经济差异略有扩大的趋势。就区域内差异和区域间差异的趋势来看，各区域内资源型城市间经济差异趋于减小而各区域间资源型城市经济差异趋于扩大。

表 9-2　资源型城市泰尔指数区域分解

年份	$T_{东北}$	$T_{中部}$	$T_{西部}$	$T_{东部}$	$T_{内}$	组内贡献率	$T_{间}$	组间贡献率	$T_{总}$
2007	0.0930	0.0259	0.0367	0.0454	0.2010	0.8804	0.0273	0.1196	0.2283
2008	0.0917	0.0258	0.0360	0.0452	0.1987	0.8789	0.0274	0.1211	0.2261
2009	0.0902	0.0251	0.0355	0.0449	0.1957	0.8758	0.0277	0.1242	0.2234
2010	0.0887	0.0244	0.0346	0.0444	0.1921	0.8729	0.0280	0.1271	0.2201
2011	0.0869	0.0253	0.0341	0.0440	0.1902	0.8672	0.0291	0.1328	0.2193
2012	0.0855	0.0260	0.0348	0.0436	0.1899	0.8608	0.0307	0.1392	0.2206
2013	0.0841	0.0252	0.0341	0.0437	0.1870	0.8545	0.0318	0.1455	0.2189
2014	0.0826	0.0247	0.0316	0.0439	0.1828	0.8496	0.0324	0.1504	0.2151
2015	0.0811	0.0245	0.0291	0.0440	0.1787	0.8484	0.0319	0.1516	0.2106
2016	0.0797	0.0249	0.0278	0.0442	0.1766	0.8446	0.0325	0.1554	0.2091
2017	0.0791	0.0255	0.0283	0.0446	0.1775	0.8396	0.0339	0.1604	0.2114
2018	0.0777	0.0256	0.0289	0.0449	0.1771	0.8369	0.0345	0.1631	0.2116
2019	0.0769	0.0234	0.0287	0.0451	0.1741	0.8287	0.0360	0.1713	0.2101

从四大区域经济差异走势来看，东北地区泰尔指数虽然呈现减小的趋势，但总的来说，东北地区对资源型城市经济差异有着比较高的贡献率，东北地区资源型城市的经济发展有比较大的差异。东北地区有着较为丰富的自然资源，同时也是我国的老工业基地，资源型城市在资源类型、城市发展阶段的不同导致了经济发展的差异。以大庆和阜新为例，大庆是成熟型的石油城市，阜新是衰退型的煤炭城市，2019 年大庆人均 GDP 是阜新的 14 倍，同样位于黑龙江的煤炭城市鸡西、鹤岗与大庆则有着更大的差距。西部地区泰尔指数呈现减小的趋势，其经济差异对于资源型城市经济差异的总体贡献率由 2007 年的 16%下降到 2019 年的 13%，西部地区资源型城市经济差异在这一时间段有一定程度的缩小。这反映了石油城市克拉玛依相对其他资源型城市在人均 GDP 上的领先，也反映了其他类型资源型城市近年经济发展上的加速。

相较而言，东部地区和中部地区的泰尔指数走势比较平稳。东部地区泰尔指数的走势囿于本书基本单元的选取，东部地区自然资源相对匮乏，城市发展也比较成熟，由资源开发建立起来的城市较少。本书选取的分别是石油城市东营和煤炭城市枣庄，资源类型和人口数量的差别也导致二者的人均 GDP 长期存在差异。中部地区基本单元的选择包括煤炭、石油、钢铁和有色冶金各种资源型城市，煤炭城市与其他资源型城市的差距，尤其是与石油城市的差距始终比较大。

在资源型城市经济差异区域分解分析中，我们发现资源类型也是导致同一区域资源型城市经济差异的重要因素。东北地区资源类型丰富，建立在不同类型资源基础上的城市存在比较大的经济差异，因而东北地区经济差异对总体差异贡献较大。中部地区以煤炭城市为主，资源型城市类型相对较为单一，经济发展差距不大，因而中部地区对总体差异贡献较小。改革开放以来，我国长期实施区域非均衡发展战略，这一战略的实施，形成了国民经济整体增长的经济核心区，也带动了整个国民经济的增长。进入 21 世纪以来，为了缩小不同区域间经济差异，又先后实施了西部大开发、中部崛起和东北老工业基地振兴等国家战略，通过转移支付等政策推动中西部地区经济发展。由于享有的政策优惠不同，相邻而位于不同区域的城市也表现出扩大的经济差异(张庆宁，2015)。然而，在对资源型城市经济差异的泰尔指数分解中，区域间差异对资源型城市总体经济差异贡献不大，我们认为在资源开采和资源中初级加工的基础上，资源型城市的第二产业发展比较成熟，区域非均衡发展战略对资源型城市的影响较小，这一推断是否适用于所有工业发展较为成熟的城市有待进一步研究。

4. 资源型城市经济差异的资源类型分解

由表 9-3 可以看出，资源类型内经济差异对总体差异的贡献率稳定在 16%～18%，同一资源类型资源型城市经济差异对于总体差异的作用相对来说比较小。这当中，石油城市和煤炭城市间的差异对总体差异的贡献较大，钢铁城市和有色冶金资源型城市的经济差异对总体差异的贡献较小。但是，无论是钢铁城市、有色冶金城市，还是石油城市、煤炭城市，同一资源类型城市的经济差异总的来说都还是比较小。

表 9-3 资源型城市泰尔指数资源类型分解

年份	$T_{有色}$	$T_{钢铁}$	$T_{石油}$	$T_{煤炭}$	$T_{内}$	组内贡献率	$T_{间}$	组间贡献率	$T_{总}$
2007	0.0023	0.0049	0.0177	0.0139	0.0388	0.1699	0.1895	0.8301	0.2283
2008	0.0022	0.0048	0.0174	0.0137	0.0380	0.1682	0.1881	0.8318	0.2261
2009	0.0021	0.0045	0.0174	0.0136	0.0376	0.1684	0.1858	0.8316	0.2234
2010	0.0021	0.0042	0.0171	0.0135	0.0368	0.1673	0.1832	0.8327	0.2201
2011	0.0021	0.0038	0.0170	0.0137	0.0365	0.1663	0.1828	0.8337	0.2193
2012	0.0020	0.0036	0.0178	0.0139	0.0372	0.1687	0.1834	0.8313	0.2206
2013	0.0019	0.0034	0.0188	0.0139	0.0380	0.1737	0.1809	0.8263	0.2189
2014	0.0019	0.0033	0.0185	0.0138	0.0375	0.1745	0.1776	0.8255	0.2151
2015	0.0020	0.0033	0.0168	0.0136	0.0357	0.1693	0.1750	0.8307	0.2106
2016	0.0020	0.0032	0.0161	0.0135	0.0348	0.1663	0.1743	0.8337	0.2091
2017	0.0021	0.0031	0.0167	0.0135	0.0355	0.1678	0.1759	0.8322	0.2114
2018	0.0020	0.0031	0.0174	0.0135	0.0360	0.1702	0.1755	0.8298	0.2116
2019	0.0018	0.0017	0.0175	0.0132	0.0342	0.1627	0.1759	0.8373	0.2101

相较而言，资源类型的差别是导致资源型城市经济差异的主要原因，2007～2019 年资源类型间的差异对于总体差异的贡献率基本保持在 83%的较高水平，并且波动幅度很小。资源型城市以资源产业为支柱产业，资源类型对经济差异有两条作用途径。一是资源的价格，资源价格的上升会促进城市经济的发展，相反，资源价格下降时也会减缓经济的发展速度。石油价格在 2008 年后便步入快速上升的通道；煤炭价格在 2009 年开始恢复性上升并在 2010 年加速上涨，在 2010 年到达最高值；铁矿石价格在 2015 年前都是呈现缓慢增长的态势，资源价格的走势与基尼系数和泰尔指数反映的资源型城市经济差异变动基本一致。二是资源型城市依托资源所实现的产业化程度，在资源开采之外，资源型城市往往依托资源建立起资源产品加工的产业，也就是资源型产业集群，而资源型产业集群发展程度也决

定了资源型城市经济的发展。石油价格上涨在促进石油城市经济发展的同时，也带动了石油城市经济支柱石化产业的发展，但也拉大了石油城市与其他资源型城市经济的差距，这可以从石油城市人均 GDP 大幅领先其他资源型城市得到印证。

资源类型对资源型城市总体经济差异的高贡献率和资源对同一区域内资源型城市经济差异的影响，既是资源型城市依托资源而建立的写照，也反映了资源型城市普遍存在产业结构单一的问题。资源是资源型城市在经济发展方面得天独厚的优势，而资源、能源在国民经济中的重要地位，也使资源型城市在建立、发展的过程中享有后天的政策倾斜。这既贡献了资源型城市经济的发展，也强化了资源型城市资源依赖、产业结构单一、城市功能不完善的发展模式。近年来，随着资源的萎缩、资源需求的增加和国际地缘政治影响的加剧，资源型城市单一产业结构的弊端日益显现，并进而放大了资源型城市在生态、环境和城市功能等方面的问题。我们认为，资源型城市的转型应始终依托资源优势，依靠科技和创新，延长资源产业的产业链，提高资源产业的附加值，以实现产业结构的升级。

从以上分析得出结论：资源型城市经济差异呈现波动减小趋势。从区域地带的角度来看，资源型城市经济差异主要是区域内差异引起的。其中，东北地区资源型城市经济差异最大，中部地区资源型城市经济差异最小。相对而言，区域间差异对于资源型城市经济总体差异的影响较小。就资源类型而言，不同类型的资源型城市间经济差异较大，资源类型间经济差异对资源型城市经济差异有 80%以上的贡献率。基于此，可以认为资源型城市普遍存在资源依赖过度、产业结构单一的问题。这也是资源型城市功能、环境和生态等问题的根源。因此，在经济驱动方式由单极驱动向多极驱动转变的背景下，资源型城市经济转型和可持续发展应该依托资源，依靠科技进步的创新驱动，延长资源产业链，提高产业附加值，充分发挥资源产业的比较优势，在均衡发展理念下的城市网络、城市群越来越被认可的情况下，将资源产业培育成特色产业和优势产业，进而实现产业的升级和城市的转型(黄寰和段航游，2015)。

9.2　环境规制对资源型城市转型发展的影响

党的二十大报告强调，全方位、全地域、全过程加强生态环境保护，坚定不移走生产发展、生活富裕、生态良好的文明发展道路。为此，需要坚持绿水青山就是金山银山的理念，以资源高效化利用和环境友好化发展为导向，坚定不移地推进我国生态文明建设。我国有资源型城市262座，约占全国城市总数的40%。在我国经济的快速发展过程中，资源型城市依托对矿产等自然资源的开发利用，长期供应一系列战略性必要资源。可以说资源型城市的产业良好发展对于我国能源保障系统和经济运行体系至关重要。然而不少资源型城市的资源依赖性较高，长期的开发使得资源迅速衰竭，逐渐出现经济发展疲软、环境污染突出以及城市产能过剩等问题，严重阻碍产业健康运行。随着生态文明建设进一步推进，我国的资源型城市生态环境保护面临着更高的要求，如何协调产业结构和保护生态环境成为其发展的重要一环。环境规制能够通过规模效益和替代效应调节企业的生产选择，降低资源的开发利用强度，从而降低对环境的破坏，然而同时也可能削弱城市的发展能力，使城市经济增长乏力，进而影响环境规制政策的实施效果。因此，在生态文明建设的背景下，资源型城市的环境规制政策是否能够协同产业转型，深化资源产业链，缓解环境压力，培育资源型城市新的经济增长点，成为亟待研究的重要课题。

9.2.1 机理分析

针对资源型城市产业结构转型升级的研究涵盖了产业发展各个环节，在转型评价方面，杨建林等(2018)针对我国西部地区15个资源型城市采用主成分分析评价其产业结构转型能力以及各个层面的支撑力，李梦雅和严太华(2018)综合运用包络分析以及熵权法评价我国40个典型资源型地级城市的产业结构转型效率，并认为研究目标城市整体转型效率偏低；在转型模式方面，李大垒和仲伟周(2015)运用高斯混合模型对我国32个典型资源型城市进行实证分析，认为产业替代模式更有利于实现产业结构转型，张继飞等(2013)认为我国云南东川地区应以“点状”形式开发环境友好型产业的模式推动产业结构转型升级；在产业选择培育方面，安慧等(2019)采用距离协调度模型对正处于产业转型阶段的城市进行产业选择研究，根据产业和经济发展的系统协调度选出最优产业选择。

关于环境规制能否促进产业结构转型升级存在众多说法，多数学者认同环境规制会影响城市产业结构转型，如钟茂初等(2015)认为环境规制会改变企业的生产选择，进而倒逼企业所处城市的产业结构进行转型；杨骞等(2019)认为环境规制能有效推进产业结构合理化，同时也能够推进城市的产业结构高度化进程。在此基础上，部分学者认为环境规制与产业结构转型升级不是简单的线性关系，如孙玉阳等(2018)认为环境规制强度与产业结构表现出“U”形关系，只有环境规制跨越其门槛值后，才能对区域产业结构升级产生促进作用；徐开军和原毅军(2014)对环境规制的正式与否做出区分，认为正式的环境规制会对产业结构转型升级产生门槛效应。

此外，资源型城市产业结构转型发展包含产业结构合理化和高度化两层含义(梁坤丽和刘亚丽，2018)，城市产业结构合理化和产业结构高度化的不断提升能够显著促进经济健康发展。产业结构合理化体现在产业之间的协同能力和有机联系的提升(原毅军和谢荣辉，2014)；产业结构高度化体现在重点产业由第二产业向第三产业过渡、由劳动密集型向资本和技术密集型转移以及由初级产品向中间产品和最终产品的过渡(孙韩钧,2012)。环境规制对产业结构调整效应体现在环境规制强度逐步提升后，企业排污处理成本压力逐渐加重，可能导致两种结果：一种是相关行业的企业生产成本增高，为了维持现有生产水平不得不转移生产至环境规制力度相对较小的地区，如范玉波和刘小鸽(2017)证实，环境规制具有明显的产业替代效应，带来污染行业的转移；另一种是污染密集型企业通过加强技术创新淘汰落后产能来维持生产规模，如杨振兵和张诚(2015)发现环境规制一定程度上能够推动企业技术创新，提高企业的产能利用效率；Brunnermeier和Cohen(2003)发现一些企业面对环境规制会主动进行技术创新，从而推动城市产业结构的调整。这两种结果可能同时发生在不同企业，也可能在同一个企业中先后发生。总的来说，环境规制通过技术创新以及产业转移影响产业结构合理化以及高度化的路径。在此基础上，可以发现环境规制对产业结构转型升级的影响存在产业转移和产业转型两种传导机制。

综上所述，虽然现有的环境规制对资源型产业结构转型升级影响的研究成果丰硕，但仍存在以下不足：第一，现有研究大多是选择一批典型资源型城市或选择一个区域内的资源型城市进行整体研究，较少考虑到处于不同发展阶段的资源型城市的异质性，在横向对比方面略有欠缺；第二，产业结构转型升级分为合理化以及高度化两个层面，现有文献多数基于单一层面讨论，缺乏整体视角；第三，环境规制对产业结构转型升级影响研究多从产业选择和企业行为方面进行，鲜有考虑资源型城市资源依赖性典型特征。那么，环境规制能否影响资源型城市产业结构转型升级？环境规制对产业结构合理化和高度化是否均有影响？环境规制对不同类型资源型城市产业结构转型升级影响有何差异？

基于以上不足，本节以107个资源型地级城市面板数据为研究对象，依据国务院对于我国资源型城市类型的划分，将资源型城市划分为成长型资源型城市、成熟型资源型城市、衰退型资源型城市以及再生型资源型城市四类，强调地区产业结构发展阶段异质性，着重分析环境规制对处于不同发展阶段的资源型城市的影响效应。基于熵权法测算环境规制水平并将其作为环境规制强度指标，从产业结构合理化以及高度化的视角，就环境规制能否促进资源型城市产业转型升级展开实证。采用泰尔指数作为衡量产业结构合理化的度量工具，采用第三产业、第二产业产值之比对产业结构高度化进行表征，依次对四类资源型城市展开实证，利用门槛回归实证环境规制对资源型城市产业结构转型升级的影响效应，为推动生态文明建设和资源型城市产业结构转型升级提供理论和实证依据。

9.2.2 研究设计

本节主要针对环境规制对资源型城市产业结构转型升级的影响效应进行研究，首先构建如下基础模型。

$$\mathrm{RIS}_{it} = \beta_0 + \beta_1 \mathrm{SCORE}_{it} + \beta_2 X_{it} + \mu_i + \nu_t + \varepsilon_{it} \tag{9.4}$$

$$\mathrm{OIS}_{it} = \beta_0' + \beta_1' \mathrm{SCORE}_{it} + \beta_2' X_{it} + \mu_i' + \nu_t' + \varepsilon_{it}' \tag{9.5}$$

式中，RIS_{it}为地区 i 第 t 年的产业结构的合理化；OIS_{it}为地区 i 第 t 年的产业结构的高度化；SCORE_{it}表示地区 i 第 t 年的环境规制水平；X_{it}为一系列控制变量，包括资源丰裕度、投资规模、政府干预强度、经济发展水平以及城市类型。μ_i、μ_i' 表示城市固定效应；ν_t、ν_t' 表示时间效应；ε_{it}、ε_{it}' 为误差项。

假设门槛回归初步证明了环境规制对资源型城市产业结构合理化以及产业结构高度化存在影响，那么进一步考虑不同水平环境规制的影响。产业结构合理化程度不同、高度化程度不同的城市，环境规制的水平对产业结构升级的效应可能有所差别。因此，探讨环境规制门槛变量在产业结构合理化和产业结构高度化中的门槛效应，其中环境规制为解释变量，产业结构合理化与产业结构高度化分别为被解释变量，实证检验环境规制与两者的门槛效应，参考汉森(Hansen)门槛模型，构建如下模型。

$$\begin{aligned}\ln \mathrm{RIS} = {}& \beta_0 + \beta_1 I(\mathrm{SCORE} \leqslant \gamma_1) + \beta_2 I(\gamma_1 < \mathrm{SCORE} \leqslant \gamma_2) \\ & + \beta_3 I(\mathrm{SCORE} > \gamma_2) + \theta X\end{aligned} \tag{9.6}$$

$$\begin{aligned}\ln \mathrm{OIS} = {}& \beta_0' + \beta_1' I(\mathrm{SCORE} \leqslant \gamma_1) + \beta_2' I(\gamma_1 < \mathrm{SCORE} \leqslant \gamma_2) \\ & + \beta_3' I(\mathrm{SCORE} > \gamma_2) + \theta X\end{aligned} \tag{9.7}$$

式中，$\gamma_1<\gamma_2$；β_1、β_1'、β_2、β_2'、β_3、β_3' 分别表示在不同门槛条件下环境规制水平对产业结构合理化和高度化的影响系数；$I(\cdot)$作为指标函数，括号内如达成条件则指标函数取 1，否则取 0。X 表示控制变量，θ 为控制变量的回归系数。

这里构建产业结构合理化以及产业结构高度化两个指标。其中，产业结构合理化表现为产业间的耦合程度以及资源配置效率水平，参考既有研究（李东坤和邓敏，2016），使用部门产值（Y）和就业人数（L）构建泰尔指数，作为产业结构合理化（RIS）的度量，其计算公式为

$$\mathrm{TI}=\sum_{i=1}^{n}\frac{Y_i}{Y}\ln\left(\frac{Y_i}{L_i}\bigg/\frac{Y}{L}\right)=\sum_{i=1}^{n}\frac{Y_i}{Y}\ln\left(\frac{Y_i}{Y}\bigg/\frac{L_i}{L}\right) \tag{9.8}$$

式中，Y_i表示单位产值；L_i表示单位从业人数。TI 值越低，表明产业结构的合理化程度越高。采用泰尔指数进行测量可以有效降低各城市的产业基础、资源丰裕度和经济基础等差异影响；参考干春晖等（2011）的计算方法，使用第三产业与第二产业产值之比来度量产业结构高度化（OIS），其比值越大，表明产业结构越趋向高度化。

核心解释变量环境规制水平（SCORE）的测度，本书采用熵值法对各项指标进行赋权，能够有效规避各指标重叠的信息对结果的影响，使结果更具有科学性。根据环境规制理论，选取工业 SO_2 去除率、烟尘去除率、工业固体废弃物综合利用率、生活污水处理率和生活垃圾无害化处理率 5 个单项指标，在此基础上利用加权求和方法对资源型城市环境规制水平进行测度评价。环境规制水平越高，说明该城市环境规制越严格。

考虑到研究对象资源型城市的特性和划分，加入其他可能对资源型城市的产业转型升级造成影响的因素：①资源丰裕度（ra），由采掘业从业人数与年末总人口之比进行表征，考虑到资源丰裕度一方面可以推动产业发展，另一方面随着经济发展造成资源依赖性增强，阻碍产业结构优化，因此其预期符号不确定。②投资规模（is），采用各地区全社会固定资产投入进行衡量，资产投入可能使企业扩大生产规模进一步发展第二产业，阻碍产业结构高度化，也可能提升企业生产效能，促进产业结构合理化，因此预期符号不确定。③经济发展水平（gdpp），通过地区人均 GDP 来衡量，资源的开发会带来经济增长，同时也会导致产业结构不平衡，而经济水平的进一步提升会促进产业结构优化，因此预期符号不确定。④政府干预程度（dgi），采用私营和个体从业人员占单位就业人员的比例进行测算，政府干预会影响政策效力，适度干预会促进产业结构优化，而过度干预可能导致“搭便车”行为，进而抑制产业结构升级，因此预期符号不确定。

研究范围遵循《全国资源型城市可持续发展规划》规定，将资源型城市分为成长型、成熟型、衰退型和再生型四类。第一类是成长型城市，这类城市处在成长阶段，资源储备充足，整体呈现向上发展趋势；第二类是成熟型城市，该类城市的资源经过一段时间的开发利用，相较于上一类城

市储量略有减少，同时生态环境方面和产业结构方面存在一些问题；第三类是衰退型城市，这类城市经过长期的资源开发，已经无法依赖资源发展，并且无论是环境、产业还是经济方面都存在较多的历史遗留问题；第四类是再生型城市，这类城市大多已经完成了产业结构的转型，培育出许多新兴产业，不再依赖资源开发驱动。指标数据均来自历年的《中国统计年鉴》、《中国城市统计年鉴》、《中国环境统计年鉴》以及各地方统计年鉴等。

9.2.3 实证结果分析

1. 产业结构合理化

对变量间的数量关系进行产业结构合理化回归分析，从模型的拟合度来看，大体样本的拟合度都高于 0.60，因而整体模型的拟合度非常好，对方程的解释程度较高。从豪斯曼(Hausman)检验结果可以看出，固定效应 F 值都显著大于 0，强烈拒绝“原假设：混合回归是可以接受的”，豪斯曼检验结果也表明所有 P 值都显著大于 0，强烈拒绝“原假设：扰动项与 X、Z 相关”，所有的样本应该选择固定效应模型，因此本书选择固定效应回归模型，分类别检验环境规制对产业结构合理化的影响，回归结果如表 9-4 所示。(1)～(5) 列分别是以成长型、成熟型、衰退型、再生型以及全样本的资源型城市产业结构合理化指数为被解释变量的回归结果。考虑到产业结构合理化所采用的指标值与合理化呈反向关系，若回归系数为负，则代表该项指标对产业结构合理化起正向作用。

表 9-4 环境规制对产业结构合理化的影响

	(1)	(2)	(3)	(4)	(5)
	成长型	成熟型	衰退型	再生型	全样本
ln gdpp	−1.636**	0.787	5.425***	0.208	0.294*
	(−2.07)	(0.47)	(4.93)	(1.14)	(1.65)
ln is	1.486***	−0.118	−2.993***	0.354***	0.291**
	(2.94)	(−0.12)	(−4.13)	(3.06)	(2.57)
ra	−91.941***	−103.498***	−118.388***	−22.214***	−69.787***
	(−7.94)	(−4.28)	(−8.33)	(−2.61)	(−10.93)
SCORE	−4.233***	−8.116***	−4.738***	−7.611***	−7.303***
	(−2.77)	(−3.49)	(−2.80)	(−6.05)	(−8.70)

续表

	(1)	(2)	(3)	(4)	(5)
	成长型	成熟型	衰退型	再生型	全样本
dgi	5.880***	5.561***	3.705***	6.065***	5.253***
	(16.16)	(12.97)	(12.36)	(20.26)	(29.72)
地区固定效应	Y	Y	Y	Y	Y
时间固定效应	Y	Y	Y	Y	Y
_cons	6.278***	10.185***	6.499***	6.510***	7.522***
	(3.22)	(3.16)	(3.68)	(5.73)	(8.49)
N	190	200	330	350	1070
R^2	0.827	0.676	0.628	0.680	0.642
Adj.R^2	0.80	0.63	0.58	0.64	0.60
Hausman（P 值）	11.26（0.026）	66.26（0.000）	38.35（0.000）	71.76（0.000）	31.49（0.000）
F（P 值）	51.88（0.000）	25.31（0.000）	56.13（0.000）	26.69（0.000）	108.46（0.000）

注：回归系数下方括号内数值为 t 值。***、**、*分别表示在 1%、5%、10%水平下显著。

从表 9-4 分类型视角来看，对成长型资源型城市而言，ln gdpp、ra、SCORE 回归系数均为负，对 ln RIS 具有正相关显著性影响，ln is 和 dgi 对 ln RIS 具有负相关显著性影响，说明资源丰裕度、环境规制水平以及经济发展水平会促进产业结构合理化，而政府干预程度和投资规模可能进一步影响资源型行业规模，不利于产业结构的合理化。成熟型资源型城市中，ln is、ln gdpp 对 ln RIS 无显著性影响，ra、SCORE 回归系数为负，且回归系数值大于成长型城市，对 ln RIS 具有正相关显著性影响，dgi 对 ln RIS 具有负相关显著性影响，这类城市一般具有较为成熟的开发利用体系，经济发展水平和投资规模的变化对其产业影响相对较小，但通常资源开发频繁且生态环境问题较为严重，资源丰裕度和环境规制水平有助于产业结构合理化发展。衰退型样本中，ln gdpp、dgi 对 ln RIS 具有负相关显著性影响，ln is、ra、SCORE 对 ln RIS 具有正相关显著性影响；这类城市资源储量趋紧，且产业发展内生动力不足，社会生态历史遗留问题较多，固定资产投资和环境规制水平能促进产业结构合理化。对再生型资源型城市而言，ra、SCORE 对 ln RIS 具有正相关显著性影响，ln gdpp、dgi 对 ln RIS 具有负相关显著性影响，这类城市资源开发趋于停止，环境规制水平和资源丰裕度可以促进产业结构合理化，政府干预程度和地区发展不利于产业的结构合理化。总体来看，环境规制水平能对资源型城市产业结构合理化起到良好的推动作用，均通过 1%水平显著性检验，其对成熟型城市的影响效应最明显，再生型次之，均高于全国水平，对成长型城市的产业结构合理化影响最低；而政府干预程度普遍对产业结构合理化有负面影响，同样均通过 1%水平的显著性检验，其对再生型城市影响效应最明显，成长型和成熟型次之，衰退型最低。

2. 产业结构高度化

对变量间的数量关系进行产业结构高度化回归分析，从模型的拟合度来看，大体样本的拟合度都高于 0.40，因而整体模型的拟合度较好，对方程的解释程度不低。豪斯曼检验结果与前文相同，此处不再赘述，因此本书选择固定效应回归模型，回归结果如表 9-5 所示。

表 9-5 环境规制对产业结构高度化的影响

	(1)	(2)	(3)	(4)	(5)
	成长型	成熟型	衰退型	再生型	全样本
ln gdpp	0.159***	−0.074**	−0.114***	0.017***	0.014**
	(3.65)	(−2.22)	(−4.48)	(2.64)	(2.54)
ln is	−0.084***	0.080***	0.097***	0.025***	0.021***
	(−3.00)	(3.94)	(5.75)	(5.97)	(5.81)
ra	3.598***	2.028***	2.117***	1.198***	2.118***
	(5.63)	(4.21)	(6.42)	(3.93)	(10.47)
SCORE	0.145*	0.022	0.048	−0.052	0.055**
	(1.72)	(0.48)	(1.22)	(−1.17)	(2.05)
dgi	−0.047**	−0.034***	−0.016**	−0.046***	−0.038***
	(−2.36)	(−3.93)	(−2.35)	(−4.33)	(−6.77)
地区固定效应	Y	Y	Y	Y	Y
时间固定效应	Y	Y	Y	Y	Y
_cons	0.120	0.013	0.104**	0.022	0.031
	(1.12)	(0.20)	(2.54)	(0.54)	(1.09)
N	190	200	330	350	1070
R^2	0.467	0.600	0.525	0.484	0.424
Adj.R^2	0.39	0.55	0.46	0.42	0.36
Hausman (*P* 值)	11.26 (0.0198)	89.23 (0.000)	23.15 (0.000)	67.59 (0.000)	95.32 (0.000)
F (*P* 值)	29.06 (0.000)	31.29 (0.000)	59.23 (0.000	63.51 (0.000)	141.29 (0.000)

注：回归系数下方括号内数值为 *t* 值。***、**、*分别表示在 1%、5%、10%水平下显著。

表 9-5 显示，环境规制水平对成熟型、衰退型和再生型样本的产业结构高度化未通过显著性检验，但整体来看，对产业结构高度化具有显著正向影响，说明总体上环境规制水平有利于产业结构高度化。政府干预程度对于各类型城市样本和总体样本产业结构高度化都表现出负相关性显著影响，尤其是对于成长型城市，政府干预程度会阻碍产业结构高度化。资源丰裕度总体对产业结构高度化有正向显著影响，回归系数由大至小分别是成长型、衰退型、成熟型、再生型。分类型来看，与其他类型城市不同，成长型资源型城市投资规模扩大不利于产业结构高度化，这可能是因为成长型资源型城市的投资更多集中在资源型产业。成熟型资源型城市的投资规模和资源丰裕度会对产业结构高度化产生有利影响，原因可能是成熟型资源型城市具有更加稳定的资源开发利用体系。对于衰退型资源型城市，投资规模对产业结构高度化有正向影响，而经济发展水平提升不利于产业结构高度化。与衰退型资源型城市不同，经济发展水平有利于再生型资源型城市产业结构高度化，这可能是因为再生型资源型城市大多转型较为成功，经济增长多靠第三产业拉动。

3. 门槛回归分析

考虑以环境规制水平 SCORE 作为门槛变量，将 ln RIS、ln OIS 分别作为被解释变量，对环境规制水平 SCORE 不存在门槛值、存在一个门槛值、存在两个门槛值以及是否存在三个门槛值分别进行估计，运用 Stata15.0 统计软件，通过反复抽取样本 1000 次得出检验统计量对应 P 值，判断门槛效应是否存在，检验结果如表 9-6 所示。

表 9-6　门槛效应检验

被解释变量	门槛数量/个	F 值	P 值	10%显著性水平	5%显著性水平	1%显著性水平
ln RIS	1	123.21	0.018	83.1569	103.0057	135.3109
	2	30.47	0.067	25.8246	33.8923	52.3931
	3	10.76	0.959	0.959	169.192	200.9399
ln OIS	1	40.34	0.051	29.4285	40.4637	69.0846
	2	30.89	0.093	29.8293	37.1259	50.6738
	3	23.26	0.789	55.1428	64.8302	80.668

从检验结果可以看出，当 ln RIS 作为被解释变量，环境规制水平 SCORE 作为门槛变量时，F 值仅在 1 个门槛和 2 个门槛在 10%的显著性水

平具有门槛效应，对应的 P 值均小于 0.1，因此模型中仅存在两个门槛值；当 ln OIS 作为被解释变量，环境规制水平 SCORE 作为门槛变量时，F 值仅在 1 个门槛和 2 个门槛在 10%的显著性水平具有门槛效应，对应的 P 值均小于 0.1，因此模型中也仅存在两个门槛值。所以，产业结构合理化和产业结构高度化分别作为被解释变量时，均有两个门槛值，门槛值估计结果如表 9-7 所示。

表 9-7　门槛估值结果

被解释变量	SCORE	95%的置信区间	被解释变量	SCORE	95%的置信区间
ln RIS	0.89749	（0.8697，0.8783）	ln OIS	0.8547	（0.8494，0.8559）
	0.8975	（0.8716，0.8921）		0.3512	（0.3425，0.3561）

图 9-2 为 ln RIS 作为被解释变量的两个门槛估计值 0.89749、0.8975，图 9-3 为 ln OIS 作为被解释变量的两个门槛估计值 0.8547、0.3512 的似然比函数图。其中，LR 统计量最低点为对应的真实门槛值，虚线表示临界值 7.35，结合图 9-2 的检验结果和门槛值可以看出 2 个门槛效应不是很明显，因而 ln RIS 作为被解释变量时应该只存在单一门槛较为合理；结合图 9-3 和门槛值可以看出临界值 7.35 都明显大于 2 个门槛值，因此 ln OIS 作为被解释变量的 2 个门槛估计真实有效。也就是说 ln RIS 作为被解释变量时实际只有单一门槛，估计值为 0.8975，ln OIS 作为被解释变量存在 2 个门槛，估计值分别为 0.8547、0.3512。

在得到门槛值的同时，以 ln RIS 和 ln OIS 作为被解释变量的门槛回归检验结果，结果如表 9-8 所示。

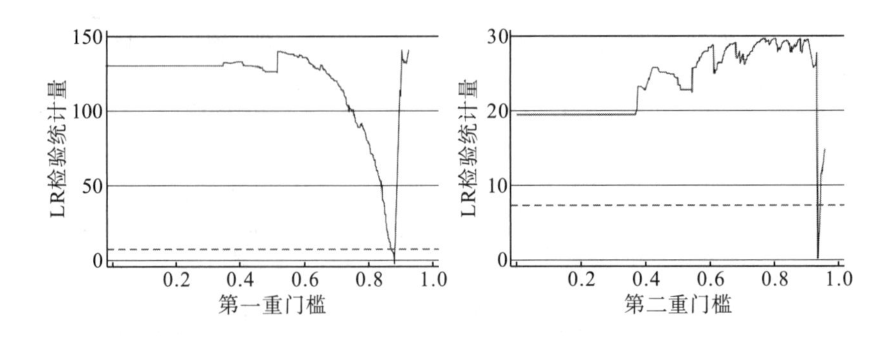

图 9-2　产业结构合理化环境规制 2 个门槛估计结果

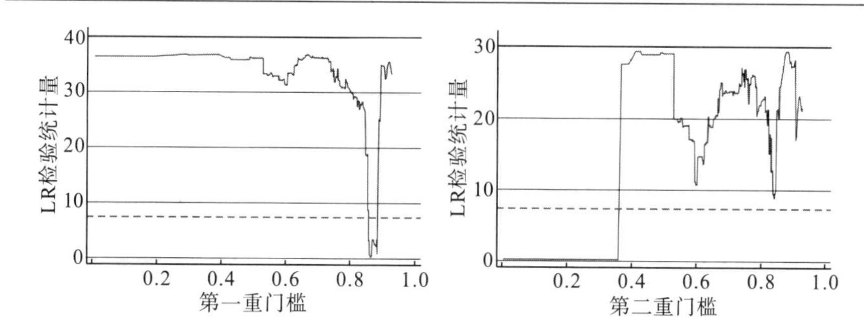

图 9-3　产业结构高度化环境规制 2 个门槛估计结果

表 9-8　门槛回归

变量	(1) ln RIS	变量	(1) ln OIS
ln gdpp	0.522***	ln gdpp	0.565***
	(4.49)		(4.90)
ln is	0.350***	ln is	0.364***
	(4.81)		(4.99)
dgi	0.846***	dgi	0.868***
	(5.17)		(5.30)
SCORE≤0.8975	−1.446* (2.02)	SCORE≤0.3512	2.420*** (3.93)
SCORE>0.8975	9.376*** (17.88)	0.3512<SCORE≤ 0.8547	1.163* (1.90)
		SCORE>0.8547	−8.814***
			(−16.51)
_cons	2.83***	_cons	2.246***
	(4.47)		(3.81)
N	1070		1070
R^2	0.753		0.852
Adj.R^2	0.72		0.83

注：***、**、*分别表示在 1%、5%、10%水平下显著。

当 ln RIS 作为被解释变量时，不同的环境规制水平对产业结构化的影响存在较大差异，当环境规制宽松时(SCORE≤0.8975)，回归系数为−1.446；当环境规制严格时，回归系数为 9.376，两个回归系数均在 10%水平下显著；当 ln OIS 作为被解释变量时，不同的环境规制水平对产业高级化的影响存在较大差异，当环境规制较为宽松时(SCORE≤0.3512)，回归系数为 2.420，当环境规制水平适中时（0.3512＜SCORE≤0.8547），回归系数变为 1.163，当环境规制较为严格时，回归系数回落到-8.814，两个回归系数均在 10%水平下显著。

由此可知，从产业结构合理化视角来看，对于资源型城市而言，随着环境规制的逐步加强，环境规制会对城市产业的结构合理化产生正面影响，而一旦跨过 0.8975 的门槛值，环境规制会对产业结构合理化产生负面作用。从产业结构高度化视角来看，环境规制对产业结构高度化的推动会随着环境规制的收紧不断被削弱，在达到 0.8547 的门槛值后，环境规制收紧会抑制产业结构高度化，且影响系数显著大于促进效应下的影响系数，这说明过于严格的环境规制会对产业结构高度化产生较大影响。

4. 小结

本部分以资源型地级市为研究对象，将资源型城市分为成长型、成熟型、衰退型以及再生型，运用门槛回归分析，对环境规制影响资源型城市产业结构转型升级进行分析实证，得出以下主要结论。①从产业结构合理化角度出发，环境规制对四类资源型城市均能起到促进影响，且环境规制对其存在显著门槛效应，随着环境规制强度不断增加，其会对产业结构合理化起到先促进再抑制的影响。②从产业结构高度化角度出发，环境规制能够推动成长型资源型城市产业转型，对成熟型、再生型以及衰退型资源型城市没有显著影响。环境规制对其存在显著门槛效应，随着环境规制的收紧，环境规制能够推动产业转型升级，但推动效应也会不断降低，而环境规制进一步增强，将会减缓资源型城市产业结构的高度化进程。③结合产业结构合理化、高度化的门槛值和四类资源型城市环境规制水平，发现目前我国资源型城市环境规制水平均处于对产业结构的合理化和高度化起促进作用的范围。④对四类资源型城市而言，政府干预对产业结构转型两方面都产生负面作用，其中，对再生型资源型城市合理化负向效应最大，对成长型资源型城市产业结构高度化抑制影响最大。资源丰裕度对产业结构合理转型两方面均具有促进作用，其中，对衰退型资源型城市产业结构合理化正向作用最显著，对成长型资源型城市产业结构高度化正面影响最大（黄寰等，2020）。

生态文明建设对资源型城市产业发展提出更高的要求，而产业结构的优化需要政策的引导。基于以上表述，提出以下政策建议。①根据不同类型不同产业结构水平差别化制定政策。对成长型资源型城市要注重产业链前端的规范，整顿资源开发利用秩序；对成熟型资源型城市要收紧环境规制，加快生态环境病灶整顿；对衰退型资源型城市要适度降低环境规制强度，增强其内生发展动力，促进就业；对再生型资源型城市而言，资源开发活动基本趋于停止，为提升城市环境吸引人才，可适度提升环境规制强度。②加大对环保资金的支持和技术创新的支持。成熟型资源型城市和衰退型资源型城市通常面临突出的环境污染问题和地质灾害隐患，历史问题突出，应首先保障污染治理资金；成长型资源型城市处于资源利用上升阶段，再生型资源型城市处于产业转型初期阶段，应鼓励技术创新，提升资源利用效率，推进产业节能环保发展。③鼓励民营企业发展。从资源勘查、开发到利用阶段营造公平公正的竞争环境，放宽市场准入条件，在人才、技术、制度、税收以及资金等方面给予普惠政策，激发民营企业活力。健全针对企业权利义务的法律法规，鼓励民营企业参与重大工程和项目。

9.3　资源型城市的转型发展模式

9.3.1　多产业融合发展模式

多产业融合发展模式是指鼓励引导矿山企业围绕人工智能、智能制造、新能源、生态农业等新兴产业打造新的经济增长点，实现传统产业的转型升级与融合发展。该模式的特点首先是矿产资源逐步枯竭的矿区或者生态环境重要保护区，以多产业转型发展模式为主。其次是建设任务聚焦在矿业结构调整和矿山地质环境治理两个方面，以矿业结构调整为抓手，通过矿区开发项目的整合优化，调整产业结构，同时大幅压减采矿权、限制开发强度，对关闭的矿山恢复治理，对保留的矿山企业升级改造，培育绿色矿山企业。最后是政府引导，以用地、财政、金融等方面的优惠政策，激发企业新的经济活力，保证地方经济发展与民生稳定。

1. 水源涵养区——河北省承德市产业转型发展模式

根据第七次全国人口普查结果，截至 2020 年，承德市常住人口为 335.4 万人，城镇化率为 56.58%。该市的矿产资源储量丰富，资源分布广泛，拥有显著的发展优势，已发现矿产 90 种，已探明储量的矿种有 59 种，其中优势矿产资源有铁、钒、钛、金、银、铜、铅、锌、钼、萤石、石灰岩等。全市探明的矿产资源种类丰富、品种多样，拥有巨大的潜在开发价值，但优质矿产和大中型矿产较少。受市场环境影响，承德市矿山正常生产率仅有 14%左右，有近两成、超过 150 家矿山企业连续多年没有正常生产。针对矿业发展实际和生态环境治理需求，承德市将建设绿色矿业发展示范区作为推动全市矿产资源开发产业、制度改革的重要抓手，果断采取了“四个一批”工程，通过有针对性地开展复垦、改造、转产、淘汰等措施，推动矿业产业转型和绿色矿山同步发展。

减少开采总量，限制开发强度。承德市以项目规划和政策引导为着力点，严格落实新设矿业采选项目的审批考核，从而逐步减少矿产资源的开发数量，使矿业开发增量符合生态保护的现实需求。到2020年，承德市逐步压减采矿权至640个以下，进一步削减固体矿产开采量，将矿石开采量压缩至原有水平的七成。通过对相关企业的整合、重组，承德市逐步压减产能，将铁精矿年产量控制在20000万t左右。承德市加快400个矿山企业的改造升级步伐，培育1个大型绿色矿业集团公司，20个中型以上绿色骨干矿业公司，100 个绿色骨干矿山企业。承德市依托快速发展的高新技术，引导矿山企业转型升级。承德市积极围绕计算机、信息技术、生态环保、文化旅游、生态农业等新兴产业加大资源投入，从而实现经济发展的新突破，为矿业转型升级和可持续发展打下坚实基础[①]。承德市坚持“谁破坏、谁治理”的总体原则，进一步明确资源开发方在生态修复中的作用与责任，利用3年时间基本完成治理恢复工作。同时认真落实停产整治的相关要求，严把环保达标“入口关”，对于达不到环保要求的相关企业一律不得批准恢复生产。承德市根据各矿区开发的实际情况，一矿一策开展治理工作，以实际的工作效果作为评估的基础，逐年确定生态恢复工作的相关指标。承德市采取先进科技手段加强监测监管，在生态修复的过程中发现潜在的地质隐患，为地质灾害防护提供可靠支持。推进矿山恢复治理，有效保护生态环境。承德市以政策引领为着力点，鼓励扶持具有相关经济基础与技术积淀的企业参与矿产开发区的生态修复项目。同时结合地方发展实际，积极探索多元化发展模式，使矿山环境治理与旅游、种植、养殖产业协同发展，实现环境保护与经济发展双赢的局面(郭士刚，2021)。

2. 资源枯竭型城市——湖北省黄石市铁山区产业转型发展模式

铁山区采掘业拥有悠久的历史，现已探明储量且已开发利用的矿种中，饰面用大理岩、钴(伴生矿产)、铜矿(共生矿产)、铁矿石、水泥用灰岩、煤的保有储量分别占湖北省同类矿产的36.5%、30.3%、8.3%、1.8%、

①张富民，打造城市群水源涵养功能区可持续发展“承德样板”，经济参考报，2022年3月10日.

2.3%、1.1%。2017年，矿业产值为16.51亿元，占全区生产总值53.45亿元的30.89%。铁山区四面环山，面积狭小，人口密度大，历史遗留矿山地质环境破坏严重、地质灾害隐患突出、工矿废弃地点多面广、固体废弃物堆积存量大、土壤重金属污染和空气污染严重，矿地矛盾突出，城市发展空间和发展环境受到严重桎梏与影响，面临资源枯竭型城市转型发展和传统矿业转型升级的巨大压力。为彻底改变环境污染的状况和对矿产资源的依赖，铁山区不断加大绿色矿业发展力度，将矿产资源开发和生态环保效益并重，促进全区资源枯竭型城市转型和矿业与经济、环境、社会协调发展。

通过兼并、收购、关停等举措，全面关闭禁采区内的3家矿山，关闭限采区与开采区内规模小、工艺落后的6家小型矿山，将限采区内的3家中小型矿山重组为1家大型矿山，保留开采区内的武钢大冶铁矿，将13家矿山压缩组成2家大型矿山。持续推进传统矿业转型升级，加快淘汰落后产能，继续推进关停浪费资源、技术落后、质量低劣、污染严重的企业。推动武钢大冶铁矿、秀山石灰岩矿区规模开发和集约利用，实施武钢大冶铁矿绿色矿山分期建设项目和秀山石灰岩矿区绿色矿山创建项目。依托资源优势和传统工业优势，推动铁矿石(共生、伴生钴、铜矿产等)和水泥用灰岩等特色矿业发展。依托黄石国家矿山公园并完善相关设施，融合熊家境度假区，打造黄石首家国家5A级旅游景区。

创新发挥矿区旅游资源价值。在发展模式上，铁山区在市、省以及中央政府的大力支持下，联合企业、居民多方参与矿区绿色发展的规划和实施，充分考虑社会各方对矿区生态和经济发展的诉求。针对比较突出的资源环境问题，铁山区为各种“新老问题”提出了一系列的解决方案，对矿区生态环境治理全过程进行了全面的安排和落实，尤其是对保留、重组的矿山提出了严格的环境治理要求和标准，在解决老问题的基础上，同步清理和恢复进行中的采矿活动，不积存新问题。实施矿山地质环境治理示范工程，2019年验收并通过了中央财政投资“铁山—还地桥矿山地质环境治理示范工程”的二期工程任务，工程实施效果非常显著，实现新增农用地2200多亩，其中林地1256亩，恢复建设用地1501亩。实施工矿废弃地复垦利用试点工程，完成采矿用地复垦项目和复垦新增农用地调整利用建设项目各1个。实施废弃采矿用地土壤重金属污染治理工程，争取国家环保专项资金，实施废弃采矿用地土壤重金属污染治理项目3个，治理规模达1088亩，总投资5457万元。

9.3.2 一体化循环发展模式

一体化循环发展模式是指优化产业布局，在矿业规模化、集约化发展的基础上，开展尾矿的综合利用，大力发展生产性服务业，建成集矿山开采、产品加工、配套服务等功能于一体，布局合理、专业化协作、环境友好、产业链完善的区域性产业集群循环发展模式。该模式的特点是：首先优化产业布局，整合资源、集中开采，引导矿产品加工产业进入园区，推动加工产业规模化、集约化发展；其次注重尾矿综合利用，开展尾矿再加工利用和延长产业链技术研究，开发出新产品、新用途；最后大力延伸产业链，积极引导加工制造、商贸、物流、仓储等产业发展，提高产品附加值、产品市场占有率和区域核心竞争力，形成绿色产业循环链。

1. 进口石材加工贸易中心——麻城市石材产业循环发展模式[①]

麻城市矿产资源丰富，以非金属矿为主，有着“中国花岗石之乡”的美名，当地石材产业较为发达。随着当地经济产业的不断发展，产业链不断延伸发展，麻城市逐步形成了从开采到加工，以及辅助配套及销售一体化的石材产业体系。为进一步推进麻城市绿色矿业示范区建设，当地政府加快推进相关主体功能区、环境功能区、生态功能区等规划，并与土地利用总体规划及其他相关规划实现“多规融合”，在国家及有关部门政策要求指导下，引导矿山企业根据矿区开发经营和自然资源基础编制相应规划，从系统层面指导和督促矿山企业对环境修复治理、资源综合利用、可持续发展等方面进行全方位的投入和整改，推进绿色矿业示范区建设。

优化调整石材产业布局，将石材产业发展、绿色矿山建设、园区发展等规划进行高度融合，整合采矿权。探索尾矿集中综合利用机制，建设大型尾矿处理生产线，以尾矿石粉为主要原料的新型环保砖生产企业已建成投产，同时引进新型工艺减少尾矿。

引导共生企业集聚，打造高端矿业循环经济。一是建立大型荒料仓储和集中展示场地，当地政府拟联合有关行业协会在产业园建立进口石材交易加工区。在本地石材产品的基础上，汇聚全球不同产地、不同花色品种的大理石、花岗石等各种优质石材板材，力争建成我国中部最大的进口石

①曾蕴瑶. “麻城经验”助推石材产业绿色发展，中国建材报，2021 年 5 月 31 日.

材加工交易中心。提高区域生产效率、降低成本、优化产业价值链，促进产业集群化。加快推动产业绿色化转型，改变产品单一、工艺落后、厂区混乱的局面，积极开发具有环保功能或符合绿色生产标准的产品和生产线，推动从以量盈利向以质盈利转变。尤其是对符合国家标准的环保材料的研发投产，积极争取有关部门支持，从绿色化角度对全过程生产工艺进行改善，拓展绿色建材市场，打造绿色产业经济链。大力推进绿色循环生产模式，促进资源、能源集约利用，形成资源高效循环利用的产业链。

2. 现代石材产业示范基地——湖北省随州市随县石材产业循环发展模式

随县矿产资源开发以非金属矿产为主，其花岗岩、长石资源储量在湖北省居于首位，石材产业发展规模庞大，是全国重要的石材产业基地。随县通过建设绿色矿业示范区，全面推进绿色勘查，提高资源开发利用效率和质量，强化石材特色矿业升级，构建与区域经济社会发展总体布局相协调的矿产开发保护格局。

依托石材资源及产业的优势，着力打造随县石材产业循环经济产业园，编制和实施建设园区规划，修建石材运输专用公路，统筹推进重要基础设施建设和配套服务产业发展，在 2020 年实现全县石材加工企业全部入园，推动石材加工产业规模化、集约化发展。按照绿色发展要求，从资金投入、生产规模、技术装备、产品质量、环保要求和规范管理等方面完善园区准入管理制度，强化在园企业的监督管理。完善园区行政管理，健全管理机构，着力服务园区企业发展。强化矿山固体废弃物的循环利用，加快石材产业碎石、石粉等固废的资源化利用步伐，促进循环经济发展。对花岗岩石材的大量废石，主要开展再加工利用和延长产业链技术研究，引进花岗岩碎石生产线，进行废石处理工作，用于小规格建筑石材产品以及不同规格的建筑石料等，开发出新的产品。对不能用的边角料，综合利用于建筑石料类。石材加工产生的泥沙经沉淀后，已开始用于生产加气砖。对钾长石等尾矿较多的矿山，做好利用尾矿进行矿山采空区回填、土地复垦回填等工作。以石材产业为重点，大力延伸产业链，积极引导建筑装饰装修、石雕石刻产业发展，提高产品附加值、产品市场占有率和区域核心竞争力，实现产业多元化发展（苏桂军等，2015；王晓芳等，2015）。

9.3.3 综合开发统筹发展模式

综合开发统筹发展是以矿区开发在时间、空间上的综合、长远发展为目的，在政府指导下，矿山企业对资源环境各方面进行统筹考量，对矿区整体在开采前、开采中、开采后的全过程进行统一规划、综合开发、高效利用的资源统筹开发利用模式。该模式的特点是：首先针对露天开采的矿产，以矿产资源规划为基础，加强与相关规划的互动衔接，合理确定试点采矿权矿区内各类建设布局和规模，做好采矿权选址工作。其次确保开采完毕后能产生建设用地，明确利用方向，促进后续产业发展，包括乡村振兴战略、新型城镇化建设、旅游产业、绿色产业、农业综合开发、重大基础设施建设、公共服务设施建设等项目。切实发挥资源优势、区位优势、产业优势。最后在用矿、用地、财政方面给予优惠政策，如综合开发利用条件较好但未纳入矿产资源规划的试点采矿权，对开采区、限采区区块进行调整，矿权优先出让，税费给予优惠等。

1. 浙江省湖州市矿地融合发展模式

浙江省在矿地融合方面进行了探索，在确保矿产资源国家所有者权益的前提下，积极梳理矿产资源开发价值链。在明确有关责任主体的情况下，促进矿山开采、矿区生态建设、土地复垦以及绿色产业发展等相互协同，推动矿地融合发展。湖州市建材非金属矿产资源较为丰富，开发利用的主要矿种为建筑石料和石灰岩。湖州市在绿色矿业发展示范区建设中结合自身矿产资源开发利用特点，积极推进矿地融合新机制，探索矿产资源和土地资源融合发展新途径，创新矿产资源管理与土地资源管理融合新机制，推进矿产资源开发与土地利用融合发展。按照“宜建、宜耕、宜林”的总体原则，将矿产资源规划开采区纳入土地利用规划范畴，对宜建的矿山土地，在土地利用规划编制时给予利用指标和空间。开展矿地融合发展示范工程，把资源开发利用、矿地综合利用、矿山生态环境保护三者有机地统一起来。开展工矿废弃地复垦试点工作，打造废弃矿山治理示范工程，将环境治理与生态经济结合起来，避免了因治而贫、因贫废治的情况，通过引进和融合新技术、新模式、新产业，推动矿区经济与现代农业、生态旅游等同步发展，探索和打造新的经济增长点，既推动了生态环境的修复治理，又促进了生产、生态效益的提升。

2. 江苏省沛县矿地融合发展模式

2017年，江苏省国土资源厅下发《关于创新矿地融合工作的意见》，同年8月，沛县即根据该意见制定了建设矿地融合发展示范区的实施方案，结合当地矿产资源开发实际情况，确定了矿地融合发展的主要目标、任务和工程。沛县是华东地区较大的煤炭工业基地，在绿色矿业发展示范区的建设中也积极探索矿地融合发展。沛县因采煤已造成近10万亩土地不同程度塌陷，在示范区建设中，要求全面摸清采煤塌陷区以及搬迁区建设的具体情况。结合当地发展的实际情况，积极探索矿业开发与农业协同发展新模式，把矿业与农业、矿山与农村紧密结合起来。实施矿地融合工程，按照矿地一体化发展思路，融合矿产资源总体规划和土地利用总体规划，依托中德合作平台，推动矿产资源开发利用、产业发展、城镇发展、环境保护等多层面实现“多规融合”，制定“矿地融合示范区发展规划”，构建布局合理的城、矿、镇空间格局。统筹解决资源释放与搬迁安置问题，有序推进矿区城镇化发展，实现政府、企业、搬迁农民“三赢”的局面。

9.3.4 布局优化带动模式

布局优化带动模式是指根据第三轮矿产资源规划，将示范区内重点矿产勘查开发区域划分为枯竭区(限制发展区)、发展区(重点发展区)、远景区(资源储备区)，分区管理，形成开发规模化、集约化良性格局，构建以大型企业为主体的新型矿业集群，有序推进绿色矿业发展，并带动全域全矿种绿色发展和相关产业链的延伸，形成以分区布局为特征的布局优化带动模式。该模式具有四个特点。一是特色矿种资源优势明显、集中度高，示范区建设突出地区特色矿种的绿色发展，以特色矿种产业绿色发展带动全矿种绿色发展及其他相关产业协调发展。二是优化优势矿种产业布局，根据不同区域的发展潜力与资源环境承载力，结合国家对经济、生态主体功能区的要求，划分了枯竭区、发展区、远景区。三是对优势矿种进行分区管理。要求枯竭区矿山有序关闭退出，为发展区提供采矿权对接指标，推进矿山地质环境恢复治理；发展区加强管理，大力推进绿色矿山建设；远景区全力推进绿色勘查理念，加强地质环境保护。四是通过将优势矿种的生态开发作为典型示范，带动全域全矿种资源集约节约利用、矿山地质环境保护、安全生产，实现矿地和谐。

1. 湖北省襄阳市保康县磷矿功能分区布局优化带动模式[①]

保康县矿产资源十分丰富，已探明储量达 32 种，其中磷矿资源远景储量达 20 亿 t 以上，矿业经济撑起县域经济半壁江山。保康县绿色矿业发展示范区建设以磷矿为重点，兼顾建筑石料用灰岩、冶金用石英岩及铁矿等其他矿种。根据分类指导原则，保康县采取重组、改造、清退等措施对高污染、高能耗、低效益的产能进行淘汰，遏制落后产能对生态环境的破坏，旨在打造成为布局合理、集约高效、生态优良、可持续发展的绿色矿业发展示范区。

以优化磷矿产业布局为基础，推进磷矿绿色发展。根据不同区域的磷矿发展潜力与资源环境承载能力，着重突出生态治理与经济发展相互协调，划定主体功能区域，促进磷矿资源开发合理布局。保康县将 13 个磷矿区划分为三大主体功能利用区，即枯竭区、发展区、远景区。在枯竭区内，以尧治河矿区为核心，打造全国知名的矿洞文化体验区，形成以山村休闲、养生度假、尧文化体验为核心，以峡谷观光、草地运动、矿洞溶洞体验为特色的旅游产品系列。在发展区内，为强化科技创新功能，打造尧治河矿业集群、兴发矿业集群及省联投矿业集群等三大集群，并紧紧依托各主体研发团队，通过不断学习新技术，引进新工艺，并进行自主科技创新，打好“资源+科技”这张牌，提升磷矿开发利用各个环节的技术水平；在远景区内磷矿资源埋深大、储量大，作为保康磷矿接替开发区，以湖北联投矿业有限公司为主体，创建技术领先、产品一流、产学研深度融合的新型绿色矿业集群。

以磷矿产业带动其他相关产业同步协调发展。当地政府对磷矿产业转型提升发展十分重视，从产业链、产业集群的角度对产业层次、产品价值、项目实施等方面提出了战略要求，不断优化产业结构，延伸产业链，推动磷矿产业的快速发展。针对建筑石料用灰岩、冶金用石英岩及铁矿，鼓励矿山企业以资源、资产为纽带，通过整合重组，提高矿山企业规模化、集约化程度，有效提升矿山安全生产能力；积极推进建筑石料用灰岩、冶金用石英岩及铁矿企业技术改造，通过对生产设备的更新、生产工艺和方法的改进以及安全生产系统的完善，提高企业生产能力；大力延伸该矿业产业链条，增加矿产品附加值。探索矿产资源绿色开发利益共享新机制，按照“国家得资源，地方得发展，企业得利润，群众得实惠”思路，发挥区

①何德禄，吴启新，徐宏．“绿色税政”助力保康县磷化工产业高质量发展，湖北日报，2021 年 10 月 12 日．

域矿产资源优势，坚持政府主导，以项目支持为抓手。盘活地区优势资源、特色资源，探索开发矿产资源对受损人口实行收益扶持和补偿制度，积极发展符合当地实际且与受损者利益相关联的矿业经济。

2. 湖北省宜昌市远安县磷矿功能分区布局优化打造“中国生态磷都”

远安县物产资源丰富，已探明矿产有七大类22种，主要矿产为磷、煤、铜多金属、石英砂岩等，磷矿为远安县最优矿产，保有储量达16亿t，2017年，磷资源产业实现工业总产值44.6亿元，占全县总产值的38%。远安县绿色矿业发展示范区以磷矿创建为重点，建材类矿山以专项整治达标一批、关闭退出一批为重点，煤矿以关闭退出、恢复治理为重点，强化矿业开发促推产业发展、反哺城乡发展、矿业转型发展特色。

结合区域内磷矿资源种类、数量分布，以及开发利用现状等，为满足区内矿产资源开发和生态治理需求，当地政府将资源勘查开发区划分为枯竭区、发展区、远景区、保护区四类开发区域。根据远安县磷矿矿山布局、开采现状，将开发时间长、资源几近枯竭、矿石品质差、拟关闭的区域划分为枯竭区，面积为$5.95\times10^3hm^2$，矿山资源几近枯竭，剩余服务年限在3年以内。枯竭区重点任务是矿山地质环境恢复治理。根据区内磷矿勘查程度、储量规模、开发利用现状、矿业经济发展规划，将中部成矿区划为发展区，面积为$96.49km^2$，包括12家矿山企业，发展区重点任务是开展绿色矿山创建。根据区内磷矿整装勘查部署、勘查程度、勘查区块划分，将东部设置的勘查项目区划分为远景区，面积为$100.70km^2$，包括9个勘查区。远景区作为宜昌磷矿资源储备及接替开发区，按照规划依据实行后续勘查、开发和储备，远景区重点任务是推进绿色勘查理念。为切实保护黄柏河东支流域水环境质量，控制磷矿开采勘查范围，将天福庙水库范围划定为保护区，面积为$25.84km^2$，禁止矿产资源勘查开采，加强水环境保护。促进延伸产业链，优化磷化工产品。磷矿石采选与深加工能力稳步提升，逐步形成开采能力、选矿能力、深加工能力相匹配的磷矿资源产业链(王磊等，2015)。不断优化磷化工产品结构，结合市场趋势和需求，进一步挖掘磷化工产品价值，优化生产工艺和规模，重点引导发展精细磷化工产品。以磷矿矿企为典范带动矿企转型发展。在远安县政府引导下，磷矿企业先后投资60多亿元进行产业转型，兴建工业、商贸、旅游项目30余个，带动矿区群众致富和其他产业发展。域内远大集团顶住经济下行压力，向旅游产业转型发展，完成嫘祖文化园和西河大峡谷景区建设，并启动玄妙湾女性文化生态旅游区建设，成为矿企转型发展典范。为加强与相邻的嫘祖文化园景区配套，谢家坡磷矿在嫘祖镇广坪村流转土地，积极创建“紫薇园”丝乡农庄，并与相邻村居民宿、农家乐共同形成紫薇景观植物园旅游观光产业，实现矿企转型发展，创新了企业发展带动旅游富民的良性机制。

9.4 资源型城市产业转型绿色发展研究——以四川省为例

资源型城市在发展后期，转型支撑力较弱，需要在国家和兄弟省市支持下，利用生态补偿机制，实现自身产业转型绿色发展。矿区生态补偿是资源型城市的产业转型升级的重要动力支撑。随着我国经济进入新常态时期，出现增速降低、结构升级、增长动力转化等新特征，经济增长对资源的依赖性逐渐削弱，要素红利减少，资源型城市发展面临严峻的挑战。当前，我国资源型城市面临着产业刚性、资源依赖、创新不足等问题，迫切需要提升供给质量，提高全要素生产率，实现供给侧结构性改革以破解城市转型难题。因此，资源型城市要利用现有产业的基础和条件，着力改变经济与生态的发展矛盾，完善科技、管理等方面的不足，以绿色发展理念为指引促进产业转型，最终实现城市转型(高俊，2016)。

我国资源型城市的数量大，涉及面广，考虑到典型代表性与研究团队的便利性，本节以四川省为例，对资源型城市产业转型绿色发展进行分析。

9.4.1 四川省资源型城市现状

四川省地处我国西南部，地貌以盆地为主，具有丘陵、平原、高原等多种地形地貌。由于特殊的地理位置和地质构造，四川省具有丰富的自然资源，是我国重要的资源储备地，单就矿产资源来说，已探明的矿产资源多达 132 种，占全国资源品种总数的 70%。其中 32 种资源储量居全国前五位，具体来说，位居各省资源总储量第一的有岩盐矿、磁铁矿、硫铁矿、钛矿、钒矿等。其中，钒钛资源在航天航空、钢铁生产等领域都有着重要用途，丰富的钒钛资源储备对于我国有重要的战略意义。钒由于其可明显增强钢的延展性和耐磨性，可在改善钢的强度的同时减轻整体结构总量并使总成本降低，被称为“现代工业的味精”。同样，钛资源在工业生产领域同样具有轻型、强度高等绝对优势，因此被称为“战略金属”。四川省有 13 个市、州列入资源型城市，具体如表 9-9 所示。

表 9-9　四川省资源型城市及矿业类型

城市	主要矿业类型
广元	有色金属等
广安	煤炭、天然气等
自贡	盐矿、煤矿等
攀枝花	钒钛磁铁矿、石墨、煤炭等
达州	煤矿、天然气、铁矿等
雅安	石棉、锰矿、煤矿等
凉山	钒钛磁铁矿、轻稀土氧化物等
南充	盐矿、石油等
泸州	煤炭、天然气等
阿坝	黄金、锂矿、泥炭等
绵竹	煤炭、天然气、磷矿等
兴文	硫铁矿、煤矿、盐矿等
华蓥	煤炭、石灰石等

自国家界定资源型城市以来，四川省对资源型城市发展高度重视，以期各地区实现绿色发展。

9.4.2　资源型城市产业转型能力评价分析

1. 产业转型能力评价指标体系

产业转型本身是一个复杂、长期的过程，尤其是资源型城市的转型，涉及经济社会发展的方方面面，包括经济状况、社会发展、文化生活、教育水平、环境现状、资源利用等。因此，要想构建科学、系统、全面的指标准确反映资源型城市整体产业转型能力，单个指标是无法具体说明和实现的，必须经过科学研究把各影响因素联系起来，进行综合的评价，这样才能使研究结果更具有说服力，研究成果更具有价值。同时，产业转型又需要构建科学合理的指标体系，通过观察各指标的变化，及时发现综合产业转型的情况，从而使政府有针对性地做出正确的决策，保证产业转型朝着正确的方向发展，因此建立准确的资源型城市产业转型能力评价指标尤为重要。

根据以上提出的建立评价指标体系的重要原则，本书通过对核心文献进行研究，结合现有的指标体系，再加上专家的指导意见，将产业的转型能力指标体系分为经济、资源、环境和社会四个子系统。分别对四个子系统的关键指标进行选取，最后综合各系统指标得出资源型城市现阶段产业转型发展能力，具体指标如表 9-10 所示。

表 9-10 资源型城市产业转型评价指标

一级指标	二级指标	三级指标和变量名
经济子系统	经济总量	(X1) 人均 GDP
	经济结构	(X2) 第三产业产值占比
资源子系统	资源利用	(X3) 单位 GDP 能耗
	资源禀赋	(X4) 资源产业产值占比
	资源开发	(X5) 资源产量增长率
环境子系统	环境污染	(X6) 单位 GDP 工业烟尘排放量
		(X7) 单位 GDP 固体废弃物排放量
	环境治理	(X8) 工业废水排放达标率
		(X9) 工业固体废弃物综合利用率
		(X10) 环保投资与 GDP 之比
社会子系统	居民生活状况	(X11) 城镇就业率
		(X12) 城镇居民恩格尔系数
		(X13) 城镇化率
		(X14) 人均住房面积
	劳动力素质	(X15) 教育支出占比

经济子系统是从经济总量和经济结构两方面来进行代表性指标选取。经济总量反映的是城市总的发展水平，主要用人均 GDP 来表示，人均 GDP 越高，代表该地经济总量越大，综合实力越强。经济结构主要反映城市产业结构比例，合理的结构体系才能保证城市的可持续发展，主要用第三产业增加值占比来反映四川省各资源型城市的产业结构，它反映了地区所处经济发展阶段，第三产业增加值占比越高，说明城市重点发展该产业，而其他产业占比就相对越低。人均 GDP 反映区域总体经济实力。第三产业增加值占比=第三产业增加值/国内生产总值。

资源子系统区别于其他类型的城市类型，资源型城市产业转型必须要有反映该产业状况的相关动态指标。本节主要从资源利用、资源禀赋、资源开发三方面来考虑指标的选取。资源利用选择指标为单位 GDP 能耗，它是表征能源消费水平和节能降耗能力的主要指标，说明城市经济生产过程中对能源的利用程度。资源禀赋选取指标为资源产业产值占比，说明了城市目前经济总量中由资源所带动的经济产值，所占比例越高，则说明资源的开发利用在该城市发展中的重要性越大。资源开发方面选取的指标是资源产量增长率，该指标反映了地区每年对主导资源产业的开采量，反映了地区发展对资源开采的依存度，资源产量增长率越高，依存度越大。单位 GDP 能耗反映资源消耗水平和节能降耗状况。资源产业产值占比反映资源在 GDP 中所占的分量。资源产量增长率反映地区每年对资源产业的开采量。

环境子系统，资源型城市产业转型不应该以破坏环境为代价，相反，早期不合理的粗放式的开采方式已经对环境造成一定程度的破坏。随着绿色化生产方式的提出，经济发展也越来越注重生态文明社会的建设，其中在产业转型中做到不破坏环境，甚至是环境状况越来越好是最基本的要求。本节选取环境污染和环境治理两个指标，环境污染指标主要包括单位 GDP 工业烟尘排放量和单位 GDP 固体废弃物排放量，资源型城市在资源开发过程中很容易制造大量的工业烟尘和工业固体废弃物等，这两个指标也反映了环境污染的程度；环境治理指标包括工业废水排放达标率、工业固体废弃物综合利用率和环保投资与 GDP 之比，这三个指标反映了资源型城市产业转型中对环境保护的强度，环保投资与 GDP 之比越高，表明产业转型中环境治理强度越大。单位 GDP 工业烟尘排放=工业烟尘排放量/工业增加值。单位 GDP 固体废弃物排放量=工业固废排放量/工业增加值。工业废水排放达标率=已经达标的污水排放量/污水排放总量。工业固体废弃物综合利用率越高，说明环境治理效果越好。环保投资与 GDP 之比=环保投资/GDP。

社会子系统主要从居民生活状况和劳动力素质两方面来说明，其中居民生活状况主要选取城镇就业率、城镇居民恩格尔系数、城镇化率和人均住房面积这四个指标来反映基本生活情况；劳动力素质选取教育支出占比作为指标，以地区教育资金投入数量反映一个地区人口素质综合水平。城镇就业率反映一个地区的就业状况，指城镇登记失业人数与就业人数和失业人数之和的比例。城镇居民恩格尔系数即家庭收入中食品消费占所有收入的比例，家庭收入水平越高，食品消费相对越小，地区生活越富裕，反之越贫困。城镇化率一般是指一个地区城镇人口总数占全部人口(常住人口)的比例，它说明了人口向城市聚集的过程和聚集程度。选取人均住房面积这个指标，是因为住房为基本生活保障。教育支出占比越高，即指教育投入越大，人口素质越高，高层次、高技术人才越多，产业转型需要人才的支持。

本书参考了大量的关于产业转型能力评价的研究方法，因产业转型的影响因素太多，因此大部分选取的方法是主成分分析、因子分析等降维的思想评价方法，且得到了广泛的认可。在此基础上，本节选取因子分析对四川省10个资源型城市的产业转型能力进行量化分析。

2. 实证分析

四川省是重要的资源储量大省，包括盐矿、钒钛等资源储量在全国居于前列。经过多年的发展进程，四川省各资源型城市产业转型层次不一，为了更好地了解各区域转型情况，从而有针对性地给出相应对策建议，实现区域产业绿色化发展，本节选取的2019年四川省资源型城市的指标数据均来自《四川省统计年鉴》、各市州国民经济和社会发展统计公报，以及各市州环境统计公报，对于个别地区缺失的数据，包括环境指标等，人工查阅相关资料，并咨询相关部门，最终对广元、自贡、泸州、阿坝、凉山、南充、广安、雅安、攀枝花、达州10个行政区的15个指标进行了整理收集，经过计算整理得到了符合要求的原始数据。

表9-11报告了相关系数矩阵，不难发现，指标间具有一定的相关性，绝大部分相关系数值均大于0.3，其中，一些指标间表现出极强的关联性，由此可以知道在选取的指标间含有共同的影响因素，因此能够使用因子分析方法找出影响原始变量指标的基础公共因子。

利用SPSS 17.0分析降维因子，根据特征值大于1的原则，导入变量求出公共影响因子。由表9-12可以看出，软件共选出3个公因子，它们的方差贡献率分别是51.224%、19.163%、11.031%，对排名依次求和可以算出三个因子的累计贡献率是81.418%。

这三个公因子能够解释说明原来81.418%的内容信息，通过查看相应的碎石图(图9-4)，也可以发现第一个因子特征值较为陡峭，影响最大，第二个相对减小，第三个继续减少，之后影响依次递减，最后影响几乎接近直线，可以较明显地发现前三个因子解释了大部分的信息。

同时也可通过求出变量共同度来检验分析效果，表9-13说明了各指标包含的信息可以被提取公因子代表的程度，共同度大于0且小于1，观察表中数据发现，如变量$X1$，提出的3个公因子能解释98.8%的信息，解释效果非常明显，同时观察其他变量也可以发现解释程度均在50.0%以上，说明对全部变量提取公因子时取得了显著性的效果。

表 9-11 相关系数矩阵

	X1	X2	X3	X4	X5	X6	X7	X8	X9	X10	X1	X12	X13	X14	X15
X1	0.100	−0.600	0.652	0.560	0.151	0.648	0.921	0.182	−0.935	0.790	0.747	−0.599	0.877	−0.592	0.758
X2	−0.600	0.100	−0.371	−0.832	0.435	−0.245	−0.566	0.220	0.454	−0.691	−0.212	−0.006	−0.616	0.471	−0.650
X3	0.652	−0.371	0.100	0.105	0.188	0.624	0.769	0.132	−0.836	0.446	0.537	−0.313	0.448	−0.236	0.461
X4	0.560	−0.832	0.105	0.100	−0.306	0.249	0.434	−0.338	−0.295	0.720	0.052	−0.200	0.529	−0.571	0.667
X5	0.151	0.435	0.188	−0.306	0.100	0.429	0.131	0.108	−0.219	0.014	0.451	−0.584	−0.045	0.248	−0.224
X6	0.648	−0.245	0.624	0.249	0.429	0.100	0.760	−0.329	−0.659	0.648	0.447	−0.408	0.355	−0.378	0.213
X7	0.921	−0.566	0.769	0.434	0.131	0.760	0.100	0.038	−0.940	0.763	0.609	−0.476	0.830	−0.536	0.540
X8	0.182	0.220	0.132	−0.338	0.108	−0.329	0.038	0.100	−0.310	−0.346	0.395	−0.431	0.248	0.149	0.276
X9	−0.935	0.454	−0.836	−0.295	−0.219	−0.659	−0.940	−0.310	0.100	−0.633	−0.767	0.579	−0.806	0.446	−0.642
X10	0.790	−0.691	0.446	0.720	0.014	0.648	0.763	−0.346	−0.633	0.100	0.486	−0.160	0.637	−0.822	0.620
X11	0.747	−0.212	0.537	0.052	0.451	0.447	0.609	0.395	−0.767	0.486	0.100	−0.462	0.605	−0.272	0.504
X12	−0.599	−0.006	−0.313	−0.200	−0.584	−0.408	−0.476	−0.431	0.579	−0.160	−0.462	0.100	−0.505	−0.026	−0.338
X13	0.877	−0.616	0.448	0.529	−0.045	0.355	0.830	0.248	−0.806	0.637	0.605	−0.505	0.100	−0.439	0.596
X14	−0.592	0.471	−0.236	−0.571	0.248	−0.378	−0.536	0.149	0.446	−0.822	−0.272	−0.026	−0.439	0.100	−0.654
X15	0.758	−0.650	0.461	0.667	−0.224	0.213	0.540	0.276	−0.642	0.620	0.504	−0.338	0.596	−0.654	0.100

表 9-12 解释的总方差

成分	初始特征值			提取平方和载入		
	合计	方差/%	累计/%	合计	方差/%	累计/%
1	7.684	51.224	51.224	7.684	51.224	51.224
2	2.874	19.163	70.387	2.874	19.163	70.387
3	1.655	11.031	81.418	1.655	11.031	81.418
4	928	6.188	87.606			
5	741	4.940	92.546			
6	473	3.152	95.698			
7	431	2.871	98.569			
8	137	0.910	99.479			
9	078	0.521	100.000			

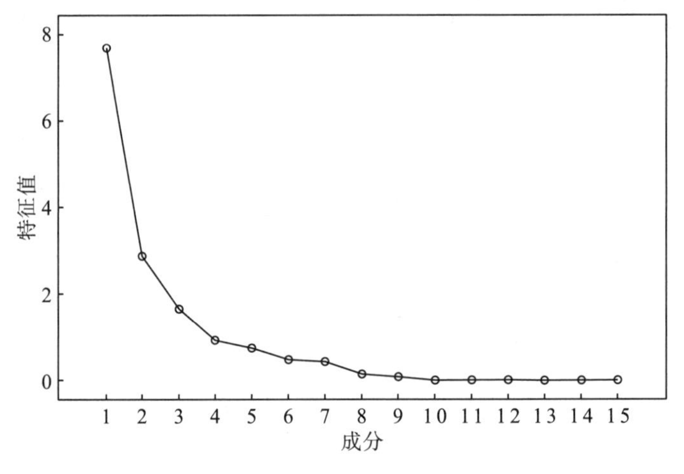

图 9-4 碎石图

表 9-13 公因子方差

变量	初始	提取
$X1$	1.000	0.988
$X2$	1.000	0.811
$X3$	1.000	0.586
$X4$	1.000	0.770
$X5$	1.000	0.804
$X6$	1.000	0.925
$X7$	1.000	0.908
$X8$	1.000	0.952

续表

变量	初始	提取
*X*9	1.000	0.954
*X*10	1.000	0.926
*X*11	1.000	0.719
*X*12	1.000	0.628
*X*13	1.000	0.791
*X*14	1.000	0.627
*X*15	1.000	0.824

在以上因子分析效果显著的基础上，采用最大方差法，从旋转后的因子载荷矩阵(表 9-14)可以具体分析 3 个因子对各变量的解释程度，依据具体程度对其进行分类，并对各因子命名。

表 9-14　旋转因子载荷矩阵

变量	因子 1	因子 2	因子 3
*X*1	0.804	0.584	−0.028
*X*2	−0.121	−0.887	−0.093
*X*3	0.728	0.221	0.089
*X*4	0.058	0.855	0.187
*X*5	0.629	−0.608	0.196
*X*6	0.625	0.127	0.619
*X*7	0.795	0.499	0.165
*X*8	0.320	−0.161	−0.907
*X*9	−0.889	−0.395	0.084
*X*10	0.465	0.725	0.429
*X*11	0.816	0.137	−0.187
*X*12	−0.751	0.075	0.241
*X*13	0.616	0.606	−0.211
*X*14	−0.205	−0.736	−0.210
*X*15	0.385	0.767	−0.296

从以上旋转因子载荷矩阵中，选择因子对变量影响最大的，且数值上超过 0.5 的载荷，小于此数值的载荷表示对其解释信息较少，应予以舍弃。最终共选出 3 个因子，其中因子 1 中 *X*1(人均 GDP)、*X*3(单位 GDP 能耗)、*X*5(资源产量增长率)、*X*6(单位 GDP 工业烟尘排放量)、*X*7(单位 GDP 固

体废弃物排放量）、$X9$（工业固体废弃物综合利用率）、$X11$（城镇就业率）、$X12$（城镇居民恩格尔系数）、$X13$（城镇化率）载荷较大，均超过 0.5，能够解释原变量的 51.224%，反映了社会水平和环境可持续能力，称为综合因子；因子 2 中 $X2$（第三产业增加值占比）、$X4$（资源产业产值占比）、$X10$（环保投资与 GDP 之比）、$X13$（城镇化率）、$X14$（人均住房面积）、$X15$（教育支出占比）载荷相对较大，能够解释原变量的 19.163%，反映了地区产业结构和发展水平；因子 3 中 $X8$（工业废水排放达标率）载荷较大，能够解释原变量的 11.031%，反映了产业转型中的环境状况。

评价综合得分。提取三个公因子后，软件系统会计算出每个公因子得分系数矩阵，见表 9-15。

表 9-15 因子得分系数矩阵

变量	因子 1	因子 2	因子 3
$X1$	0.113	0.070	−0.039
$X2$	0.074	−0.224	0.008
$X3$	0.141	−0.030	0.053
$X4$	−0.082	0.216	0.047
$X5$	0.218	−0.256	0.174
$X6$	0.164	−0.095	0.367
$X7$	0.126	0.033	0.079
$X8$	0.069	−0.015	−0.507
$X9$	−0.153	−0.012	0.056
$X10$	0.031	0.114	0.207
$X11$	0.164	−0.044	−0.099
$X12$	−0.173	0.090	0.116
$X13$	0.063	0.111	−0.152
$X14$	0.034	−0.164	−0.073
$X15$	−0.009	0.188	−0.219

根据表 9-15，用标准化后的原始数据矩阵乘以成分得分系数矩阵，就可以得到各城市成分得分$\sum X_{ij}\times f_{jk}$，其中，i=1,2,⋯,10；j=1,2,⋯,15；k=1,2,3。X_{ij}为原始指标标准化后的数据矩阵，f_{jk}为因子得分系数矩阵，结果如表 9-16 所示。根据得分结果，算出综合得分 $F=\sum F_k\times W_m$，其中，k=1,2,3；m=1,2,3；W 是权重，它等于方差贡献率占总累计方差贡献率的比例，W_1=51.224/81.418≈0.63，W_2=19.163/81.418≈0.24，W_3=11.031/81.418≈0.14。

表 9-16　四川省各资源型城市因子分析法综合得分排名

城市	*F*1	排名	*F*2	排名	*F*3	排名	综合分数	排名
广元	−0.33493	6	−0.94778	9	−0.37233	6	−0.47499	8
南充	−0.57325	8	−0.26377	7	−0.63888	7	−0.51435	10
广安	0.31568	3	−0.57499	8	−0.84226	8	−0.04238	4
自贡	0.00039	4	0.62618	4	−1.19005	10	−0.0286	3
泸州	−0.76061	9	0.66750	3	−1.17649	9	−0.50465	9
阿坝	1.01702	2	−1.99119	10	0.81265	3	0.326602	2
凉山	−0.56168	7	0.41829	5	0.98642	2	−0.12935	5
雅安	−0.28655	5	−0.16201	6	0.37837	4	−0.16606	6
攀枝花	2.28729	1	1.44278	1	0.28615	5	1.821338	1
达州	−1.10336	10	0.78499	2	1.75642	1	−0.28755	7

从表 9-16 可以看出，四川省 10 个资源型城市产业转型排名依次是攀枝花、阿坝、自贡、广安、凉山、雅安、达州、广元、泸州、南充。从数值结果上看，只有攀枝花和阿坝综合分数为正值，其余城市产业转型综合分数均为负数，南充和广元的 3 个因子甚至全部为负值，说明从整体情况来看，首先四川省资源型城市产业转型情况并不是很好，经济增长很大程度上仍依赖资源产业推动，阻碍了城市产业转型，最终导致社会发展缓慢，经济活力不足；其次对于替代产业及教育投入仍不足，难以为产业转型提供技术支持和人才保证；最后在生态方面，环境污染比较严重，环境治理投入还相对不足，需进一步引起重视。由于四川省资源型城市产业转型情况复杂，此次选取的指标有限，并不能完全反映现实中各城市产业转型现状，但此次量化分析所选指标都是经过严格筛选的，在一定程度上也解释和反映了转型现状，希望从中得到一些启示，以期对四川省资源型城市产业转型有所帮助。

9.4.3　资源型城市产业转型对策建议

资源型城市的产业转型应以绿色发展为核心，这也是生态文明建设的要求。历史证明，先污染后治理的旧发展道路不仅会导致资源不合理开发，造成严重的环境污染和生态破坏，而且会使城市经济增长过于依赖资源性产业，难以推动其他新兴产业，不能灵活地跟随经济市场环境的变化。因此，为了不断提高人民生活水平，实现人与自然和谐共生的可持续发展，我们必须遵循绿色生产模式，加快城市产业转型。

(1) 加强政府监管。市场在整个经济体系中起着重要作用，然而其自身的缺陷很容易导致经济运行出现问题。特别是企业生产中对环境的影响具有外部性，公共资源容易被过度使用，因此政府必须充分发挥职能，在管理上述问题时发挥主导作用。资源企业必须得到政府的批准才能合法开发，但在后续的开发中还存在一些监管缺位，造成未来不得不以更高的成本来应对。因此，政府应加强管理，由专门的环境污染监测部门定期监测资源开发过程中的环境指标，并向社会披露信息，以实现全民监督。对环境污染严重的企业，依法取缔其资源开发资质。只有政府监管到位，各部门各司其职，才能规范矿山企业行为，积极提高开采技术水平，实现资源产业升级。

(2) 传统产业改造升级。从以上对四川省资源型城市产业转型的评价结果可以看出，其产业转型需要加强。实现传统资源产业的转型，并非要放弃传统产业，而是要大力提升产业技术水平，这是因为人类生产和生活需要资源，不可能在短时间内停止开发资源。相反，我们可以依靠技术进步，使传统产业从低附加值转向高附加值，从高污染、高消耗转向低污染、低消耗，从粗放型生产模式转向集约型生产模式。同时，注意发展特色生态产业。从四川省的现状来看，其不仅拥有丰富的自然矿产资源，而且还是一个农业大省，是我国 13 个主要粮食生产省份之一。例如：南充有丰富的粮油、果蔬、畜禽等资源，地方政府支持各类农业项目，大力发展特色农业、设施农业和观光农业，特别是观光农业。再如：攀枝花顺应时代潮流，借助大数据信息技术打造现代化特色农业，大力发展农业电子商务。

(3) 走绿色循环发展道路。工业的循环经济发展模式更加复杂多元，以煤炭资源为例，可以是煤炭采前、采中、采后，通过合理的生态建设，形成一个良性的矿区生态循环系统，也可以是产业链延伸的产业间循环。所以，循环经济并没有一个完全固定的模式，不管是企业小循环，还是产业大循环，只要是为实现节能减排、工业“三废”综合回收利用、生态环境建设而实现的相互作用的产业联系，都可以成为良好的绿色循环经济发展模式。资源型城市可以根据现有产业资源，同时引进辅助性资源，建立绿色循环经济产业园区，构建符合当地特色的绿色低碳经济循环模式，随着科学技术不断进步，新的循环经济产业链可以和更多新兴产业相融合，整个循环经济圈还将进一步扩大，经济规模也会不断提高。

(4) 建立可持续发展评价机制。资源型城市的根本目标是调整产业结构，实现绿色经济发展。基于此，国内越来越多的经济学家和相关研究人员都在从事资源型城市产业转型的研究，并根据每个城市的实际特点，构建有针对性的产业转型研究模型。政府各部门和企业应积极借鉴专家学者的产业转型评价方法，对各地区和企业的发展状况进行实时评价和监测，以发现不足，及时调整转型方向。需要指出的是，资源型城市产业转型时间较长，影响因素复杂，虽然影响因素有共性，但又各不相同。各资源型城市应根据区域实际情况，建立综合动态指标体系，实时评价转型效果，对自身绿色发展转型起到积极的引导作用。

第10章　矿区生态补偿的保障体系与长效机制

10.1　完善矿区生态补偿法治体系

我国矿产资源的法律法规主要集中在资源的勘探、开发、监督等方面，而对开发过程中的补偿仅涉及经济价值补偿，生态补偿的相关内容相对较少(龚天平和饶婷，2020)。同时，针对矿区的相关法律制度规定也主要停留在矿区的经济开发和土地复垦等方面，相关制度建设还有待完善。

10.1.1　完善环境保护与监督管理法治体系

针对在资源开发过程中可能出现的环境恶化及生态破坏等问题，我国制定了《中华人民共和国环境保护法》《中华人民共和国矿产资源法》《中华人民共和国土地复垦条例》等，并对一些重要的原则进行了规定，包括对于付费、补偿、保护、恢复的主体界定，还包括对土地复垦的责任主体界定等。这些法律法规明确了矿区资源开采中恢复补偿的主体，但还存在一些问题，如对于生态环境损害者的责任与义务界定模糊，对于损害者来说，会出现不知如何补偿以及在哪些范围内进行补偿，补偿后会享受哪些待遇及权利等问题，不利于调动生态环境保护者的积极性；且对生态环境补偿也没有明确的补偿明细，矿区生态环境的强制性执行不到位，使历史遗留问题仍不能有效解决，矿山生态破坏、矿群纠纷还时有发生(祝睿，2021)。

(1)加强立法建设。相对国内矿区资源开发和生态建设的需要，有关生态补偿的法律制度相对缺位。这一现象导致矿区生态补偿方面出现了政策先于法律规定，使矿区生态补偿范围在法律上没有明确的权利与义务的规定。为了更好地在矿区资源开发中保护生态环境，维护生态系统的可持续发展，我国要加强生态补偿立法建设，细化生态补偿的法律解释，制定相关的法规条文(唐士梅，2019)。

(2)制定地方生态补偿实施和管理条例。各地方的生态环境治理各有重点，社会经济发展水平也不尽相同，这就需要各地区必须按照自己的现实状况，有针对性地完善地方性法规制度，以填补法律上的暂时空白(洪浩和程光，2020)。目前，我国矿区资源环境保护与恢复的监督管理法律体系还不完善，尚不能适应当前矿业经济发展的需求。例如内蒙古、四川等资源大省(区)，在矿产资源开发方面走在前列，在实践中获得了很多经验，具备了制定生态补偿地方性法规或相关制度的有利条件。在这些规定的约束下，完善矿区资源环境保护与恢复的监督管理法律体系，使在正常开采资源的同时生态补偿也能顺利进行。该工作涉及面广，需要多个部门协作，由省(区)内多部门联合制定，包括人大法制委、司法厅、生态环境厅、发展改革委、自然资源厅、水利厅、农业农村厅等共同参与。

(3)实施统一管理。矿产资源管理体制改革需要进一步完善，实现资源的统筹集中管理(曾凌云，2020)，这主要有三个方面的原因。①将来我国的矿产资源不再独自成为经济因素，而是成为涵盖多内容的综合体，包含社会、经济和生态，在利用自然资源的时候不能简简单单拍板决定，而是要加强顶层设计，用系统性思维考虑问题。②矿产资源市场相较于其他市场具有其特殊性，使政府在宏观调控的时候需要统筹兼顾。所有这些就必然需要我们做好政策与个人的联系，使中央以及地方有更明确的管理体系(曾凌云等，2021)。③生态文明与可持续发展的内涵要求考虑长远利益和代际公平，因此需要创新管理机制，实施统一集中管理。

(4)强化土地监察能力。进行矿区生态补偿需要增加国家的土地监督能力，建立具有专门管辖权的自然资源管理部门(张先贵，2021)。监管实际上是对事物发展过程的一种控制。监管活动的法治正逐步成为社会监管体制的核心部分，对法律环境的治理、组织的严密性以及公平的法则等要求极为严格。我国的国土监管组织能够承担矿区生态补偿的监管责任，在明确其监管责任及管辖范围后，加以有关专业人员等即可起到有效监管的效果(张捷和王海燕，2020)。

10.1.2　推进矿产资源产权制度完善与优化

矿产作为一种重要资源，对人类经济的发展有很大影响。纵观全球经济发展格局，矿产资源的开发在许多国家经济发展中扮演着不可或缺的角色，为所在国奠定了经济发展基础。然而，矿产资源的数量以及种类在全世界的分布是极其不均衡的，导致一些国家在经济发展速度以及经济发展方式方面存在差异性(陈甲斌等，2022)。因此对于国家而言，如何大力发展矿产资源探测技术，积极探明矿产资源储存量，同时在矿产资源有序开发的条件下最大限度保护生态环境是经济发展的重要话题。

《中华人民共和国宪法》和《中华人民共和国矿产资源法》对矿产所有权做了明确规定，其基本性质为“归属国家所有”，因此该类产权更像是某种“政府产权”。这种体制在发挥各级政府、部门的矿权所属中起到了主要的作用，但相关产权制度规定在理论上与实际上存在差别，一些经济功能不能或不完全能实现，这就导致矿产资源的开发率和使用率下降，从而制约矿区经济的持续发展(康纪田和刘卫常，2020)。我国矿产资源依靠地方政府的管理，在这种模式下国家矿产资源拥有者的位置不明确，直接导致拥有权过于分散，“使用权管理”代替了“所有权管理”，产权机制在行政手段的作用下不能发挥其最大作用，即通常表现为管理条例不清晰，各责任主体不明确以及管理错位。因此，责、权、利在各主体之间的关系应该明确并且规定好，主体为包括政府及其他管理机构的政治主体以及包括矿区企业、勘探单位、个体开采者、矿区居民在内的经济主体，最大限度调动各主体的积极性，从而强化外部性内部化功能和资源配置功能(张维宸，2019)。

10.1.3 将矿区生态补偿纳入地方政府考核

矿区管理是一项复杂多面的工作，涉及的管理部门较多，但多头共管容易产生部门间互相推诿的现象。因此，必须明确各部门的工作职责和分工。在矿区开发中，从矿山开采企业获得采矿权到矿产资源开采完毕后关闭矿山，整个过程中，各环节的负责部门应明确，同时建立起各类突发事件的应急处理机制(王曦和邓旸，2012)。与此同时，还必须建立起矿区开发各环节透明的环境管理制度，保证信息的公开。积极转变地方官员的绩效思维，将“绿色 GDP”作为衡量经济效益与生态效益的重要内容，并将此规定明确并以部门规章的形式表现出来(徐瑞蓉，2020)。

当前矿区开发过程中主要的问题之一是地方政府对矿山开发企业的监督和管理不到位，有些地方政府主要关注资源开采对当地经济的直接促进，个别地区甚至有官员违法入股矿山企业，使得矿区开采产生的经济利益和地方官员的利益直接挂钩。因此，在推行以“绿色 GDP”为核心的政绩考核制度后，可以最大限度从制度层面促进矿区官员进行生态环境监管，促进矿区企业进行绿色生产。要压实各级主体责任，将资源环境保护的监管责任落实到位，实行领导核心制。将地方政府干部考核的主要内容和生态环境保护联系起来（夏涛，2020）；与此同时，更加突出矿区生态环境监管重点，对于重要开发区要注重多元化考评，突出环保地位，加强生态保护。在资源开发过程中建立生态补偿绩效考核评估机制，充分发挥生态补偿金的引导及激励作用，严格监管环保专项补助资金的使用绩效，同时规范并严格考察其他相关各专项补助资金的使用绩效。积极完善各种制度，包括生态补偿的审计制度和信息公开制度等，在全社会形成监督之风（王秀卫，2019）。大力完善环保绩效指标量化制度，科学评估官员的经济绩效和环保绩效，对于一些重要开发项目，其生态补偿管理须由部门领导主管，由其亲自监督（薄晓波，2020）。

10.2　优化矿区生态补偿运行机制

10.2.1　矿区生态补偿的合理定价

矿区生态补偿的定价应以生态损害的程度、环境改善的程度、生态价值的增减为依据。

（1）生态损害的程度。生态补偿实际上就是弥补受害者所受的损害，补偿主体是从资源开发中获得好处的一方（如资源开发者），补偿的具体标准需要依据破坏的程度给予补偿相应的资金量。生态破坏者需要承担起自己的责任与义务，对环境污染产生的一系列损失付出代价，提供相应的赔偿。矿产资源开发会对矿区的日常生活、生产活动造成很大的影响，因此应该对于受损者直接进行现金补偿，明确直接受到损害的人，给予人员安置费、青苗补偿等补偿款。我国矿区资源开发在进行生态补偿时应充分计算其所造成的损失，充分考虑环境的破坏程度和损害状况（康新立等，2011），以做到整个过程的合理化与科学化，主要依据包括矿区的采空区面积，产生的固体废弃物以及废水、废气的排放量等因素。

（2）环境改善的程度。人类的生存与发展立足于生态环境，作为最基本的生活保障，这一自然界带来的福利使地球上的每个人都受益，因而我们有义务和责任保护自然，保护生态环境。加快生态补偿机制改革能够影响当地生态产业的发展，对国家以及地方的产业结构调整产生重要影响。同时，生态产业相对其他产业来说，除产生经济效益外，还具有良好的社会效益及生态效益，能够激励矿产企业积极加入，并且有益于生态补偿制度的建立和完善。生态补偿机制作为当前较为合理的制度模式，把循环经济理论、环境资源价值理论以及环境经济学有机结合在一起，核心内容是自然资源有偿使用，但需要对商品的所有者交付补偿资金，以合理利用这一自然界的独特商品(丁斐等，2021)。

(3)生态价值的增减。生态补偿费实质是社会成员由于享受了生态环境带来的好处而对所享受价值的支付，这是因为生态价值包括环境治理与修复的支出、保护环境所丧失的机会成本以及最基本的服务功能所能提供的价值。在矿产资源开发方面的生态补偿，既明确了在经济方面的补偿，又规定了承担生态环境治理修复的责任与义务，内容较为全面完善(周信君等，2017)。与此同时，评估矿区生态服务价值与破坏造成的损失也是建立补偿机制的重要一环，应建立对应的可执行的补偿标准。市场经济中价格调节作用十分重要，资源价格能够反映要素的稀缺程度，其调节作用体现在资源开发和使用的各个过程中(张牧遥，2021)。同时，生态环境与生态资源是特殊的生产要素，应该有效界定其相关点价值，并用价格反映其价值，在生产经营成本中计入环境成本这一重要因素，对环境与资源应采取有偿使用的方式，最终实现环境成本由外到内的转变。

10.2.2 矿区生态补偿资金使用监管

矿业是社会经济产业的重要一环，它不仅涉及经济发展，同时影响地区的环境建设，是整个社会经济产业链中一个特殊的行业(刘志彪和姚志勇，2021)。近年来，国家十分重视矿业的发展，并加强了对于矿区生态补偿资金的管理，其中一个重要方面体现在将矿产生态效益补偿资金(为特种资源矿区、重点采矿区等地设立的特定专项资金)划入公共财政支出。同时，对于生态效益补偿资金的补偿渠道进行了改革，将财务管理办法改为报账制。借鉴天然森林防护工程资金的财政制度和核算方法建立矿区生态补偿资金的监管制度与方法。在财务预算系统中建立专项的“矿产生态效益补偿资金”，批阅并公示补偿资金的收入及支出，并在勘探矿区资金中把效益补偿资金纳入管理。根据我国矿区生态补偿资金的实际现状，可采取资金检查的对策(邓宝玲，2012)，包括：改变现有的管理办法，在款项最后确定的时候，单元内部的会计人员要认真负责，通过委任制度来增加职权监督，实现制衡；实行预算管理、决算管理以及跨省份交叉预算复审等财政制度，自然资源部以及各级审计部门要做到对资金使用的全生命周期进行监督与稽查；建立并实行总稽查特派员制度。

为矿区生态补偿制度的制定和实行提供坚实的保障，需要进一步强化核查监督矿区生态补偿资金工作，并在吸取以往经验教训的基础上完善相关制度，健全补偿机制。本书进一步提出以下四点建议。

(1)完善资金监管组织机构。自有关重点工程资金稽查和自然资源资金监测监管工作机制建立以来，资金核查的工作得以持续地开展起来(和桂舒，2020)。在此基础之上，下属各级矿产部门也建立了相应的资金检查工作机构，并对机构的工作职能进行了确定，部分地区也已经开展了相关工作，同时仍有地区还在筹备阶段，尚未成立相关机构。为了更好发展，各地矿业相关机构应当结合地区实际情况，建立健全整个矿业管理督查体系，将督查工作落实下去，同时配合好国家矿产管理机构的督查活动。

(2)改进工作方法，大力度、深层次地实施资金稽查工作。除不定期抽查和定期核查相关款项外，同时要参考群众意见对相关地区进行突击检查。应注意的是，在安排计划资金稽查时，要做到落实要求、突出重点，在进行资金稽查的过程中，需做到有针对性地检查，将整个过程分步骤、分阶段进行，并且及时补充稽查力量，视具体工作适当加长稽查时间，做到“时间服从任务，时间服从质量”。对于工作人员工作成果以及资金稽查成果，整个工作的实施应当将管理与检查两项任务融入资金稽查项目的全过程(李烝，2020)。同时，各地也应该设立完整的监察制度，使资金的监督工作更加日常化，除外部监督外，有序开展自纠自查活动，严肃处理并快速纠正检查过程中所发现的漏洞与问题。

(3)实施有效措施，加强惩处力度。资金稽查工作是严肃而认真的，所有参与工作者都应严格要求、认真对待，对于工作中发现和查出的问题都要做到一丝不苟，整改和处理工作都要具体落实。针对纠察出来的问题，要根据具体的情况和性质进行整改。一是要通报批评；二是要求涉事单位在一定时间内纠正问题并进行整改；三是在宏观上进行调控与管理，如停拨资金，停止建设相关项目等；四是监督管理部门对在工作中违规的人员要给予一定的政治处分，严重者可追究刑事责任。此外，各部门做好监督工作的同时，也要充分发挥群众监督和社会监督，将新闻媒体、社会舆论的作用最大化发挥(李莹，2020)。那些已经要求整改的单位，需要对其整改程序进行跟踪和督促，直到达到相关的要求。

(4)加强资金稽查队伍建设。要从人员、体制、培训等多角度去思考，建立一个严肃高效的资金核查队伍，不断提高，不断改进，与时代结合，与实际结合。全国也应该整合市、县级部门和单位开展培训；增强对稽查人员自身的监督控制，做好廉政建设工作；更加深入地调查研究工作进程中的新状况、新问题，为未来的改进突破积攒经验；持续充实组织的队伍力量，使组织更加强大(赵风瑞，2011)。

10.2.3 矿区生态补偿资金使用效益评价机制

矿区生态补偿资金的使用需要进行实时动态评价，从而提高资金使用效益。整个矿区资金的流动不仅需要保证矿区的正常运作，还要保证矿区生态环境建设，实现资金的高效利用。对于评价指标的选取，要考虑矿产行业的特殊性，它不仅涉及经济水平，同时涉及环境保护、公共服务和人口安全等多方面，因此要做到全面考虑。例如：采用 GDP、环境污染能耗、单位 GDP 水能耗、群众满意度等指标构建针对矿区的生态补偿资金使用效益评价机制。运用定量分析方法，确定分析角度，计算指标权重，科学构建同我国矿区实际相符的评价体系和评价机制，最终达到有效评价矿区生态补偿资金使用效益的目的(陈丽新，2011)。

10.3 建设绿色矿区长效机制

10.3.1 健全绿色矿区生态补偿多元投融资体系

实现矿区生态补偿的关键抓手在于财政投入。要建立健全有针对性的补偿资金保障机制，继续完善相关的政策保障与宏观调控体系，逐步引导建立政府、市场、社会三方参与的多元生态补偿投融资机制。落实环境保护责任主体，按照“谁开发受益，谁注资保护”的总体原则，引导支持更加多元的社会资金参与生态保护与环境整治，进而形成多元有序的融资体系。

1. 加大财政支持力度

作为一种具有现实应用价值的经济活动形态，矿区生态补偿需要根据具体的发展情况，尽快构建与之匹配的财政支持体制、制度保障机制与可持续的运行机制。目前较为完善的经费投入体系是以政府财政为主的支撑体系，其中公共财政因其市场化机制和社会化途径而逐步得到了体现。政府补偿指通过财政补贴、政策支撑、工程实施、税费改革、人才资源和技术工具投入等手段对环境保护贡献者进行补偿的一种方式(颜子洋等，2020)。

(1)加大对矿区环境治理项目的财政资金支持，从政府补偿治理资金角度推动矿区生态修复。近年来随着我国经济社会的不断发展，政府财政收入和支出也在不断增加，与此同时，开支中用于环境保护的比例也处于持续上升的趋势。该项资金支持能够为矿区生态补偿奠定良好的经济基础，但是资金支持力度仍有待加强(蓝颖春，2014)。

(2)建立专项补偿资金。在专门的矿区生态补偿科目未建立之前可通过建立专项补偿资金对生态脆弱地区、欠发达地区进行生态补偿，以实现区际利益均衡发展(蒋凡等，2020)。例如，可以综合采取财政周转金、贷款贴息、信用担保等形式，对矿业开采的重点项目进行补贴。同时，为了激励开采企业自觉从事生态保护行为，可采用点对点补偿的办法。对于开采中正、负外部性失调的关系，可通过负外部性对正外部性的补偿实现均衡。

(3)适当发行生态补偿国债。作为国家财政政策的重要手段，国家可通过发行国债的方式向社会筹集基金，调节社会经济活动。因此，国家通过发行专门的生态补偿国债，以实现保护生态环境的目的。矿区生态环境的改善能够实现人与自然和谐共处，有利于实现区域可持续发展(刘明明等，2018)。因此，对于生态补偿国债来说，通过募集资金，把矿区未来的生态效益“按揭”转化为当前的生态投资，能极大地推动矿区生态环境的修复与重建。

2. 开展横向转移支付

横向转移支付方式同样对矿区生态补偿发展起着重要的推动作用。在资源开发过程中，上游对下游、富裕地区向贫困地区、生态受益地区向生态保护区(输出区、脆弱区)实施横向转移支付，缓解了中央的财政投入压力，同时不同发展程度的地区，通过转移支付改善了区间利益分配格局(王燕军，2006)。

可以通过三种渠道实现矿区生态补偿的横向转移支付。首先通过区域间政府平等协商方式实现，完成转移支付的协议内容，尤其是积极引导东部对中西部地区、富裕地区对矿区生态保护地区转移支付的力度。可通过矿产资源开采地和对应的资源利用地签订生态补偿协议，由具体协议明确相关补偿标准及方式。其次是发挥中央政府“中间协调人”的身份。为了避免补偿资金被不合理利用，可以由中央财政统一确定横向补偿标准，再由中央政府根据标准向资源开发受益地区收取生态补偿金，这部分补偿金由中央政府根据保护或修复矿区生态环境而付出成本、丧失经济发展机会的情况向相关地区和人群给予转移支付。最后是扩大因矿区开发而受益的区域范围，建立一定地域的大经济区，实现大经济区对矿区开发地的跨区域生态补偿转移支付。比如，我国东部沿海地区作为经济发达地区，其自然矿产资源贫乏，为我国主要的矿产资源开发受益区，由这些享受到矿区资源经济价值的经济发达地区的财政资金拨付补偿资金，其比例应综合考虑当地人口数量与增长率、GDP 总量、地方财政收支情况、产业结构等因素(张化楠等，2021)。

3. 完善税费政策

(1)建立权利金制度。在权利金制度下对于各类矿产资源均需要征收权利金，但根据资源不同反映出其绝对地租与级差地租的差别，基本方式是国家作为资源所有者，参与资源开发与收益分配。同时依据品质、重要程度和稀缺程度对不同的矿种确定其不同的权利金费率，使矿产资源的可耗竭特性能通过征收权利金体现，同时实现国家的矿产资源所有权。权利金制度保证了一些收入在矿区开发之初政府就从生产中取得了，这样就不会对向企业征税产生依赖。有了权利金制度，不论矿区企业在营运期内是否盈利，都应该按照比例向国家支付资源开采费(孙春强，2015)。这样一来，矿产开采有了额外的成本，矿山企业就会尽力充分地利用、大力回采矿产资源，以增加矿山企业的总收益，在一定程度上防止了矿山企业浪费矿产资源。

(2)建立集约型的资源税费体系。采矿行业已缴纳的矿产资源相关税费有六种，除了最基本的资源税以外，还有资源补偿费、探矿权采矿权价款、使用费、矿区使用费以及石油特别收益金(施文泼和贾康，2011)。目前，采矿企业的税负压力较大，应该调整现有的税费结构，降低其他税收比例，提高资源税比例，以保证矿区生态补偿财政资金来源。具体来说，首先进一步扩大从价计征资源税的矿产资源范围(目前仅有石油和天然气，建议把稀土、铁矿石、煤炭等矿产资源纳入)，适度提高资源税的计征比率，对于不同的开发阶段采取不同的税率及其减免税政策。其次，按照资源对外依存度的情况，进行有差别的税率调整，如石油、铁矿石、铜等对外依存度高的资源税率需要进行重点调整。最后，鼓励推动自然条件差的地区的资源开发或品质较差的资源的开发，并在税收方面给予优惠。

(3)构建矿产资源开发的生态环境税费体系。2018 年《中华人民共和国环境保护税法》正式施行，意味着国家为了保护生态环境，为了推进绿色生态发展建设，正式开征环境保护税。环境保护税主要面向能源产业、资源产业以及建筑行业等，主要污染物类型包括废气、废水、噪声、固体废弃物等，首先对排放这些污染物的企业征税。在对这些污染物排放征税时有一定的标准：大气污染物税额为每污染当量 1.2 元；水污染物税额为每污染当量 1.4 元；固体废弃物按不同种类，税额为每吨 5～1000 元；噪声按超标分贝数，税额为每月 350～11200 元。与此同时，为了保证环境保护税的执行效果，以最低标准的十倍为上限，以现行最低的排污收费标准为下限，鼓励地方适当上调征收标准(吴文盛和李小英，2021)。

环境保护税的征收与矿区生态补偿机制的产生来自外部性，解决了环境污染、生态破坏这些具有负外部性影响的问题，促使环境破坏者付出相应成本、福利受损者获得相应补偿，各纳税人经济行为通过这种方式得以矫正(陈利锋，2019)。资金和实物补偿、技术支持、政策优惠都是矿产资源生态补偿可以采用的方式。环境保护税能够对资金进行合理配置并进行行为激励，是政府所进行的环境规制政策。政府以环境保护为目的，以矿区可持续发展为目标，征收环境保护税，得到资金上的支持与保障，筹集来的资金以项目投资、优惠补贴、转移支付等方式进行重新分配。同时，向排污企业征收相应税费，使得企业加快绿色技术创新，减少排污量以降低成本，这有利于企业开展清洁生产，有利于企业提高生产效率。

(4)加大矿产资源原产地的经济补偿。资金补偿是经济补偿最重要的补偿方式,通常以转移支付、税收减免、直接赠予等途径来进行资金补偿(孙开和孙琳，2015)。建议增加国家财政对矿区所在地的直接投入，增加基础设施建设的强度，拓展经济补偿的渠道。对总部不在矿区所在地的企业，其总部应缴纳的税费，可以部分缴入矿区所在地政府。或者变换、更改过去企业分公司前往总公司所在地纳税的税收模式，根据税收与税源相一致的原则，企业在矿区所在地从事开发的，可以在当地纳税。

(5)制定适度倾斜资源所在地的利益分配政策。中央与地方的关系要处理好，利益分配要向地方和矿区所在地倾斜。制定适宜的、各方满意的利益分配机制是矿产资源经济关系得以理顺的前提条件，尤其是对协调各利益主体的关系具有必要性(马丽等，2020)。在正确处理国家与探矿权采矿权人等利益的基础上，还要统筹各级政府的收益分配政策，适度将矿产资源收入向矿区所在地和欠发达地区倾斜，让更多矿产开发地居民得到补偿和收益。首先，在中央、省以及矿区所在地的分配比例里，矿区所在地的分配比例应增大，地方留有更多的收益，并在省、市、县、乡合理分配，促进矿产资源开发区的可持续发展。其次，对各级政府、地区、居民的利益分配关系进行协调，如矿产资源补偿费应重点用于当地居民的生活生产需要，提高资源补偿费的地方分配比例，从而促使矿区生态环境保护和生态补偿机制的建立。

4. 市场运作生态补偿

现在矿区生态补偿机制尚未完全建立，存在着财政转移支付支出结构不够完善，矿区生态功能区的生态补偿考核指标不够健全等问题，需要进一步探索多元化补偿机制和渠道(宋文飞，2020)。财政是生态补偿重要的来源，但应与市场运作结合，构建更合理的补偿机制，已有国家(如美国、巴西)的实践经验证明，生态补偿可以采用市场机制与政府投入相结合的方式，既可以发挥市场配置资源的有效性，又能通过经济激励提高生态效益(胡芝芳，2014)。国外已有的案例可以为我们治理矿区提供借鉴(Cetindamar，2007)，我国也可以构建市场化运作的矿区生态补偿投融资制度，完善已有的政府管理的转移支付、环境税费等制度，使之与市场互补，让市场机制在生态资源供求中充分发挥引导作用，最终构建绿色矿区生态公平、公正、公开的利益共享与权责分担机制。

(1)明晰矿产资源环境产权。客观上我国过去较长一段时间实行的是“资源低价，环境无价”的资源价格体系，企业以较低价格获取生产要素。许多企业未在矿区的环境保护、安全生产等方面投入足够的资金，使得他们未能付出破坏环境的成本以及一些社会成本。市场运作矿区生态补偿的前提是明晰矿产资源环境产权，为建立以市场交换为基础的绿色矿区生态补偿机制提供基础保障(高桂林，2022)。

(2)优化矿产资源市场。矿产资源市场建设的意义在于使环境要素的价格建立在自身的稀缺性上，既可以节约资源又可以减少环境污染，鼓励尝试资源使(取)用权、排污权交易等市场化的补偿机制(卢维学等，2022)。完善矿产资源交易制度，包括开采权交易中的出让、转让、租赁等，合理分配矿产资源、制定合理偿付使用制度。政府加强对排污权利交易的监督、监管，逐步探索建立污染物在一定区域内有偿分配排放的机制，减少污染物的排放。最后使生态环境保护者和受益者自愿达成协议，共同建立绿色矿区生态补偿市场机制。

(3)探索建立市场化生态补偿模式。利用市场手段，使矿区的生态环境质量和生态资源转化为用资本衡量；尝试在有条件的地区建立生态环境的市场化补偿模式，该模式主要以矿产资源使用权、排污权交易为手段；提升资源使用的合理性，建立有偿使用、开采资源的制度，加快建设与矿产资源使用、出让、租赁等相关的交易机制，对排污类型和排污量进行分类分段管理，推行排污权交易，通过市场平台实现矿产资源和矿区生态环境的良性互动(王珏和李玉喜，2020)。完善有利于资源节约、环境保护、生态修复、生态功能服务等的价格形成机制，科学确定价格，从资源稀缺程度、市场供求关系、生态修复治理的成本等方面来完善市场制度和相关政策。各地联合建立环境交易所，通过交易所开展资源税费改革，使排污权交易方案的制作完善有现实参考，推进实施矿产资源排污权有偿使用，建立公平竞争的矿区环境产权交易市场，以及制定好与之配套的分配机制、管理办法、实施细则，并与水权、森林碳汇等交易市场的建设统筹推进。

5. 多方争取金融支持

矿区生态补偿需要金融支持，其中最主要的就是区际生态补偿融资，其形式有很多种，包括借款、贷款、集资、债券、租赁、绿色保险、建设-经营-转让(build-operate-transfer，BOT)、转让-经营-转让(transfer-operate-transfer，TOT)、私人主动融资(private finance initiative，PFI)等(胡仪元等，2016)。以矿区生态补偿的 BOT 融资和绿色保险为例。生态补偿的 BOT 是生态绿色项目所在地政府通过契约授予投资企业一定时期的特许权，该企业在特许权期内组织成立项目公司，负责承担某区域生态环境项目的建设、运营和维护的任务，相应获得收益，在协议期满后将项目无偿转交给政府。生态补偿的 BOT 融资模式可以用于矿区生态修复项目建设，由地方政府根据矿区资源环境状态、市场供需状况设立项目，并按照项目投资额大小由不同级别的委员审批立项，并按市场化方式进行公开招标、选标、项目开发、项目的建设和经营等环节(黄寰，2013)。

在矿区实施生态保险有利于加强矿区污染事故防范和处置工作，使受害人及时获得经济补偿；有利于稳定矿区的生态和经济秩序，降低矿区企业经营风险，提高矿区企业应对各类风险的能力，保证矿区能够正常生产经营，帮助减轻政府在矿区生态和经济方面的管理压力；有利于激发保险机制在帮助社会管理方面的正向作用，加强矿区企业在绿色矿区生态管理方面的保护意识，提升管理水平。目前，环境污染责任保险以直接损失为主要承保对象，包括突发事件引起的环境污染。必须看到，环境污染责任保险制度还不具备强制性，政府应该通过引导，逐步使其具有强制力，确保在污染事故发生后，能及时进行生态补偿(吴琼和邵稚权，2020)。

6. 积极鼓励社会补偿

近年来，无论是中央还是地方，无论是企业还是个人，已形成了保护环境就是保护自己，生态环境由全社会共建共享的广泛共识。随着我国经济发展水平提升，居民收入也逐渐增加，人们的环境保护意识也随着收入的增加而增强，越来越多的人自觉地参与保护生态环境的活动，并通过互联网社交媒体、短视频平台等分享自己在保护生态环境方面的创新活动。在这样人人都想为生态保护尽一份力的环境下，实行社会化的生态补偿，有助于为生态补偿活动筹集社会资金。社会化的生态补偿形式多样，如社会资本捐赠、发行生态补偿彩票、发行环保基金等(王明，2020)。

(1)应找准矿区生态补偿资金的出资者。矿山企业在矿区生态环境保护上承担着主要责任，理应在生态补偿上多出资金。高收入群体应负责一部分生态补偿资金的原因是：一方面，高收入群体对资源环境的占用往往多于普通群众，他们有责任在生态环境保护方面出更多的力；另一方面，高收入群体更易加强同环保机构的联系，通过该机构募集矿区生态补偿资金。在积极鼓励环保机构筹资的同时，要对机构的资金去向、运行等进行有效监督，确保矿区生态资金补偿到相关个人、组织和生态项目上(周宏伟和彭焱梅，2020)。

(2)发行面向全社会的生态补偿或生态保护彩票，也是一种为矿区生态补偿筹集资金的方式。我国最初发行彩票就对社会福利事业和国民体育健康事业起到了积极推动作用。保护生态环境需要长期大量资金的投入，这是一个涉及社会各方、对全社会有益的公益活动，通过发行彩票来筹集社会资金用于保护生态、改善环境，这种方式不仅成本较低，还可以达到积少成多、聚沙成塔的效果，更能得到社会各方的支持，还能调动普通群众参与生态环境保护的积极性，强化其对生态环境的保护意识和对自然资源的节约意识。生态补偿(保护)彩票不仅可以宣传生态文明理念，还可以为一类人群提供参与生态保护的便利之路(这类人有为生态保护出力的想法，但可能因自身收入不高，能投入环保的金额较少而没有合适的参与方式)(孙亚男和陈珂，2018)。彩票发行的审批权在国务院而不是地方政府，其发行过程会面临不少的问题，因此生态补偿(保护)彩票可在进一步充分论证后，借助福利彩票和体育彩票发行的平台和经验，在适当的时候推出，从而为矿区生态补偿建立融资保障。

10.3.2 绿色矿区建设的实施路径

1. 绿色矿山的建设路径

(1)进一步完善体制机制，加大推进力度。矿区所在地政府应在其五年发展规划和每年重点工作计划中纳入绿色矿业发展内容，落实各个部门责任、任务和目标；建立各个维度考核制度并进行完善，将绿色矿山发展落实到年度考核上；加快矿区相关企业的建设，尤其是大型、中型规模以上企业的建设。矿山企业只有建设绿色矿山才能在新一轮矿业经济调整中生存下来(田家通，2022)。

(2) 建立上下联动机制。由于各类矿区自然条件、所在行业、结构及规模等存在差异，矿山企业的绿色矿山建设也存在差异。国家级绿色矿山代表着我国绿色矿业的最高水平，2010 年出台《国家级绿色矿山基本条件》、2020 年出台《绿色矿山评价指标》等相关文件，对绿色矿山的申报与建设提出了明确要求。各地自然资源部门应落实国家矿产资源相关规划，根据本地自身特色制定发展目标，从县、市级的绿色矿山建设开始，逐渐提升到省、国家级高水平的绿色矿山建设上，形成上下联动机制。为此，地方政府应当加强组织领导，深刻把握绿色矿业发展的重要性，认识到其事关矿业的可持续性、生态环境发展、国家能源资源安全。当地自然资源的相关部门应积极牵头，做好与财政、生态环境、经济和信息化等部门的协调与沟通，以此建立多个相关部门联动的机制(冯聪等，2020)。

(3) 强化建立完善政策法律支撑体系。①规范矿业权转让市场。近年来，我国探矿权市场化正在逐步发展完善，随着民营企业和外企资本的进入，要确保探矿权转让必须在法律框架内进行，必须要完善矿业权转让制度和政策法规体系，同时要建立合理有序的探矿权转让市场。②完善矿业用地政策法规。建议各地政府允许将矿区厂房、矿区道路等作为矿山企业的临时用地，以此满足企业持续发展的需求。做到工矿废弃地复垦和绿色矿山建设两手抓，统筹推进，实施适当奖励机制，鼓励相关企业积极进行矿区绿色发展。③完善矿产资源综合利用政策法规。进一步明确采矿许可证与采矿权，对于期内进行回收再利用工作可免于登记，以此完善对“全资源”开发以及综合利用的支持工作。④完善财政和税收政策。做到同时兼顾短期经济需求与长期稳定发展的要求，将绿色矿业经济作为目标，对矿产开采、流通环节增加相关税费，对资源节约以及再利用的行为进行减税减负(曹宇等，2022)。参考高新技术企业的相关政策，对矿山企业有利于资源高效开发利用、有利于生态环境保护技术的研发费用进行税收抵减。

(4) 完善绿色矿山准入的约束机制。为形成各地绿色矿山的良好格局，要加强在新建矿区和技术改造矿区方面的准入管理，将大型矿区按照国家级绿色矿山建设标准，中小型矿区分别按照省、市、县的绿色矿山建设标准，分类指导、逐步达标。①在设置采矿权和划定矿区范围的批复工作时，应对环境和土地影响进行评价，并在矿区建设生产成本的核算过程中加入土地补偿与复垦、环境保护与恢复治理等费用，对于投入产出效益低、未实施环境保护政策或对环境有破坏行为的矿区，可不予采矿权、不予矿区范围的批准和划定。②在整合资源、招拍采矿权时，应给予一些优先(惠)条件或必要条件，给绿色矿山企业更多优先发展的机会。在新建矿区的批准和开发利用的工作上，当方案发生变更时，在编制过程中应要求相关矿区做到综合利用、环境保护、土地复垦、节能减排、改善民生、资源科学开采、技术创新等，并编制相关专题章节。③完善绿色矿山准入要求，审查矿区是否改善民生、是否开展生态环境修复、是否具有相关保障等(卢锟，2021)。确保通过具有先进工艺技术的新建和技改矿区，来实现资源的高效利用。

(5)加强监督管理矿山的开发利用。①针对社会监督、政府抽查的相关政策进行完善，贯彻“守信奖励、失信惩戒”的管理机制。若矿山企业未履行合同约定的相关义务，应对其行为追究责任。②对监管手段进行创新。在条件具备的地区，尤其是发挥示范作用的绿色矿业发展示范区，积极运用信息技术、大数据、区块链等进行监管创新，提升监督管理工作的数字化水平，实现工作逐步向智能化转变。③在明确相关部门的监管职责基础上，加强部门之间的协同工作。完善矿区水土保持、土地复垦、开发与再利用、地质环境保护与恢复方案和评价环境影响的报告书之间的相互支撑关系，努力实现相关专家共同联手，相关部门协同工作(曹晓娟等，2016)。

(6)加强产学研结合。以德国鲁尔区为例，该区通过改革创新，建立一条横贯科学界与经济界的技术之路，使研究中心和经济中心连接起来，加速科研成果的转化和应用，建立“鲁尔区风险资本基金会”，并成立了提供资金和咨询服务的新技术服务公司(惠利等，2020)。鉴于此，绿色矿山的建设需要大力推动科技创新。从矿山企业来看，需要自主增强技术支撑体系和人才队伍培育。绿色矿山建设是一项涵盖专业面广、技术含量高的工作，例如，环境保护、节能减排、资源开发等工作都需要得到先进科学技术的支撑，绝不能故步自封，需要在项目带动、培训提升、人才技术引进等多方面开展产学研合作。从当地政府部门来看，需要进一步引导和推动绿色矿山建设相关的技术研发，鼓励绿色矿山相关的骨干企业与科研院所开展交流与合作，并在申报国家和省、市、县科技攻关等项目上予以积极支持，共同建设技术创新平台。

(7)创新绿色金融方式。为实现矿产资源开发经济效益与社会效益同步发展，政府应创新绿色金融扶持政策，为绿色矿山建设提供融资支持(王梓利和林晓言，2021)。地方政府应鼓励银行业金融机构创新信贷支持，如实施针对绿色矿山建设的相关信贷产品，为绿色矿山相关企业在实现循环利用资源、防重金属污染、治理环境问题等方面提供足够的资金支持。此外，金融机构可在企业征信系统中加入有关绿色矿山的信息，将其作为信贷业务和金融服务的重要参考。具有政府性质的担保机构可设立有关绿色矿山的担保基金，以此为相关企业提供增信服务。同时，各类社会资本可成立有关绿色矿山的产业基金，来为绿色矿山的建设提供相应的资金支持。对于符合条件的矿山企业，可在境内的主板、创业板或中小板上市，积极鼓励相关企业在区域股权市场和“新三板”挂牌融资。在绿色金融方面，绿色债券如今迎来蓬勃发展的态势，可鼓励各机构加大绿色债券的发行。2019 年 3 月，山东黄金矿业股份有限公司通过债券募集的 10 亿元到账，此次债券募集标志着我国绿色矿山债券首次成功发行。该债券全部用于绿色矿山建设项目，其主要内容包括清洁能源生产、资源节约与循环利用、污染防治等重大工程。由于绿色债券在期限、成本上都有着一定优势，既在资金成本上为绿色矿业发展提供了支持，又通过融资优势在行业发展上约束了产能过剩行业，促进我国节能环保产业的蓬勃发展，形成良性发展。

2. 绿色矿业示范区的发展建议

(1) 加强创新驱动。以创新和变革的理念改造提升矿业技术水平，研发推广高效能矿产资源开发利用新技术(薛亚洲，2021)。①积极探索绿色勘查手段，学习新技术、新方法、新工艺，创新资源勘查开发模式，减少对生态环境的破坏。②引导企业采用先进技术，提高采选水平，降低污染物排放，一方面充分发挥矿区企业技术创新主体作用，鼓励科研单位与企业合作，开展新技术研发和推广应用，另一方面鼓励矿区企业采用先进、安全的开采技术，引导企业加强难选矿、复杂共伴生矿选矿装备与技术工艺研发。③加强尾矿、废石回收利用，采用加工与填埋相结合的处理技术和方案，提升固体废弃物的综合利用率。

(2) 加强政府管理。从矿产资源管理的统筹规划、有偿使用、监测监督、矿地协调、资本运作、科技支撑等方面，探索一套符合生态文明建设要求、适应市场经济规律的绿色矿业发展运行的长效矿政管理机制(张德霖，2021)。①明确责任分工。各级政府承担绿色矿业发展示范区建设的主体责任，矿山企业是绿色矿区建设的责任主体，各部门要根据职责分工协作，共同推进，并将绿色矿业发展示范区建设情况纳入干部政绩考核的重要内容。②加快制定“绿色矿业发展示范区建设规范”“小型矿区规模化管理条款和管理办法”等，使示范区建设有法可依、有规可循。③探索建立适合实际的矿产资源节约与综合利用激励与约束机制，建立适应市场经济的综合利用先进技术推广机制，建立矿业企业信用管理体系。④建立矿业领域综合监管机制，落实属地管理责任，强化县(市、区)人民政府矿产资源管理的主体责任，建立完善本级政府及部门、乡镇联合执法、协调监管的共同责任体和执法监督长效机制。

(3)加强政策引导。推进制度创新，切实发挥政策的引导作用。在现行法律、法规、规章和政策的基础上，制定有利于绿色矿业发展示范区建设的规章和措施，强化政府对资源开发和环境保护的宏观调控作用(陈丽新等，2021)。①制定支持绿色矿业发展相关政策制度的计划，切实为绿色矿业发展示范区建设提供良好的政策环境，对各项政策、措施贯彻落实情况进行监督检查，对实施效果进行跟踪评估。②研究制定绿色矿业发展示范区创建和评估考核管理办法，建立完善的考核评估指标体系，确保示范区建设有序推进。③重视和发挥新闻媒体和公众的社会监督作用，严格执行政府信息公开制度，主动接受广大公众和社会各界的监督和建议。

(4)建立绿色矿业示范区平台，加强宣传引导和典型经验推广。建设绿色矿业示范区平台的目的是总结先进示范区的经验进行宣传推广，实现示范区的引领作用(靳利飞和安翠娟，2015)。通过建设试点取得经验、创新模式、树立样板，使示范区建设有样可学，尽快全面推进(郭冬艳等，2020)。公众对绿色矿区开采重要性的理解，能够有效监督矿区企业的开发全过程。在澳大利亚实行的“全程公众参与监督”工作中，公众可随时起诉在环境保护和土地复垦工作中有问题的矿山企业(杨永均等，2020)。借鉴此案例，政府应充分利用报纸、电视、网络等各种媒体资源，加大对绿色矿区的宣传引导并推广相关的典型经验。

10.3.3 构筑绿色矿区生态补偿长效机制

1. 健全组织机构

(1)建立矿区生态补偿实施管理机构。矿山环境污染具有外部性，对矿区环境的治理同样具有外部性，由于外部性的存在，需要政府出面引导矿山企业参与生态修复，找出补偿主体，引导实施生态补偿。为使矿区生态补偿制度化、法治化、科学化、程序化、常态化，建立省级矿区生态补偿的行政管理机构十分必要。就现实情况而言，由各地的省发展改革委或自然资源部门牵头组织建立这样的专门管理机构具有可操作性，可以组织相关领域的专家人员成立管理机构，由他们负责具体的管理事务，对绿色矿区的生产运行进行统一管理和协调，使矿区生态补偿工作得以顺利进行(王昊天等，2020)。

(2)建立矿区生态补偿中介评估机构。中介评估机构的设立意义在于作为补偿方与被补偿方的中间人，其决策不受两者利益左右，具有独立地位，在对补偿标准、范围、资金、内容进行评判时可以做到公平公正。就其作用而言，中介机构的负责主体应该为具有权威的非政府机构，这种机构既要具有评价能力和权利，在评价工作中又要做到公平公正，不偏袒任何一方，能够为政府实施生态补偿提供科学依据(王丽娜等，2015)。中介机构可由政府提供一定的经费支持，大部分经费由该机构的评价收入解决。

(3)建立矿区资源生态补偿监督机构。监督机构可以对中介机构进行监督，主要对其评价工作的过程和收费的标准进行监督，确保中介机构处于中立地位并具有科学性，同时能够公平公正地运行。监督机构对矿区生态补偿的过程和落实情况进行监督管理，保证花一分钱就会有一分钱的收获。针对存在违背生态补偿法规或拒不执行补偿等行为的相关单位，可采取处理措施，必要时对其相关主体可采用法律诉讼的手段，通过法律来确保矿区生态补偿的有效实施(贺骥和张闻笛，2020)。

2. 强化宣传教育

从生态环保意识上着手加强对绿色矿区的宣传工作，一是在各地设立矿区生态补偿专项研究，为地方的绿色矿区在生态补偿方面的研究提供技术指导与人员支持；二是从人才入手，在高校的地矿相关院系开设含有生态补偿内容的课程，对大学生、研究生开展生态环保教育，培养生态补偿方面的人才；三是设立生态补偿方面的培训机构，对市或县的生态补偿管理人才进行重点培养，同时针对相关企业单位或事业单位的工作人员进行培训，由于生态补偿相关的法律人才比较缺乏，可以重点加强对律师的培养；四是对公众开展矿区生态补偿宣传教育，建立生态补偿公众参与制度，让民众参与生态补偿的监督与实施，督促生态补偿工作公平、如期开展(唐学军和陈晓霞，2021)。

3. 实施先行试点

矿区生态补偿是新生事物，发展新生事物最好的办法就是边探索边建设。在生态环境保护中，矿区生态补偿无疑也是一种探索，应积极开展矿区生态补偿的区域试点(廖乐逵等，2022)。

矿产资源开采可分为重点开采区、允许开采区、禁止开采区、限制开采区等类型。针对不同开采区应因地制宜采取不同的管理方式，可分别设立一到两个试点矿区进行生态补偿试点，并给予财政、税收等一系列政策优惠，从制度上给予保障，为矿区生态补偿全面实施提供经验积累和有益尝试。在开展试点研究时，首先应该划分试点地区生态补偿的主体责任，设立生态修复要达到的目标和要求；其次要根据生态补偿的主体方制定具体的生态补偿方法，因地制宜，加强对矿区环境的监测，建立生态补偿配套的投入和测算体系，为区域的生态补偿工作提供制度支撑。

4. 强化技术支撑

技术保障主要有两种方式：一是对矿山企业人员进行直接的培训，使其自身能力、素质得以提高。通过完善矿区教育基础配套设施、向矿区提供技术咨询和指导、提供各种形式的技术培训、进行智力和技术投资，促使他们采用先进的作业技术，改良落后的生产方式；提高当地居民知识文化水平与生产技术水平，增强其就业能力和生产能力，从根源上为矿区可持续发展输入推动力。二是从各高校选拔高素质人才到矿区工作。根据统计情况来看，被补偿的一方往往是经济发展相对落后，缺乏专业人才的地区。在技术更新换代频繁的当下，需要从各高校选拔有愿意到矿区对矿区环境进行修复和治理的高素质人才，推动当地经济社会不断发展。之前，向西部地区输送高校毕业生等较高素质人才对该地区的经济社会发展起到了很好的促进作用，接下来可以进一步增加输送相关领域的高素质人才以推动当地生态补偿工作的实施。在向被补偿地区输送人才时要考虑以下因素：首先要考虑被输入地区的实际需求，根据需求有的放矢，选送最合适的人才实现最有效的提升；其次通过宏观调控、制定相关的制度，保障被输入人才的生活、工作需要，使他们能有良好的工作环境、维持良好的生活水平，让他们愿意留在当地做出更多的贡献。

5. 契合区域战略

(1) 结合新一轮西部大开发战略。西部是我国矿产资源开发的集中区域，生态补偿应结合新一轮西部大开发战略任务的调整，进行相应的整合调整。西部大开发的转型升级阶段重点任务是巩固基础，培育特色，实施经济产业化、市场化、生态化和专业区域布局升级(陆张维等，2013)。积极建设国家重要的能源基地和资源深加工基地等，新疆、四川、贵州、甘肃等省份在探索建立矿区生态补偿机制的过程中可以结合新一轮西部大开发战略的政策方针，设计以绿色矿区生态修复为重点的生态补偿型转型支付模式，完善和丰富矿区生态补偿的实施渠道。

(2) 突出长江经济带发展中的区域生态保护。长江经济带涉及 11 个省份，GDP 总量约占全国 GDP 的 45%，是我国最重要的工业走廊之一，集中布局了钢铁、汽车、化工等现代工业，是矿产资源的高消耗区。同时，长江经济带矿产资源丰富，稀土、钛等矿产储量占全国总储量的 80%以上，锂、钨、锡、钒等资源储量占全国总储量的 50%以上，是我国重要的矿产资源开发区。长江经济带对矿产资源的高开发和高消耗，给该区域生态环境带来了较大压力，因此要突出长江经济带生态保护功能，合理有序地开发矿产资源。首先，结合长三角一体化发展，探索推进长三角地区对长江中上游省份的矿区生态补偿。其次，长江经济带要“共抓大保护，不搞大开发”，特别是西部 4 个沿江省份位于长江上游，生态功能极其重要，要积极实现矿产资源的优化开发，加强对矿区生态环境的保护。最后，依托长江经济带的水道便利，选择水运方式，减少环境污染(张玉韩等，2019)。

(3) 推动黄河流域生态保护和高质量发展。黄河流域生态保护和高质量发展是国家重大区域战略。黄河流域煤炭、石油、天然气和有色金属资源丰富，是我国重要的能源、化工、原材料和基础工业基地，2021 年 10 月中共中央、国务院印发的《黄河流域生态保护和高质量发展规划纲要》提出“建设全国重要能源基地”；但必须看到“黄河流域最大的问题是生态脆弱”，在肯定矿业对地方经济社会做出重大贡献的同时，也要看到其发展带来的生态环境问题，需要开展矿区生态环境综合整治，健全生态产品价值实现机制。通过建立纵向与横向、补偿与赔偿、政府与市场有机结合的黄河流域生态产品价值实现机制，积极推进黄河流域绿色矿山和绿色矿业建设(武强，2023)。

(4) 对接京津冀协同发展与粤港澳大湾区建设。对矿产资源进行合理开发利用，以高品质矿产资源支撑京津冀、粤港澳大湾区产业发展特别是其制造业发展(李峰，2016)。同时，高价格高附加值的矿产资源对矿区经济发展实现反哺。建议受益于西部矿产资源的企业在西部积极进行投资，实现对西部矿区的投资补偿、项目补偿和智力补偿，以此推进区域协调发展。

参考文献

安慧, 金镁, 刘畅. 2019. 基于距离协调度模型的资源型城市转型主导产业选择研究[J]. 中国矿业, 28(11): 52-58.

白光宇, 张进德, 田磊, 等. 2015. 我国“矿山复绿”行动进展及对策建议[J]. 中国地质灾害与防治学报, 26(2): 153-155.

白永利. 2010. 民族地区矿产资源生态补偿法律问题研究[J]. 北方经济(23): 25-27.

白中科, 周伟, 王金满, 等. 2018. 再论矿区生态系统恢复重建[J]. 中国土地科学, 32(11): 1-9.

毕金平, 汪永福. 2015. 我国生态补偿税费体系之厘清[J]. 华东经济管理, 29(9): 90-96.

薄晓波. 2020. 三元模式归于二元模式: 论环境公益救济诉讼体系之重构[J]. 中国地质大学学报(社会科学版), 20(4): 34-47.

曹霞. 2014. 他山之“石”可以攻“玉”: 国外矿产资源生态补偿法律制度考察[J]. 中国政法大学学报(1): 144-153.

曹献珍. 2011. 国外绿色矿业建设对我国的借鉴意义[J]. 矿产保护与利用(Z1): 19-23.

曹晓娟, 董颖, 赵伟, 等. 2016. 省级矿产资源总体规划环境影响评价研究[J]. 中国矿业, 25(7): 58-61.

曹宇, 张琪, 李显冬. 2022. “双碳”目标实现的矿产资源法回应[J]. 中国人口·资源与环境, 32(4): 73-79.

柴政红. 2020. 煤炭企业矿山地质环境治理恢复基金财税管理的探讨[J]. 现代经济信息(24): 117-118.

陈丹红. 2005. 构建生态补偿机制实现可持续发展[J]. 生态经济, 21(12): 48-50.

陈甲斌, 刘超, 冯丹丹, 等. 2022. 矿产资源安全需要关注的六个风险问题[J]. 中国国土资源经济, 35(1): 15-21, 70.

陈娟. 2021. “三区两线”废弃矿山修复治理措施研究: 以王家坡历史遗留废弃矿山修复为例[J]. 中国金属通报(5): 128-130.

陈利锋. 2019. 环境保护税与环保技术进步的宏观经济效应[J]. 南方金融(11): 11-22.

陈丽新. 2011. 对我国矿山环境保护与治理的若干建议[J]. 中国矿业, 20(2): 53-55.

陈丽新, 吴尚昆, 王丹. 2016. 以转变资源利用方式促进矿山地质环境保护与治理[J]. 发展研究(3): 25-29.

陈丽新, 郭冬艳, 孙映祥. 2021. 绿色矿业发展示范区建设的关键问题研究[J]. 中国国土资源经济, 34(5): 15-18.

陈伟军, 刘红涛. 2008. 对我国矿产资源可持续发展的几点思考[J]. 矿产综合利用(2): 45-49.

程宏伟, 刘丽, 张永海. 2008. 资源产业链演化机制研究: 以西部地区为例[J]. 成都理工大学学报(社会科学版), 16(2): 34-38.

程琳琳, 胡振琪, 宋蕾. 2007. 我国矿产资源开发的生态补偿机制与政策[J]. 中国矿业, 16(4): 11-13, 18.

程琳琳, 杨丽铃, 刘昙昙. 2019. 高潜水位煤矿区生态补偿标准评估框架与测算: 以东滩煤矿为例[J]. 中国矿业, 28(4): 87-92.

程鹏. 2019. 准格尔黑岱沟与哈尔乌素露天矿协调开采下条区划分方案研究[J]. 煤炭技术, 38(11): 26-29.

戴其文. 2013. 甘南州生态补偿区域空间选择方案的比较[J]. 长江流域资源与环境, 22(4): 493-501.

邓宝玲. 2012. 现行预算会计制度不适应绩效预算的改革与实施[J]. 经济研究导刊(11): 102-103.

狄特富尔特, 等. 1993. 人与自然[M]. 周美琪译. 上海: 三联书店.

地质部地质辞典办公室. 1982. 地质辞典(五)地质普查勘探技术方法分册(上)[M]. 北京: 地质出版社.

丁斐, 庄贵阳, 朱守先. 2021. “十四五”时期我国生态补偿机制的政策需求与发展方向[J]. 江西社会科学, 41(3): 59-69, 255.

董霁红, 吉莉, 房阿曼. 2021. 典型干旱半干旱草原矿区生态累积效应[J]. 煤炭学报, 46(6): 1945-1956.

杜斯宏, 张远祥, 宋剑, 等. 2011. 攀钢钒高炉高配比钒钛磁铁矿高效低耗冶炼技术进步[C]. 第八届中国钢铁年会论文集: 3478-3485.

冯春涛, 郑娟尔. 2014. 矿山地质环境治理恢复鼓励政策设计研究[J]. 中国人口·资源与环境, 24(S3): 48-51.

冯聪, 曹进成. 2018. 我国矿产资源开发生态补偿机制的构建[J]. 矿产保护与利用(5): 101-105.

冯聪, 王澍, 姜杉钰. 2020. 我国自然保护地矿业权退出机制研究: 国外相关经验启示与借鉴[J]. 中国国土资源经济, 33(12): 37-40, 64.

冯艳芬, 王芳, 杨木壮. 2009. 生态补偿标准研究[J]. 地理与地理信息科学, 25(4): 84-88.

范佳旭, 诸培新, 张玉娇, 等. 2020. 基于三位一体保护的江苏省耕地保护生态补偿研究[J]. 土地经济研究(1): 87-98.

范雅君, 张银龙, 蔡邦成. 2011. 我国生态补偿的发展现状及研究进展[J]. 安徽农业科学, 39(22): 13649-13652.

范玉波, 刘小鸽. 2017. 基于空间替代的环境规制产业结构效应研究[J]. 中国人口·资源与环境, 27(10): 30-38.

樊杰, 王红兵, 周道静, 等. 2022. 优化生态建设布局、提升固碳能力的政策途径[J]. 中国科学院院刊, 37(4): 459-468.

方臻子, 陈芳. 2018. 矿山变形记[J]. 浙江画报(4): 12-15.

费世民, 彭镇华, 杨冬生, 等. 2004. 关于森林生态效益补偿问题的探讨[J]. 林业科学, 40(4): 171-179.

干春晖, 郑若谷, 余典范. 2011. 中国产业结构变迁对经济增长和波动的影响[J]. 经济研究, 46(5): 4-16, 31.

干勇, 彭苏萍, 毛景文, 等. 2022. 我国关键矿产及其材料产业供应链高质量发展战略研究[J]. 中国工程科学, 24(3): 1-9.

高桂林. 2022. 我国自然资源资产产权市场化问题研究[J]. 企业经济, 41(5): 5-13, 2.

高俊. 2016. 资源型城市产业转型绿色发展研究[D]. 成都: 成都理工大学.

高彤, 杨姝影. 2006. 国际生态补偿政策对中国的借鉴意义[J]. 环境保护, 34(19): 71-76.

高世昌, 肖文, 李宇彤. 2020. 德国的生态补偿实践及其启示[J]. 中国土地(5): 49-51.

高玺玺. 2011. 基于可持续发展的我国资源税改革研究: 以贵州省六盘水煤炭行业为例[D]. 昆明: 云南大学.

高小佳. 2020. 自然资源部: 积极稳妥推进政府财务报告编制试点工作[J]. 中国财政(6): 12-14.

高智伟, 姚清宝, 董朝晖. 2021. 黄土高原矿区生态化防洪规划[J]. 煤炭工程, 53(9): 20-25.

戈健宅, 李涛, 齐增湘, 等. 2022. 基于生态风险评估的生态补偿空间识别及分配: 以洞庭湖生态经济区为例[J]. 生态与农村环境学报, 38(4): 472-484.

巩芳, 胡艺. 2014. 基于"四元主体模型"的矿产资源开发生态补偿主体研究[J]. 资源开发与市场, 30(10): 1213-1216.

龚天平, 饶婷. 2020. 习近平生态治理观的环境正义意蕴[J]. 武汉大学学报(哲学社会科学版), 73(1): 5-14.

关劲峤. 2015. 环境管理中政府失灵的治理: 基于共有产权住房视角[J]. 哈尔滨工业大学学报(社会科学版), 17(4): 135-140.

关钊, 谢红彬, 罗琳, 等. 2022. 近30年中国矿业废弃地生态修复及再利用研究热点及趋势分析[J]. 中国矿业, 31(5): 18-26.

管晶, 焦华富. 2021. 煤炭资源型城市城乡空间结构演变及影响因素: 以安徽省淮北市为例[J]. 自然资源学报, 36(11): 2836-2852.

郭冬艳, 孙映祥, 陈丽新. 2020. 关于编制绿色矿业发展示范区建设方案的思考[J]. 中国矿业, 29(7): 57-60.

郭士刚. 2021. 承德: 打造城市群水源涵养功能区可持续发展典范[J]. 可持续发展经济导刊(Z2): 86-87.

郭薇. 2007. 建设生态文明是落实科学发展观的需要[N]. 中国环境报, 2007-10-25.

郭艳, 初禹, 高永志. 2017. 黑龙江省鹤岗煤矿区矿山地质环境评价[J]. 地质论评, 63(S1): 347-348.

韩亚芬, 孙根年, 李琦. 2007. 资源经济贡献与发展诅咒的互逆关系研究: 中国31个省区能源开发利用与经济增长关系的实证分析[J]. 资源科学, 29(6): 188-193.

何彪. 2014. 跨区域生态补偿机制研究[J]. 农村经济与科技, 25(1): 11, 12-14.

何钰, 廖嘉玲, 贾瑜玲, 等. 2022. 四川省"三线一单"管控情况评估指标体系研究[J]. 环境影响评价, 44(1): 26-32.

何贤杰, 余浩科, 刘斌. 2002. 矿产资源管理通论[M]. 北京: 中国大地出版社.

何益民, 熊韶运, 林超. 2019. 遂昌金矿充填系统方案选择与管路优化[J]. 现代矿业, 35(7): 146-148, 152.

和桂舒. 2020. 规避林业重点工程资金稽查风险的对策探讨[J]. 绿色科技(9): 180-181.

贺骥, 张闻笛. 2020. 生态环境、自然资源等领域监督管理体制现状及经验借鉴[J]. 水利发展研究, 20(4): 7-10.

贺钰蕊, 张鹏, 刘瑶瑶, 等. 2022. 基于生态脆弱性与发展潜力的矿区搬迁村庄识别[J]. 生态学报, 42(6):

2294-2305.

洪浩, 程光. 2020. 生态环境保护修复责任制度体系化研究: 以建立刑事制裁、民事赔偿与生态补偿衔接机制为视角[J]. 人民检察(21): 1-9.

洪尚群, 吴晓青, 段昌群, 等. 2001. 补偿途径和方式多样化是生态补偿基础和保障[J]. 环境科学与技术, 24(S2): 40-42.

侯华丽, 强海洋, 陈丽新. 2018. 新时代矿业绿色发展与高质量发展思路研究[J]. 中国国土资源经济, 31(8): 4-10.

胡仪元. 2005. 西部生态经济开发的利益补偿机制[J]. 社会科学辑刊(2): 81-85.

胡仪元, 唐萍萍, 陈珊珊. 2016. 生态补偿理论依据研究的文献述评[J]. 陕西理工学院学报(社会科学版), 34(3): 79-83.

胡芝芳. 2014. 加快制度建设推进生态文明: 以流域生态补偿制度建设为例[J]. 学理论(13): 12-13.

黄寰. 2003. 保护环境, 实现可持续发展[J]. 科技与管理, 5(3): 20-22.

黄寰. 2009. 论西部水权转让制度的建立与创新[J]. 天府新论(1): 30-34.

黄寰. 2011. 为什么要建立生态补偿机制[N]. 人民日报, 2011-08-22.

黄寰. 2012. 区际生态补偿论[M]. 北京: 中国人民大学出版社.

黄寰. 2013. 论生态补偿多元化社会融资体系的构建[J]. 现代经济探讨(9): 58-62.

黄寰, 罗子欣. 2011. 对控制企业负外部性的思考[J]. 社会科学家(3): 131-134.

黄寰, 段航游. 2015. 中国资源型城市经济差异及其影响因素分析[J]. 国土资源科技管理, 32(5): 130-136.

黄寰, 周玉林, 罗子欣. 2011. 论生态补偿的法制保障与创新[J]. 西南民族大学学报(人文社会科学版), 32(4): 155-159.

黄寰, 陈万象, 卢秀波, 等. 2014. 资源经济、中国经济发展及其正相关关系: 基于1991—2010年间数据的分析[J]. 探索(2): 88-92.

黄寰, 尹斯斯, 雷佑新. 2015. 我国矿产资源可持续发展水平分析与预测: 基于层次分析法的探索[J]. 西南民族大学学报(人文社科版), 36(7): 146-150.

黄寰, 秦思露, 刘玉邦, 等. 2020. 环境规制约束下资源型城市产业转型升级研究[J]. 华中师范大学学报(自然科学版), 54(4): 576-586.

黄立洪, 柯庆明, 林文雄. 2005. 生态补偿机制的理论分析[J]. 中国农业科技导报, 7(3): 7-9.

黄润源. 2010. 论我国生态补偿法律制度的完善[J]. 上海政法学院学报(法治论丛), 25(6): 56-61.

黄锡生. 2006. 矿产资源生态补偿制度探究[J]. 现代法学, 28(6): 122-127.

黄自英, 邓炽, 葛壮. 2015. 四川省天然气矿区资源开发生态补偿的实施路径研究[J]. 现代经济信息(15): 462, 464.

惠利, 陈锐钒, 黄斌. 2020. 新结构经济学视角下资源型城市高质量发展研究: 以德国鲁尔区的产业转型与战略选择为例[J]. 宏观质量研究, 8(5): 100-113.

籍婧, 崔寒, 罗琦. 2006. 生态补偿机制及其对相关利益主体的影响[J]. 环境保护科学, 32(5): 52-55.

靳乐山. 2021. 以分类原则确定生态补偿标准[J]. 中国党政干部论坛(10): 84-85.

靳乐山, 魏同洋. 2013. 生态补偿在生态文明建设中的作用[J]. 探索(3): 137-141.

靳利飞, 安翠娟. 2015. 北京市开展铁矿绿色矿业发展示范区建设的构想[J]. 中国人口·资源与环境, 25(S1): 414-416.

纪玉山, 刘洋. 2012. 构建国家统一管理下的不可再生自然资源战略储备体系[J]. 社会科学家(8): 44-47, 51.

金兴, 曹希绅. 2016. 遂昌金矿矿山环境治理恢复社会效益评价[J]. 资源与产业, 18(2): 76-81.

蒋凡, 秦涛, 田治威. 2020. 生态脆弱地区生态产品价值实现研究: 以三江源生态补偿为例[J]. 青海社会科学(2): 99-104.

姜海宁, 张文忠, 余建辉, 等. 2020. 山西资源型城市创新环境与产业结构转型空间耦合[J]. 自然资源学报, 35(2): 269-283.

景邀颖, 王承武. 2017. 准东矿区煤炭资源开发生态补偿计征标准研究[J]. 资源与产业, 19(3): 82-88.

鞠建华, 黄学雄, 薛亚洲, 等. 2018. 新时代我国矿产资源节约与综合利用的几点思考[J]. 中国矿业, 27(1): 1-5.

康纪田, 刘卫常. 2020. 沿宪法路径构建矿藏资源现代产权制度[J]. 河北法学, 38(8): 136-159.

康静文, 薛俊明, 刘洪福. 2002. 矿产资源学[M]. 北京: 煤炭工业出版社.

康新立, 潘健, 白中科. 2011. 矿产资源开发中的生态补偿问题研究[J]. 资源与产业, 13(6): 141-147.

蓝虹. 2004. 外部性问题、产权明晰与环境保护[J]. 经济问题(2): 7-9.

蓝颖春. 2014. 关锐捷: 建立农业生态环境补偿机制[J]. 地球(1): 62-63.

李博, 秦欢, 孙威. 2022. 产业转型升级与绿色全要素生产率提升的互动关系: 基于中国 116 个地级资源型城市的实证研究[J]. 自然资源学报, 37(1): 186-199.

李大垒, 仲伟周. 2015. 资源型城市接续产业的模式选择研究[J]. 江西财经大学学报(3): 13-19.

李东坤, 邓敏. 2016. 中国省际 OFDI、空间溢出与产业结构升级: 基于空间面板杜宾模型的实证分析[J]. 国际贸易问题(1): 121-133.

李峰. 2016. "中国制造 2025"与京津冀制造产业协同发展[J]. 当代经济管理, 38(7): 75-78.

李国志, 张景然. 2021. 矿产资源开发生态补偿文献综述及实践进展[J]. 自然资源学报, 36(2): 525-540.

李红举, 李少帅, 赵玉领. 2019. 澳大利亚矿山土地复垦与生态修复经验[J]. 中国土地(4): 46-48.

李克国. 2004. 试论生态环境补偿机制[J]. 中国环境管理干部学院学报(4): 27-29, 32.

李丽英. 2008. 煤矿区生态环境恢复补偿机制[J]. 西安科技大学学报, 28(4): 802-807.

李梦雅, 严太华. 2018. 基于 DEA 模型和信息熵的我国资源型城市产业转型效率评价: 以全国 40 个地市级资源型城市为例[J]. 科技管理研究, 38(3): 86-93.

李奇伟. 2020. 我国流域横向生态补偿制度的建设实施与完善建议[J]. 环境保护, 48(17): 27-33.

李启宇. 2012. 矿产资源开发生态补偿机制研究述评[J]. 经济问题探索(7): 142-146.

李秋元, 郑敏, 王永生. 2002. 我国矿产资源开发对环境的影响[J]. 中国矿业, 12(2): 48-52.

李斯佳, 王金满, 张兆彤. 2019. 矿产资源开发生态补偿研究进展[J]. 生态学杂志, 38(5): 1551-1559.

李少平, 韩斌, 王建栋, 等. 2022. 露天矿滑坡分析与治理方案研究[J]. 矿业研究与开发, 42(5): 60-64.

李文华, 刘某承. 2010. 关于中国生态补偿机制建设的几点思考[J]. 资源科学, 32(5): 791-796.

李文华, 李世东, 李芬, 等. 2007. 森林生态补偿机制若干重点问题研究[J]. 中国人口·资源与环境, 17(2): 13-18.

李霞, 崔涛. 2019. 我国煤炭资源可持续发展的保障分析[J]. 中国煤炭, 45(1): 33-37.

李晓红, 牛达文. 2016. 煤炭资源税改革对内蒙古地区煤炭产业的影响[J]. 税务与经济(3): 94-98.

李莹. 2020. 巡察工作中发现真问题的“七难”与“七策”[J]. 领导科学(3): 31-33.

李云燕. 2007. 环境外部不经济性的产生根源和解决途径[J]. 山西财经大学学报, 29(6): 7-13.

李烝. 2020. 财政资金直达机制和减税降费工作稳步推进政策效应逐步显现[J]. 中国财政(23): 4-7.

梁冰, 刘晓丽, 李宏艳. 2005. 矿产资源枯竭型城市的生态环境问题: 以辽宁省阜新市为例[J]. 中国地质灾害与防治学报, 16(3): 122-125.

梁坤丽, 刘亚丽. 2018. 环境规制的产业结构调整效应: 基于资源型地区的实证分析[J]. 兰州财经大学学报, 34(5): 73-82.

廖乐逵, 虞璐睿, 谢澍. 2022. 探索流域生态补偿“江西经验”走出“绿色发展”新路子[J]. 中国财政(4): 65-67.

刘聪, 张宁. 2021. 新安江流域横向生态补偿的经济效应[J]. 中国环境科学, 41(4): 1940-1948.

刘瀚博. 2021. 汉江流域生态补偿机制的可行性研究[J]. 法制与经济, 30(9): 107-112.

刘建芬, 杨德栋. 2018. “十三五”时期绿色矿山建设布局及优化策略[J]. 国土资源情报(3): 3-7.

刘敬, 杨金虎, 段少帅, 等. 2019. 生态文明视阈下矿业治理共同体探索: 以陕西为例[J]. 金属矿山(6): 173-178.

刘明明, 卢群群, 杨纪超. 2018. 论中国森林生态效益补偿制度存在的问题及完善[J]. 林业经济问题, 38(5): 1-9, 99.

刘向敏, 余振国. 2022. 矿山地质环境治理恢复基金制度研究[J]. 中国国土资源经济, 35(1): 35-42.

刘祥鑫, 蒲春玲, 刘志有, 等. 2018. 区域耕地生态价值补偿量化研究: 以新疆为例[J]. 中国农业资源与区划, 39(5): 84-90.

刘小翠, 白中科, 包妮沙, 等. 2010. 草原露天煤矿土地复垦中表土资源管理研究: 以内蒙古呼伦贝尔市伊敏露天矿为例[J]. 山西农业大学学报(自然科学版), 30(3): 253-257.

刘晓煌, 刘晓洁, 程书波, 等. 2020. 中国自然资源要素综合观测网络构建与关键技术[J]. 资源科学, 42(10): 1849-1859.

刘洋. 2019. 油气资源开发水土保持生态补偿制度研究[D]. 大庆: 东北石油大学.

刘洋, 王甲山, 李绍萍, 等. 2021. 论我国油气资源开发的水土保持生态补偿制度[J]. 西南石油大学学报(社会科学版), 23(1): 1-7.

刘应元, 丁玉梅. 2012. 创新生态补偿机制发展低碳经济[J]. 生产力研究(4): 4-5, 15.

刘永辉. 2015. 元宝山露天矿: 深处着力促管理效益双提升[J]. 中国煤炭工业(8): 30-31.

刘宇楠. 2015. 隆化县矿产资源开发对水资源的影响和对策分析[J]. 海河水利(3): 10-11.

刘志彪, 姚志勇. 2021. 中国产业经济学的发展与创新: 以产业链分析为主线[J]. 南京财经大学学报(5): 1-10.

林旭霞, 纪圣驹. 2022. 矿产资源国家所有权委托代理行使机制研究[J]. 福建师范大学学报(哲学社会科学版)(2): 138-146.

龙新民, 尹利军. 2007. 公共产品概念研究述评[J]. 湘潭大学学报(哲学社会科学版), 31(2): 45-49.

卢锟. 2021. 基于适应性管理的矿区生态环境修复制度优化研究[J]. 中国矿业, 30(7): 58-63.

卢维学, 吴和成, 王励文. 2022. 环境规制政策协同对经济高质量发展影响的异质性[J]. 中国人口·资源与环境, 32(3): 62-71.

卢艳丽, 丁四保, 王昱. 2011. 资源型城市可持续发展的生态补偿机制研究[J]. 资源开发与市场, 27(6): 518-521, 530.

陆张维, 徐丽华, 吴次芳, 等. 2013. 西部大开发战略对于中国区域均衡发展的绩效评价[J]. 自然资源学报, 28(3): 361-371.

罗德江, 吴昊, 何苏, 等. 2021. 基于犹豫模糊TOPSIS的绿色矿山多属性评价方法[J]. 矿产综合利用(4): 41-49.

骆云, 武永江. 2021. 新时代绿色矿山建设共同体的发展理念与培育策略[J]. 重庆理工大学学报(社会科学), 35(12): 33-40.

马丹, 高丹. 2009. 矿产资源开发中的生态补偿机制研究[J]. 现代农业科学, 16(2): 59-61.

马珩, 金尧娇. 2022. 环境规制、工业集聚与长江经济带工业绿色发展: 基于调节效应和门槛效应的分析[J]. 科技管理研究, 42(6): 201-210.

马金平. 2007. 我国矿产资源的可持续发展战略浅析[J]. 中国矿业, 16(12): 8-11.

马丽, 田华征, 康蕾. 2020. 黄河流域矿产资源开发的生态环境影响与空间管控路径[J]. 资源科学, 42(1): 137-149.

马维兢, 耿波, 杨德伟, 等. 2020. 部门水足迹及其经济效益的时空匹配特征研究[J]. 自然资源学报, 35(6): 1381-1391.

马永欢, 李晓波, 吴初国, 等. 2020. 构建自然资源融合管理体系[J]. 宏观经济管理(11): 57-62, 71.

毛建华, 王琼杰. 2020. “绿色第一矿”是这样炼成的[J]. 中国有色金属(17): 54-57.

牛文元, 毛志锋. 1998. 可持续发展理论的系统解析[M]. 武汉: 湖北科学技术出版社.

庞贝, 杨芳. 2015. 科技兴企人才强矿: 记山西新景矿煤业有限责任公司“讲理想、比贡献”活动实现新成效[J]. 科技创新与品牌(9): 36-37.

庞永红. 2006. “外部性”问题与“科斯定理”的伦理追问[J]. 道德与文明(5): 25-29.

彭文英, 滕怀凯. 2021. 市场化生态保护补偿的典型模式与机制构建[J]. 改革(7): 136-145.

彭忠益, 高峰. 2021a. 我国矿产资源管理政策范式变迁研究[J]. 北京行政学院学报(2): 85-93.

彭忠益, 高峰. 2021b. 政策工具视角下中国矿产资源安全政策文本量化研究[J]. 中南大学学报(社会科学版), 27(5): 11-24.

乔敏, 郭蓓蓓. 2019. 胜利油田的绿色守护[J]. 走向世界(36): 52-55.

秦思露, 黄寰. 2020. 生态文明视阈下四川省绿色矿业发展路径研究[J]. 决策咨询(2): 93-96.

任勇, 冯东方, 俞海, 等. 2008. 中国生态补偿理论与政策框架设计[M]. 北京: 中国环境科学出版社.

任治雄, 徐峰, 丁伦义. 2021. 奋进正当时砥砺更扬帆: 陕煤集团陕北矿业柠条塔公司"十三五"高质量发展综述[J]. 中国煤炭工业(2): 22-24.

沈满洪, 陆菁. 2004. 论生态保护补偿机制[J]. 浙江学刊(4): 217-220.

石海芹, 张伟, 商鹤群. 2017. 建设地下数字化矿山: 记首钢矿业公司计控检验中心马著创新工作室[J]. 工会博览(下旬版)(6): 35-37.

石海佳, 项赟, 周宏春, 等. 2020. 资源型城市的"无废城市"建设模式探讨[J]. 中国环境管理, 12(3): 53-60.

石小石. 2017. 整体性治理视阈下的矿区环境管理研究[D]. 北京: 中国地质大学(北京).

施文泼, 贾康. 2011. 中国矿产资源税费制度的整体配套改革: 国际比较视野[J]. 改革(1): 5-20.

司芗, 张应红, 刘立, 等. 2020. 新时代我国绿色矿山建设与发展的思考[J]. 中国矿业, 29(2): 59-64.

宋国明. 2010. 英国矿产资源开发环境保护与土地复垦[N]. 中国国土资源报, 2010-04-09.

宋蕾, 李峰, 燕丽丽. 2006. 矿产资源生态补偿内涵探析[J]. 广东经济管理学院学报(6): 23-25.

宋文飞. 2020. 国家重点生态功能区生态补偿减贫的产权制度残缺、租金利益失衡与优化机制分析[J]. 中国地质大学学报(社会科学版), 20(1): 83-94.

苏桂军, 杨静, 李劲松. 2015. 湖北麻城发展绿色石材产业的构想及实施步骤(一)[J]. 石材(5): 46-52, 60.

苏迁军. 2016. 伊敏三号露天煤矿开采规模的研究[J]. 露天采矿技术, 31(2): 13-16.

隋春花, 赵丽. 2010. 广东生态发展区生态补偿机制建设探讨[J]. 经济地理, 30(7): 1154-1158.

孙春强. 2015. 全球矿产权利金的分类比较研究[J]. 经济研究参考(33): 56-60, 77.

孙韩钧. 2012. 我国产业结构高度的影响因素和变化探析[J]. 人口与经济(3): 39-44.

孙即才. 2019. 中国西部油气资源开发生态补偿机制建设的对策研究[J]. 中国矿业, 28(12): 23-27.

孙开, 孙琳. 2015. 流域生态补偿机制的标准设计与转移支付安排: 基于资金供给视角的分析[J]. 财贸经济(12): 118-128.

孙晓萌, 彭本荣. 2014. 中国生态修复成效评估方法研究[J]. 环境科学与管理, 39(7): 153-157.

孙新章, 谢高地, 张其仔, 等. 2006. 中国生态补偿的实践及其政策取向[J]. 资源科学, 28(4): 25-30.

孙学光. 2008. 探索生态文明的新型工业化道路[J]. 中国国情国力(10): 31-32.

孙亚男, 陈珂. 2018. 基于选择实验法的民众生态彩票购买偏好研究[J]. 商业经济与管理(5): 75-86.

孙映祥, 戴晓阳, 吴尚昆, 等. 2020. 国家级绿色矿山试点单位成效分析与建议[J]. 中国矿业, 29(9): 72-75, 109.

孙玉阳, 宋有涛, 王慧玲. 2018. 环境规制对产业结构升级的正负接替效应研究: 基于中国省际面板数据的实证研究[J]. 现代经济探讨(5): 86-91.

索忠连. 2020. 资源型城市转型发展的路径探索: 以平顶山市为例[J]. 中国矿业, 29(4): 51-55.

谭纵波, 高浩歌. 2021. 日本国土规划法规体系研究[J]. 规划师, 37(4): 71-80.

唐倩, 王金满, 荆肇睿. 2020. 煤炭资源型城市生态脆弱性研究进展[J]. 生态与农村环境学报, 36(7): 825-832.

唐士梅. 2019. 陕西省生态补偿地方立法的完善对策[J]. 陕西理工大学学报(社会科学版), 37(5): 19-24, 30.

唐学军, 陈晓霞. 2021. 生态文明视域下水源保护区农村居民生态环境保护意识研究: 以川东北B市为例[J]. 环境生态学, 3(3): 93-96.

陶嘉, 郭晓. 2015. 关于我国西部矿产资源合理开发的研究[J]. 当代经济(33): 8-9.

滕海键. 2006. 利奥波德的土地伦理观及其生态环境学意义[J]. 地理与地理信息科学, 22(2): 105-109.

滕文标. 2022. 财政体制与区际利益补偿: 联结、影响与协调[J]. 财政科学(1): 57-67.

田家通. 2022. 中小型矿山企业绿色矿山建设问题的应对策略研究[J]. 区域治理(6): 197-200.

万伦来, 卢晓倩, 张颖. 2013. 矿产资源型地区生态系统服务功能的影响因素[J]. 资源与产业, 15(1): 50-54.

王承武, 朱英. 2014. 煤炭资源开发生态补偿标准研究[J]. 国土资源科技管理, 31(1): 92-97.

王承武, 马瑛, 李玉. 2016. 西部民族地区资源开发利益分配政策研究[J]. 广西民族研究(5): 165-173.

王富林, 杨仕教, 杨波, 等. 2016. 生态文明视阈下的绿色生态矿业发展路径[J]. 河南理工大学学报(社会科学版), 17(2): 169-173.

王海, 祝新友, 王京彬, 等. 2021. 四川天宝山铅锌矿成矿物质来源与成矿机制: 来自流体包裹体及同位素地球化学制约[J]. 岩石学报, 37(6): 1830-1846.

王海军, 薛亚洲. 2017. 我国矿产资源节约与综合利用现状分析[J]. 矿产保护与利用(2): 1-5, 12.

王昊天, 陈珂, 王玲. 2020. 构建辽西北地区退耕还林生态补偿长效机制的对策建议[J]. 辽宁行政学院学报, 22(2): 92-96.

王会宇, 王杰, 崔玉环, 等. 2017. 露天采矿区地表水环境空间特征及其影响因素: 以安徽省马鞍山南山矿区为例[J]. 安徽农业科学, 45(4): 51-54, 63.

王珏, 李玉喜. 2020. 资本市场矿产资源信息生态系统研究与应用[J]. 中国矿业, 29(S1): 81-86.

王军生, 李佳. 2012. 我国西部矿产资源开发的生态补偿机制研究[J]. 西安财经学院学报, 25(3): 101-104.

王克强, 赵凯, 刘红梅. 2007. 资源与环境经济学[M]. 上海: 上海财经大学出版社.

王磊, 王来峰, 杨东武, 等. 2015. 远安磷矿资源节约与综合利用进展及展望[J]. 中国国土资源经济, 28(11): 9-12, 26.

王莉. 2014. 矿产资源开发区域生态文明建设的法治路径选择[J]. 河南财经政法大学学报, 29(6): 89-96.

王丽娜, 杨林姣, 张学恒. 2015. 建立健全辽宁生态补偿机制问题研究: 以大伙房水库为例[J]. 辽宁工业大学学报(社会科学版), 17(4): 19-20, 39.

王萌, 阴燕云. 2019. 共生理论视阈下生态文明建设必然性研究[J]. 产业与科技论坛, 18(18): 10-11.

王明. 2020. 城市群生态共建共治共享的生态补偿问题研究: 以湖南省长株潭城市群为例[J]. 湖南行政学院学报(5): 84-89.

王钦敏. 2004. 建立补偿机制保护生态环境[J]. 求是(13): 55-56.

王清军. 2009. 生态补偿主体的法律建构[J]. 中国人口·资源与环境, 19(1): 139-145.

王维维, 杨思留. 2017. 我国矿山环境治理保证金制度研究综述[J]. 南京工业大学学报(社会科学版), 16(2): 31-38.

王曦, 邓旸. 2012. 我国环境管理中行政协助制度的立法思考[J]. 中国地质大学学报(社会科学版), 12(4): 31-39, 139.

王晓芳, 孟宪策, 李劲松, 等. 2015. 湖北麻城发展绿色石材产业的构想及实施步骤(二)[J]. 石材(6): 43-49.

王小明. 2011. 我国资源型城市转型发展的战略研究[J]. 财经问题研究(1): 48-52.

王秀卫. 2019. 我国环境民事公益诉讼举证责任分配的反思与重构[J]. 法学评论, 37(2): 169-176.

王艳, 程宏伟. 2011. 西部矿产资源开发利益矛盾研究综述与展望[J]. 成都理工大学学报(社会科学版), 19(1): 11-16.

王燕军. 2006. 国外生态补偿做法面面观[N]. 人民日报·华南新闻, 2006-01-06.

王英, 张明会. 2010. 我国矿产资源开发生态补偿制度的探讨[J]. 环境保护科学, 36(2): 119-122.

王勇. 2020. 生态产品价值实现的规律路径与发生条件[J]. 环境与可持续发展, 45(6): 94-97.

王永生, 张延东. 2008. 以工业共生方式促进矿区循环经济的发展[J]. 煤炭工程, 40(4): 89-91.

王月英. 2020. 陕西省资源型城市转型能力评价与转型模式选择研究[D]. 西安: 西北大学.

王梓利, 林晓言. 2021. 我国地方绿色金融实践及发展路径探析: 以改革试验区为例[J]. 环境保护, 49(5): 61-64.

魏延军, 郭文栋, 崔玲. 2017. 基于耕地质量的三江平原耕地生态补偿策略研究[J]. 国土与自然资源研究(6): 48-50.

魏永春. 2002. 浅论矿产资源价值的理论内涵[J]. 中国地质矿产经济, 15(6): 30-32, 48.

文琦. 2014. 中国矿产资源开发区生态补偿研究进展[J]. 生态学报, 34(21): 6058-6066.

武强. 2023. 一条线 一盘棋 助推黄河流域高质量发展[J]. 中国科技产业(4): 1-2.

武强, 陈奇. 2008. 矿山环境问题诱发的环境效应研究[J]. 水文地质工程地质, 35(5): 81-85.

伍伟, 尹琼, 任卓隽, 等. 2021. 国内外绿色矿业发展历程及策略[J]. 现代矿业, 37(2): 1-4.

吴钢, 赵萌, 王辰星. 2019. 山水林田湖草生态保护修复的理论支撑体系研究[J]. 生态学报, 39(23): 8685-8691.

吴季松. 2005. 新循环经济学: 中国的经济学[M]. 北京: 清华大学出版社.

吴琼, 邵稚权. 2020. 我国环境污染强制责任保险的法律制度困境及完善路径[J]. 南方金融(2): 74-80.

吴文洁, 常志凤. 2011. 油气资源开发生态补偿标准模型研究[J]. 中国人口·资源与环境, 21(5): 26-30.

吴文盛, 孟立贤. 2010. 我国矿产资源开发生态补偿机制研究[J]. 生态经济, 26(5): 168-171.

吴文盛, 李小英. 2021. 矿产资源开发与生态环境恢复治理[J]. 中国矿业, 30(2): 21-24.

吴文盛, 王琳, 宋泽峰, 等. 2020. 新时期我国矿产资源开发与生态环境保护矛盾的探讨[J]. 中国矿业, 29(3): 6-10.

吴泽斌, 周慧, 卢经红. 2016. 矿区居民对稀土开采与环境保护关系的认知及政策响应[J]. 资源与产业, 18(4): 69-72.

奚恒辉, 崔旺来, 陈骏玲. 2022. 基于自然资源产权视角的海岛生态补偿机制研究[J]. 海洋湖沼通报, 44(1): 171-178.

夏涛. 2020. 做好生态环保必答题，交上民生福祉满意卷[J]. 环境与可持续发展, 45(6): 163-166.

相洪波. 2016. 我国绿色矿业发展现状分析及对策建议[J]. 中国国土资源经济, 29(10): 48-51.

肖平, 夏寿亮, 闫欣. 2005. 抚顺西露天矿油母页岩工业性质的研究与评价[J]. 露天采矿技术, 20(S1): 90-92.

熊国锦. 2022. 煤矿矿山地质环境治理现状与措施[J]. 清洗世界, 38(2): 154-156.

邢丽. 2005. 谈我国生态税费框架的构建[J]. 税务研究(6): 42-44.

许礼刚. 2019. 有色矿山开发中的生态环境治理机制国际经验及启示[J]. 矿产保护与利用, 39(2): 159-165.

徐晋涛. 2002. 生态环境效益补偿政策与国际经验研讨会报告集[M]. 北京: 中国林业出版社.

徐君, 李贵芳, 王育红. 2015. 国内外资源型城市脆弱性研究综述与展望[J]. 资源科学, 37(6): 1266-1278.

徐开军, 原毅军. 2014. 环境规制与产业结构调整的实证研究: 基于不同污染物治理视角下的系统 GMM 估计[J]. 工业技术经济, 33(12): 101-109.

徐瑞蓉. 2020. 综合性生态补偿制度设计与实践进路: 以福建省为例[J]. 福建论坛(人文社会科学版)(6): 136-142.

徐素波, 王耀东. 2022. 生态补偿问题国内外研究进展综述[J]. 生态经济, 38(2): 150-157, 167.

徐阳, 陈勇, 周皓, 等. 2021. 基于相对风险模型的大冶市典型矿区生态风险评价[J]. 矿业研究与开发, 41(12): 188-194.

薛亚洲. 2021. 加强矿产资源综合利用, 提升资源利用效率和保障能力[J]. 中国国土资源经济, 34(11): 1-2.

姚华军. 2017. 关于创新矿产资源配置机制若干问题的思考[J]. 中国国土资源经济, 30(8): 4-8.

闫少宏, 徐刚, 范志忠. 2021. 我国综合机械化开采 50 年发展历程与展望[J]. 煤炭科学技术, 49(11): 1-9.

颜子洋, 陆万军, 李放. 2020. 社会保障视角下征地补偿方式的效应分析: 基于东中西部三个县(市)的调查[J]. 贵州省党校学报(4): 38-47.

杨庚, 张振佳, 曹银贵, 等. 2021. 晋北大型露天矿区景观生态风险时空异质性[J]. 生态学杂志, 40(1): 187-198.

杨建, 彭曦. 2013. 资源税改革对西部地区经济发展的影响研究[J]. 云南社会科学(5): 82-85.

杨建林, 张思锋, 王嘉嘉. 2018. 西部资源型城市产业结构转型能力评价[J]. 统计与决策, 34(5): 53-56.

杨丽韫, 甄霖, 吴松涛. 2010. 我国生态补偿主客体界定与标准核算方法分析[J]. 生态经济(学术版)(1): 298-302.

杨骞, 秦文晋, 刘华军. 2019. 环境规制促进产业结构优化升级吗?[J]. 上海经济研究, 31(6): 83-95.

杨晓波, 陈婷玉, 杨烨宇, 等. 2019. 关于老工业基地矿业绿色发展的思考[J]. 国土资源(6): 16-19.

杨兴. 2012. 我国资源税改革研究[D]. 成都: 西南财经大学.

杨熠, 张沁琳, 胡玉明. 2017. 生态补偿机制效果研究述评: 兼论微观效果研究框架的构建[J]. 厦门大学学报(哲学社会科学版)(1): 33-40.

杨永均, Erskine P, 陈浮, 等. 2020. 澳大利亚矿山生态修复制度及其改革与启示[J]. 国土资源情报(2): 43-48.

杨振兵, 张诚. 2015. 产能过剩与环境治理双赢的动力机制研究: 基于生产侧与消费侧的产能利用率分解[J]. 当代经济科学, 37(6): 42-52, 123-124.

阳结华, 雷东锋, 秦琬玲, 等. 2011. 平顶山煤矿区主要环境地质问题与对策研究[J]. 矿产保护与利用(1): 46-50.

叶晗, 方静, 朱立志, 等. 2020. 我国牧区草原生态补偿机制构建研究[J]. 中国农业资源与区划, 41(12): 202-209.

叶知年. 2007. 论自然资源物权受限下的生态补偿机制[J]. 福建政法管理干部学院学报, 9(2): 37-41.

于贵瑞, 杨萌. 2022. 自然生态价值、生态资产管理及价值实现的生态经济学基础研究: 科学概念、基础理论及实现途径[J]. 应用生态学报, 33(5): 1153-1165.

于淼, 温洪斌, 李沛林. 2013. 服务鞍钢引领行业打造全国最大世界一流矿山旗舰企业: 鞍钢集团矿业公司坚持以创新转型为主导, 全面推进资源发展战略调查报告[J]. 冶金财会, 32(5): 5-16.

余雷鸣, 郝春旭, 董战峰. 2022. 中国跨省流域生态补偿政策实施绩效评估[J]. 生态经济, 38(1): 140-146.

俞敏, 刘帅. 2022. 我国生态保护补偿机制的实践进展、问题及建议[J]. 重庆理工大学学报(社会科学), 36(1): 1-9.

原毅军, 谢荣辉. 2014. 环境规制的产业结构调整效应研究: 基于中国省际面板数据的实证检验[J]. 中国工业经济(8): 57-69.

曾凌云. 2020. 新形势下深化矿产资源管理改革的思考和建议: 面向治理体系和治理能力现代化的视角[J]. 中国国土资源经济, 33(7): 24-28.

曾凌云, 王联军, 罗小利, 等. 2021. 矿产资源勘查开采监管现状、问题分析与建议[J]. 中国矿业, 30(S1): 33-36.

曾先峰. 2014. 资源环境产权缺陷与矿区生态补偿机制缺失: 影响机理分析[J]. 干旱区资源与环境, 28(5): 47-52.

赵风瑞. 2011. 关于营林会计核算问题的研究[J]. 绿色财会(6): 18-21.

赵晶晶, 葛颜祥, 李颖. 2022. 流域生态补偿多元融资的障碍因素、国际经验及体系建构[J]. 中国环境管理, 14(2): 62-69.

赵龙生, 李晓楠, 赵茜阳, 等. 2020. 神华呼伦贝尔矿区生态环境动态分析[J]. 煤质技术, 35(2): 15-20.

赵驱云, 黄秘伟, 韦栋梁, 等. 2016. 典型露天开采矿山土地复垦现状及建议: 广西平果铝土矿为例[J]. 南方国土资源(9): 40-41.

赵荣钦, 刘英, 李宇翔, 等. 2015. 区域碳补偿研究综述: 机制、模式及政策建议[J]. 地域研究与开发, 34(5): 116-120.

赵霞. 2008. 建立和完善生态补偿机制的财政思考[J]. 经济学动态(11): 70-72.

张炳淳. 2008. 生态补偿机制的法律分析[J]. 河北学刊, 28(1): 172-176.

张宝文, 关锐捷. 2011. 中国建立农业生态环境补偿机制的现状与对策[J]. 毛泽东邓小平理论研究(9): 1-7, 25, 83.

张德霖. 2021. 从系统观视角和生态文明建设逻辑探索矿产资源有效管理与矿业新发展[J]. 中国国土资源经济, 34(1): 4-10.

张复明, 景普秋. 2010. 矿产开发的资源生态环境补偿机制研究[M]. 北京: 经济科学出版社.

张化楠, 葛颜祥, 接玉梅. 2021. 主体功能区流域生态补偿财政转移支付制度研究[J]. 山东农业大学学报(社会科学版), 23(3): 74-79.

张继飞, 邓伟, 刘邵权. 2013. 西南山地资源型城市地域空间发展模式: 基于东川区的实证[J]. 地理科学, 33(10): 1206-1215.

张捷, 王海燕. 2020. 社区主导型市场化生态补偿机制研究: 基于“制度拼凑”与“资源拼凑”的视角[J]. 公共管理学报, 17(3): 126-138, 174.

张进财. 2022. 生态补偿机制创新建设与完善[J]. 环境保护科学, 48(2): 57-61.

张晶, 司雪侠. 2020. 完善我国矿产资源生态补偿法律制度的建议: 以榆林市为例[J]. 法制博览(11): 56-58.

张林. 2011. 攀枝花市钛产业发展现状及其可持续发展思考[D]. 成都: 西南财经大学.

张牧遥. 2021. 论自然资源使用权上公共价值的制度实现[J]. 学术交流(2): 62-75.

张鹏, 刘瑶瑶, 王鹏飞, 等. 2019. 京津冀一体化进程中县域生态补偿机制研究: 以保定市定兴县为例[J]. 生态与农村环境学报, 35(6): 747-755.

张庆宁. 2015. 地方官员回应欲脱离湖南[N]. 经济观察报, 2015-03-29

张维宸. 2011. 我国矿山地质环境治理恢复保证金制度的法律思考[J]. 中国矿业, 20(11): 43-45, 63.

张维宸. 2019. 论矿产资源属于国家所有[J]. 当代经济管理, 41(8): 1-5.

张先贵. 2021. 国土空间规划体系建立下的土地规划权何去何从?[J]. 华中科技大学学报(社会科学版), 35(2): 84-95.

张霄阳, 陈定江, 朱兵, 等. 2016. 基于 MRIO 对铁矿石开采生态补偿新机制的探讨[J]. 中国环境科学, 36(11): 3449-3455.

张鑫迪. 2022. 安徽省资源枯竭矿井产业转型路径研究[J]. 煤炭经济研究, 42(1): 62-66.

张兴, 王凌云. 2011. 矿山地质环境保护与治理研究[J]. 中国矿业, 20(8): 52-55.

张彦英, 樊笑英. 2011. 论生态文明时代的资源环境价值[J]. 自然辩证法研究, 27(8): 61-64.

张彦著. 2021. 碳中和背景下“一带一路”矿业资源合作的协同增效[J]. 重庆理工大学学报(社会科学), 35(12): 83-92.

张耀军, 姬志杰. 2006. 资源型城市避免资源诅咒的根本在于人力资源开发[J]. 资源与产业, 8(6): 1-3.

张玉韩, 侯华丽, 聂宾汗. 2016. 大力发展绿色矿业、助推矿业可持续发展[J]. 中国国土资源经济, 29(11): 15, 27-29.

张玉韩, 吴尚昆, 董延涛. 2019. 长江经济带矿产资源开发空间格局优化研究[J]. 长江流域资源与环境, 28(4): 839-852.

张雨良. 2021. 开滦集团: 始终把社会责任扛在肩上[J]. 中国煤炭工业(6): 14-15.

张照志, 李厚民, 潘昭帅, 等. 2022. 新发展阶段中国矿产资源国情调查与评价现状及其技术体系[J]. 中国矿业, 31(2): 21-27.

郑明磊, 夏建书, 杨政, 等. 2021. 云南省废弃矿山生态修复分区与修复建议[J]. 云南地质, 40(2): 271-274.

周宏伟, 彭焱梅. 2020. 太湖流域水流生态补偿机制研究[J]. 人民长江, 51(4): 81-85.

周丽旋, 杜敏, 于锡军. 2018. 生态补偿政策实施动态评估与政策优化[M]. 北京: 中国环境出版集团.

周伟, 白中科, 袁春, 等. 2008. 山西平朔露天煤矿区地形演变分析[J]. 金属矿山(4): 80-83.

周信君, 邱凯, 罗阳. 2017. 生态补偿标准的成本核算体系构建: 基于环境会计的研究视角[J]. 吉首大学学报(社会科学版), 38(2): 91-96.

钟安亚, 谷海红, 艾艳君, 等. 2022. 我国矿区生态环境评价可视化研究分析[J]. 矿业研究与开发, 42(3): 186-194.

钟茂初, 李梦洁, 杜威剑. 2015. 环境规制能否倒逼产业结构调整: 基于中国省际面板数据的实证检验[J]. 中国人口·资源与环境, 25(8): 107-115.

仲素梅, 武博. 2010. 国内外自然资源与经济增长研究述评[J]. 技术经济与管理研究(1): 105-108.

朱宸, 黄银洲, 冯景华. 2022. 中国资源型城市人口城镇化时空演化分析[J]. 资源开发与市场, 38(6): 664-671.

朱迪, 吴泽斌. 2020. 失调与调适: 矿产资源开发利用引发的社会问题及对策分析[J]. 中国矿业, 29(7): 1-8.

朱姣燕. 2016. 矿产资源生态补偿法律问题研究[J]. 法制与社会(2): 272-273.

朱九龙, 陶晓燕. 2016. 矿产资源开发区生态补偿理论研究综述[J]. 资源与产业, 18(2): 82-87.

朱丽晶. 2020. 以科技创新保障本质安全[J]. 劳动保护(6): 70-71.

朱檬, 焦志强. 2013. 构建草原地区矿产资源开发生态补偿法律机制的探讨[J]. 广播电视大学学报(哲学社会科学版)(4): 16-19, 35.

朱权, 张修志. 2013. 论我国稀土矿区生态补偿机制的建设与完善[J]. 有色金属科学与工程, 4(3): 91-95.

朱旺喜, 王来贵, 王建国, 等. 2003. 资源枯竭城市灾害形成机理与控制战略研讨[M]. 北京: 地质出版社.

朱燕, 王有强. 2016. 论矿产资源开发生态补偿税费制度的完善[J]. 税务研究(7): 18-23.

祝睿. 2021. 绿色生产和消费法律制度中 MRV 机制的广域化应用[J]. 南京工业大学学报(社会科学版), 20(4): 30-40, 109.

Abdulaziz M, Alshehri A, Yadav I C, et al. 2022. Pollution level and health risk assessment of heavy metals in ambient air and surface dust from Saudi Arabia: A systematic review and meta-analysis[J]. Air Quality, Atmosphere & Health, 15(5): 799-810.

Albareda L, Lozano J M, Ysa T. 2007. Public policies on corporate social responsibility: The role of governments in Europe[J]. Journal of Business Ethics, 74(4): 391-407.

Andreoni J, Levinson A. 2001. The simple analytics of the environmental Kuznets curve[J]. Journal of Public Economics, 80(2): 269-286.

Bac M. 1996. Incomplete information and incentives to free ride on international environment resources[J]. Journal of Environmental Economics and Management, 30(3): 301-315.

Baumol W J, Oates W E. 1971. The use of standards and prices for protection of the environment[J]. The Swedish Journal of Economics (6): 42-54.

Brunnermeier S B, Cohen M A. 2003. Determinants of environmental innovation in US manufacturing industries[J]. Journal of Environmental Economics and Management, 45(2): 278-293.

Cairns Jr. 1997. Protecting the delivery of ecosystem services[J]. Ecosystem Health, 3(3): 185-194.

Cairns Jr. 2000. Setting ecological restoration goals for technical feasibility and scientific validity[J]. Ecological Engineering, 15(3-4): 171-180.

Cameron T A. 1988. A new paradigm for valuing non-market goods using referendum data: Maximum likelihood estimation by censored logistic regression[J]. Journal of Environmental Economics and Management, 15(3): 355-379.

Cetindamar D. 2007. Corporate social responsibility practices and environmentally responsible behavior: The case of the United Nations global compact[J]. Journal of Business Ethics, 76(2): 163-176.

Chen H Y, He L S, Li P, et al. 2018. Relationship of stakeholders in protected areas and tourism ecological compensation: A case study of Sanya coral reef national nature reserve in China[J]. Journal of Resources and Ecology, 9(2): 164-173.

Choi K S, Lee K J, Lee B W. 2001. Determining the value of reductions in radiation risk using the contingent valuation method[J]. Annals of Nuclear Energy, 28(14): 1431-1445.

Cooper J C, Osborn C T. 1998. The effect of rental rates on the extension of conservation reserve program contracts[J]. American Journal of Agricultural Economics, 80(1): 184-194.

Costanza R, Arge A, Groot R D, et al. 1997. The value of the world' s ecosystem services and natural capital[J]. Nature, 387(15): 253-260.

Croitoru L. 2007. How much are Mediterranean forests worth?[J]. Forest Policy and Economics, 9(5): 536-545.

Cuperus R, Canters K J, Piepers A A G. 1996. Ecological compensation of the impacts of a road. Preliminary method for the A50 road link (Eindhoven-Oss, The Netherlands)[J]. Ecological Engineering, 7(4): 327-349.

Cuperus R, Canters K J, Haes H, et al. 1999. Guidelines for ecological compensation associated with highways[J]. Biological Conservation, 90(1): 41-51.

Cuperus R, Kalsbeek M, Haes H, et al. 2002. Preparation and implementation of seven ecological compensation plans for Dutch highways[J]. Environmental Management, 29(6): 736-749.

Daily G C. 1997. Nature's Services: Societal Dependence on Natural Ecosystems[M]. Washington: Island Press.

Dales J H. 1968. Land, water, and ownership[J]. The Canadian Journal of Economics, 1(4): 791-804.

Dasgupta P. 2007. Nature and the economy[J]. Journal of Applied Ecology, 44(3): 475-487.

Drechsler M, Wätzold F. 2001. The importance of economic costs in the development of guidelines for spatial conservation management[J]. Biological Conservation, 97(1): 51-59.

Driscoll C, Starik M. 2004. The primordial stakeholder: Advancing the conceptual consideration of stakeholder status for the natural environment[J]. Journal of Business Ethics, 49(1): 55-73.

Farber S C, Costanza R, Wilson M A. 2002. Economic and ecological concepts for valuing ecosystem services[J]. Ecological Economics, 41(3): 375-392.

Feng G H, Yu F C. 2008. Ecological compensation mechanism establishment for drinking water wellhead[J]. Journal of Biotechnology, 136(1): 102.

Feng S J, Zhang X L, Li W J. 2014. Feasibility analysis of ecological compensation for coal resource type city based on economic externalities[J]. Advanced Materials Research, 3248(955-959): 1706-1709.

Finlayson C M, Davidson N C, Stevenson N J. 2001. Wetland Inventory, Assessment and Monitoring: Practical Techniques and Identification of Major Issues[M]. Darwin: Supervising Scientist.

Gago F R, Antolín N M. 2004. Stakeholder salience in corporate environmental strategy[J]. Corporate Governance: The International Journal of Business in Society, 4(3): 65-76.

Gouyon A. 2016. Rewarding the Upland Poor for Environmental Services: A Review of Initiatives from Developed Countries[M]. Bogor: World Agroforestry Centre (ICRAF).

Guo H, Wang B, Ma X Q. 2008. Estimated values of pine forest ecosystem services in China[J]. Science in China (Series C), 38(6): 565-572.

Hanley N, Schläpfer F, Spurgeon J. 2003. Aggregating the benefits of environmental improvements: Distance-decay functions for use and non-use values[J]. Journal of Environmental Management, 68(3): 297-304.

Hansen L G. 2002. Shiftable externalities: A market solution[J]. Environmental and Resource Economics, 21(3): 221-239.

Heal G M. 2000. Nature and the Marketplace: Capturing the Value of Ecosystem Services[M]. Washington: Island Press.

Henry C P, Amoros C, Giuliani Y. 1995. Restoration ecology of riverine wetlands: II. An example in a former channel of the Rhône River[J]. Environmental Management, 19(6): 903-913.

Holland C C, Honea J, Gwin S E, et al. 1995. Wetland degradation and loss in the rapidly urbanizing area of Portland, Oregon[J]. Wetlands, 15(4): 336-345.

Jack B K. 2009. Upstream-downstream transactions and watershed externalities: Experimental evidence from Kenya[J]. Ecological Economics, 68(6): 1813-1824.

Jack B K, Kousky C, Sims K R E. 2008. Designing payments for ecosystem services: Lessons from previous experience with incentive-based mechanisms[J]. Proceedings of the National Academy of Sciences, 105(28): 9465-9470.

Jakobsson K M, Dragun A K. 1996. Contingent Valuation and Endangered Species: Methodological Issues and Applications[M]. Cheltenham: Edward Elgar Publishing.

Johst K, Drechsler M, Wätzold F. 2002. An ecological-economic modelling procedure to design compensation payments for the efficient spatio-temporal allocation of species protection measures[J]. Ecological Economics, 41(1): 37-49.

Kosoy N, Martinez-Tuna M, Muradian R, et al. 2007. Payments for environmental services in watersheds: Insights from a comparative study of three cases in Central America[J]. Ecological Economics, 61(2-3): 446-455.

Lee C K, Han S Y. 2002. Estimating the use and preservation values of national parks' tourism resources using a contingent valuation method[J]. Tourism Management, 23(5): 531-540.

Li F, Chen H F, Li W H. 2007. Socioeconomic impact of forest eco-compensation mechanism in Hainan province of China[J]. China Population, Resources and Environment, 17(6): 113-118.

Loomisa J, Kentb P, Strangec L, et al. 2000. Measuring the total economic value of restoring ecosystem services in an impaired river basin: Results from a contingent valuation survey[J]. Ecological Economics, 33(1): 103-117.

McCarthy S, Matthews A, Riordan B. 2003. Economic determinants of private afforestation in the Republic of Ireland[J]. Land Use Policy, 20(1): 51-59.

McDonald G W, Patterson M G. 2004. Ecological footprints and interdependencies of New Zealand regions[J]. Ecological Economics, 50(1-2): 49-67.

Mitchell R C, Carson R T. 1989. Using Surveys to Value Public Goods: The Contingent Valuation Method[M]. New York: Resources for the Future.

Muñiz I, Galindo A. 2005. Urban form and the ecological footprint of commuting. The case of Barcelona[J]. Ecological Economics, 55(4): 499-514.

Odum H T, Odum E P. 2000. The energetic basis for valuation of ecosystem services[J]. Ecosystems, 3(1): 21-23.

Palmer M, Bernhardt E S, Chornesky E A, et al. 2004. Ecology for a crowded planet[J]. Science, 304(5675): 1251-1252.

Pigou A C. 1920. The Economic of Welfare[M]. London: Macmillan.

Plantinga A J, Alig R, Cheng H T. 2001. The supply of land for conservation uses: Evidence from the conservation reserve program[J]. Resources, Conservation and Recycling, 31(3): 199-215.

Plottu E, Plottu B. 2007. The concept of total economic value of environment: A reconsideration within a hierarchical rationality[J]. Ecological Economics, 61(1): 52-61.

Reiser B, Shechter M. 1999. Incorporating zero values in the economic valuation of environmental program benefits[J]. Environmetrics, 10(1): 87-101.

Samuelson P A. 1954. The pure theory of public expenditure[J]. The Review of Economics and Statistics, 36(4): 387-389.

Sara J, Scherr A W. 2002. Outline for presentation-factors to consider in choosing instruments to promote environmental services[C]. Beijing: Workshop on Payment Schemes for Environmental Services, 22-23.

Senbel M, McDaniels T, Dowlatabadi H. 2003. The ecological footprint: A non-monetary metric of human consumption applied to North America[J]. Global Environmental Change, 13(2): 83-100.

Shao L F. 2019. Geological disaster prevention and control and resource protection in mineral resource exploitation region[J]. International Journal of Low Carbon Technologies, 14(2): 142-146.

Shvidenko A. 2005. Ecosystems and Human Well-Being: Synthesis[M]. Washington: Island Press.

Stenger A, Harou P, Navrud S. 2009. Valuing environmental goods and services derived from the forests[J]. Journal of Forest Economics, 15(1-2): 1-14.

Sutherland W J, Armstrong-Brown S, Armsworth P R. 2006. The identification of 100 ecological questions of high policy relevance in the UK[J]. Journal of Applied Ecology, 43(4): 617-627.

Tacconi L. 2000. Biodiversity and Ecological Economics: Participation, Values, and Resource Management[M]. London: Earthscan Publications.

Turner R K, Van Den Bergh J C J M, Söderqvist T, et al. 2000. Ecological-economic analysis of wetlands: Scientific integration for management and policy[J]. Ecological Economics, 35(1): 7-23.

Unger J. 1999. Comparisons of urban and rural bioclimatological conditions in the case of a Central-European city[J]. International Journal of Biometeorology, 43(3): 139-144.

Van de Berg L, Braun E, Otgaar A H. 2003. City and Enterprise: Corporate Community Involvement in European and US Cities[M]. Hampshire: Ashgat.

Van Wilgen B W, Cowling R M, Burgers C J. 1996. Valuation of ecosystem services[J]. BioScience, 46(3): 184-189.

Wackernagel M, Rees W E. 1996. Our Ecological Footprint: Reducing Human Impact on the Earth[M]. Gabriola Island: New Society Publishers.

Wali M K. 1999. Ecological succession and the rehabilitation of disturbed terrestrial ecosystems[J]. Plant and Soil, 213(1-2): 195-220.

Whitehead J C, Blomquist G C. 1991. Measuring contingent values for wetlands: Effects of information about related environmental goods[J]. Water Resources Research, 27(10): 2523-2531.

Wilson M A, Carpenter S R. 1999. Economic valuation of freshwater ecosystem services in the United States: 1971-1997[J]. Ecological Applications, 9(3): 772-783.

Wu J J, Babcock B A. 1999. The relative efficiency of voluntary vs mandatory environmental regulations[J]. Journal of Environmental Economics and Management, 38(2): 158-175.

Wunder S, Engel S, Pagiola S. 2008. Taking stock: A comparative analysis of payments for environmental services programs in developed and developing countries[J]. Ecological Economics, 65(4): 834-852.

Xepapadeas A. 1997. Advanced Principles in Environmental Policy[M]. Cheltenham: Edward Elgar Publishing Ltd.

Xing Q F, He G. 2021. Mining area ecological protection: Knowledge production from the perspective of planned behavior theory[J]. Geomatics Natural Hazards and Risk, 12(1): 244-260.

Xiao W, Chen W Q, Deng X Y. 2021. Coupling and coordination of coal mining intensity and social-ecological resilience in China[J]. Ecological Indicators (131): 108167.

Xu Y M, Wang X X, Cui G N, et al. 2022. Source apportionment and ecological and health risk mapping of soil heavy metals based on PMF, SOM, and GIS methods in Hulan River Watershed, Northeastern China[J]. Environmental Monitoring and Assessment, 194(3): 181-193.

Yang G M, Min Q W, Li W H, et al. 2007. Scientific issues of ecological compensation research in China[J]. Acta Ecologica Sinica, 27(10): 4289-4300.